U0345820

总主编 伍 江 副总主编 雷星晖

栾 峰 李德华 赵 民 著

改革开放以来快速城市空间形态演变的成因机制研究：深圳和厦门案例

Causal Mechanism of the Rapid Urban Transformation Since China's Reform: Cases of Shenzhen and Xiamen

内 容 提 要

本书通过提出的城市空间形态演变成因机制概念框架，分别从结构性因素和主要能动者两个层面进行了研究，进而解释深圳和厦门城市空间形态演变的成因机制。在此框架上，进一步探讨改革开放与快速市场化进程背景下，国内城市空间形态演变进程中的共同趋势，为进一步的成因机制解释研究进展奠定了基础。

本书适合城市规划领域专业人员及高校师生参考使用。

图书在版编目(CIP)数据

改革开放以来快速城市空间形态演变的成因机制研究：深圳和厦门案例 / 栾峰，李德华，赵民著. —上海：同济大学出版社，2019.1

(同济博士论丛 / 伍江总主编)

ISBN 978 - 7 - 5608 - 6930 - 8

Ⅰ. ①改… Ⅱ. ①栾… ②李… ③赵… Ⅲ. ①城市空间—研究—中国 Ⅳ. ①TU984.2

中国版本图书馆 CIP 数据核字(2017)第 089356 号

改革开放以来快速城市空间形态演变的成因机制研究

——深圳和厦门案例

栾 峰 李德华 赵 民 著

出 品 人 华春荣　　责任编辑 罗 璇 熊磊丽

责任校对 徐春莲　　封面设计 陈益平

出版发行 同济大学出版社　　www.tongjipress.com.cn

(地址：上海市四平路 1239 号　邮编：200092　电话：021 - 65985622)

经　　销 全国各地新华书店

排版制作 南京展望文化发展有限公司

印　　刷 浙江广育爱多印务有限公司

开　　本 787 mm×1092 mm　1/16

印　　张 18

字　　数 360 000

版　　次 2019 年 1 月第 1 版　　2019 年 1 月第 1 次印刷

书　　号 ISBN 978 - 7 - 5608 - 6930 - 8

定　　价 128.00 元

“同济博士论丛”编写领导小组

“同济博士论丛”编辑委员会

总 序

在同济大学110周年华诞之际，喜闻“同济博士论丛”将正式出版发行，倍感欣慰。记得在100周年校庆时，我曾以《百年同济，大学对社会的承诺》为题作了演讲，如今看到付梓的“同济博士论丛”，我想这就是大学对社会承诺的一种体现。这110部学术著作不仅包含了同济大学近10年100多位优秀博士研究生的学术科研成果，也展现了同济大学围绕国家战略开展学科建设、发展自我特色，向建设世界一流大学的目标迈出的坚实步伐。

坐落于东海之滨的同济大学，历经110年历史风云，承古续今、汇聚东西，秉持“与祖国同行、以科教济世”的理念，发扬自强不息、追求卓越的精神，在复兴中华的征程中同舟共济、砥砺前行，谱写了一幅幅辉煌壮美的篇章。创校至今，同济大学培养了数十万工作在祖国各条战线上的人才，包括人们常提到的贝时璋、李国豪、裘法祖、吴孟超等一批著名教授。正是这些专家学者培养了一代又一代的博士研究生，薪火相传，将同济大学的科学研究和学科建设一步步推向高峰。

大学有其社会责任，她的社会责任就是融入国家的创新体系之中，成为国家创新战略的实践者。党的十八大以来，以习近平同志为核心的党中央高度重视科技创新，对实施创新驱动发展战略作出一系列重大决策部署。党的十八届五中全会把创新发展作为五大发展理念之首，强调创新是引领发展的第一动力，要求充分发挥科技创新在全面创新中的引领作用。要把创新驱动发展作为国家的优先战略，以科技创新为核心带动全面创新，以体制机制改革激发创新活力，以高效率的创新体系支撑高水平的创新型国家建设。作为人才培养和科技创新的重要平台，大学是国家创新体系的重要组成部分。同济大学理当围绕国家战略目标的实现，作出更大的贡献。

大学的根本任务是培养人才，同济大学走出了一条特色鲜明的道路。无论是本科教育、研究生教育，还是这些年摸索总结出的导师制、人才培养特区，"卓越人才培养"的做法取得了很好的成绩。聚焦创新驱动转型发展战略，同济大学推进科研管理体系改革和重大科研基地平台建设。以贯穿人才培养全过程的一流创新创业教育助力创新驱动发展战略，实现创新创业教育的全覆盖，培养具有一流创新力、组织力和行动力的卓越人才。"同济博士论丛"的出版不仅是对同济大学人才培养成果的集中展示，更将进一步推动同济大学围绕国家战略开展学科建设、发展自我特色、明确大学定位、培养创新人才。

面对新形势、新任务、新挑战，我们必须增强忧患意识，扎根中国大地，朝着建设世界一流大学的目标，深化改革，勠力前行！

万　钢

2017年5月

论丛前言

承古续今，汇聚东西，百年同济秉持“与祖国同行、以科教济世”的理念，注重人才培养、科学研究、社会服务、文化传承创新和国际合作交流，自强不息，追求卓越。特别是近20年来，同济大学坚持把论文写在祖国的大地上，各学科都培养了一大批博士优秀人才，发表了数以千计的学术研究论文。这些论文不但反映了同济大学培养人才能力和学术研究的水平，而且也促进了学科的发展和国家的建设。多年来，我一直希望能有机会将我们同济大学的优秀博士论文集中整理，分类出版，让更多的读者获得分享。值此同济大学110周年校庆之际，在学校的支持下，“同济博士论丛”得以顺利出版。

“同济博士论丛”的出版组织工作启动于2016年9月，计划在同济大学110周年校庆之际出版110部同济大学的优秀博士论文。我们在数千篇博士论文中，聚焦于2005—2016年十多年间的优秀博士学位论文430余篇，经各院系征询，导师和博士积极响应并同意，遴选出近170篇，涵盖了同济的大部分学科：土木工程、城乡规划学（含建筑、风景园林）、海洋科学、交通运输工程、车辆工程、环境科学与工程、数学、材料工程、测绘科学与工程、机械工程、计算机科学与技术、医学、工程管理、哲学等。作为“同济博士论丛”出版工程的开端，在校庆之际首批集中出版110余部，其余也将陆续出版。

博士学位论文是反映博士研究生培养质量的重要方面。同济大学一直将立德树人作为根本任务，把培养高素质人才摆在首位，认真探索全面提高博士研究生质量的有效途径和机制。因此，“同济博士论丛”的出版集中展示同济大学博士研究生培养与科研成果，体现对同济大学学术文化的传承。

“同济博士论丛”作为重要的科研文献资源，系统、全面、具体地反映了同济大学各学科专业前沿领域的科研成果和发展状况。它的出版是扩大传播同济科研成果和学术影响力的重要途径。博士论文的研究对象中不少是“国家自然科学基金”等科研基金资助的项目，具有明确的创新性和学术性，具有极高的学术价值，对我国的经济、文化、社会发展具有一定的理论和实践指导意义。

“同济博士论丛”的出版，将会调动同济广大科研人员的积极性，促进多学科学术交流、加速人才的发掘和人才的成长，有助于提高同济在国内外的竞争力，为实现同济大学扎根中国大地，建设世界一流大学的目标愿景做好基础性工作。

虽然同济已经发展成为一所特色鲜明、具有国际影响力的综合性、研究型大学，但与世界一流大学之间仍然存在着一定差距。“同济博士论丛”所反映的学术水平需要不断提高，同时在很短的时间内编辑出版110余部著作，必然存在一些不足之处，恳请广大学者，特别是有关专家提出批评，为提高同济人才培养质量和同济的学科建设提供宝贵意见。

最后感谢研究生院、出版社以及各院系的协作与支持。希望“同济博士论丛”能持续出版，并借助新媒体以电子书、知识库等多种方式呈现，以期成为展现同济学术成果、服务社会的一个可持续的出版品牌。为继续扎根中国大地，培育卓越英才，建设世界一流大学服务。

伍　江

2017年5月

前言

基于相关经验和理论研究进展，本书采用结构主义学派及其批判发展的研究视野，将城市空间形态演变的成因归结为特定时空范畴内的复杂人类活动，并在此基础上建构两个层面的城市空间形态演变成因机制概念框架的解释，分别是结构性因素层面和主要能动者层面。其中，结构性因素层面包括制序性因素、经济性因素、文化性因素、技术性因素和空间性因素五个方面；主要能动者层面包括城市发展进程中的主要能动者及其关系，以及它们目的与作用等方面。在这一概念框架中，结构性因素既是城市发展和城市空间形态演变的必须资源因素和限定条件，同时又是主要能动者变迁的限定条件和作用对象；主要能动者基于不同目的和相互关系，通过社会行动与互动，有意无意地作用于并改变着这些结构性因素，在推动城市社会的结构化发展同时，也推动着城市空间形态的演变进程。而城市空间形态，因此既是城市社会结构化进程中的结构性因素，同时又是这一进程的动态结果。

建立在理论研究基础上，本书首先分析了深圳和厦门设立经济特区以来的城市空间形态演变特征，包括城市整体空间形态、城市主要功能空间形态、城市人口与居住空间形态三个方面。在此概念框架的基础上，分别从结构性因素和主要能动者两个层面进行研究，进而对深圳和厦门城市空间形态演变的成因机制进行解释，并进一步探讨了改革开放与快速市场化进程背景下，国内城市空间形态演变进程中在结构性因素和主要能动者层面的一些共同趋势，为成因机制解释研究奠定了基础。

目 录

第1章 绪 论

1.1 时代背景与研究选题

1978年中央决定实施改革开放政策，由此掀起了一场影响中国乃至世界范围的深刻革命①。30多年的改革历程已经过去，中国的方方面面正在发生着明显的演变历程，并因此引起世界范围内不断升温的关注与研究兴趣。这其中，中国城市的迅速成长与演变历程，不仅成为中国城市学者的关注与研究重心，还直接引发了大量来自海外与国外的相关研究成果甚至争论，这也因此成为本书研究的重要动力。

1.1.1 时代发展与研究的背景

城市，不仅作为人类社会活动的载体和结果而与人类社会的发展演变有着紧密的关系，它还直接参与了人类社会的演变进程，并因此成为人类社会发展历史中最为重要的特殊现象之一。在改革开放的进程中，30余年来的中国城市空间形态演变因此与国内外的重大社会发展演变有着紧密的联系，而这种紧密联系也正是这一演变进程的重要原因所在。为此，以下三个主要方面构成了本书研究选题的重要原因。

（1）中国的改革开放与全球化

从国际视野分析，中国自1978年正式启动的改革开放进程，与世界范围的全球化进程从开始就已经建立起联系。并且，随着中国社会的不断发展演变，改革开放进程已经与全球化进程发生着越来越紧密的联系。历史发展进程表明，无论是全球化，还是改革开放，对于中国社会发展的影响都早已超出了经济范畴，并不断

① 见：《邓小平文选（第三卷）》中“我们把改革当作一种革命”。

深入社会发展的各个方面，引发了社会发展进程中的全面显著变迁历程，既包括社会的物质财富增长，也包括社会的精神财富增长，既包括约束社会行为的各种规则体系变迁，也包括参与社会活动的不同人群演变。在保持社会基本稳定基础上的如此短暂历史时期内的这一显著演变历程，几乎超出了所有人的想象。而社会发展进程中的这一显著演变历程毋庸置疑地显著影响到中国城市空间形态的演变历程。

(2) 中国城市的迅速演变进程

与改革开放以来中国社会的显著演变进程同时，中国的城市发展也进入了新的历史时期。对于国内大多数城市，这一显著的演变进程主要发生在1990年代初期之后(张庭伟，2001)。这一时期，围绕着建立社会主义市场经济体制的目标，国内的改革开放进程显著加快，并由此经历了显著演变的发展历程——大规模的外来投资、高速增长的城市经济、迅速增长的城市数量、急剧的城市空间形态扩张与旧城改造、迅速发展的商品房市场、迅速改善和美化的城市景观面貌等，显示着这一时期的显著城市发展与城市空间形态的演变成就；然而，急剧分化的社会阶层(陆学艺，2002)、急剧城市空间形态演变进程中的大规模旧城改建及其因此带来的城市居民大规模迁移等现象，也不断引发人们的广泛深入思考。显然，正是在这样的急剧演变进程，以及人们的欢呼或疑惑之中，中国已经开始迈入城市时代，掀起了迅速城市化的进程。随之而来的，则是关于中国城市空间形态演变原因的难以一一列举的各种假说与阐述，它们不同程度地揭示了中国城市空间形态演变中的显著推动因素，但常常又仅仅止于对那些影响因素的独立或分别阐述，缺乏有效整合(郑莘、林琳，2002)。

(3) 中国城市研究的特殊性

显然，与当前急剧的城市发展及其空间形态演变历程相对应的，是我们迫切需要一个针对中国城市空间形态演变的成因机制解释。这样的针对性解释不仅应当包容那些各不相同的影响因素，而且更为重要的是整合而不是仅仅罗列这些不同的影响因素，以了解它们共同作用的内在机制。这方面，西方国家工业化以来，特别是二战后的研究进展能够为我们提供有益借鉴；关注并借鉴西方相关理论进展对中国城市进行研究，也是中国学界的传统，甚至已经深入地影响到中国城市空间形态演变的实际进程。但是，中西方在城市发展的历史，以及社会背景等方面都有着明显差异，注定无法也不能[①]在有关中国城

① 在有关的理论研究进展分析中，本书将涉及这方面内容，即前提假设的显著差异决定了无法直接借用那些西方的理论成果，否则要么是这些理论本身不成立，要么是直接借用研究的结果不成立。

市空间形态演变的成因机制解释中，直接借用西方的理论成果。正是在这样的背景下，近年来已经有学者不同程度地从不同层面推动了中国城市空间形态成因机制的研究工作。特别是进入新千年以来，借鉴西方主要从1980年代以来的新研究成果，部分学者开始从更为普遍的层面上探索适应中国需要的城市空间形态演变的成因机制解释框架(张庭伟，2001；何丹，2003；冯健，2004)，不仅将研究的视野引入涉及社会利益群体的社会学研究范畴，更为重要的是开始扭转了以往过于偏重于对影响因素的单独阐述或简单罗列方式，推动了成因机制解释研究的新进展。

由此可以认为，中国城市空间形态的急剧演变进程对于解释的迫切需要为本书提供了直接动力，而近年来关于中国城市空间形态演变成因机制解释的这些研究新进展和新探索，则为本书在研究视野和方法方面提供了有力借鉴。为此，本书深入社会学的研究领域去追踪相关的理论研究进展，针对改革开放以来在快速市场化背景下的中国城市空间形态演化，建构应用的解释框架，并针对成因机制开展解释性研究。

1.1.2 研究的选题与案例城市

基于以上背景，本书借鉴相关研究提出概念框架，以深圳和厦门两个城市为主要案例进行深入研究，在针对案例城市的成因机制提出解释的同时，进一步结合研究优化了解释框架。

(1) 本书选题的主要目的

正如研究背景论述中所指出的，改革开放以来，特别是1990年代初中期以来，中国正在经历着急剧的城市空间形态演变进程，为此迫切需要一个合适的成因机制解释框架。本书的核心目的正是希望能够对于这方面的研究进展提供一定的贡献。

正如结构主义学派的后期研究发展开始更多地注重特定时期和特定地域的经验研究(唐子来，1997)所反映的，现实中并不存在完全相同的城市空间形态模式或者演变进程，也因此并不存在完全相同的成因，这实质上也是社会研究不同于自然科学研究的重要方面。然而对于那些各异的城市空间形态的演变成因，仍然能够在共同的研究视野基础上形成一个相对完整的概念框架，它能够将那些不同的影响因素纳入一个统一的解释范式中，也就是本书所谓的成因机制的解释框架，或者张庭伟(2001)所说的“动力机制模型”，冯健(2004)所说的“综合机制模式”。只有纳入这样的解释框架中，对于具体城市的空间形态演变的成因机制，才有可能提供一个更具综合性的解释，并且在更具普遍意义的层面上推进相关理论研究进展。

(2) 本书研究的视野

基于对相关文献的分析，本书确定以结构主义学派的理论进展为基础，将社会的结构和社会的过程作为城市空间形态演变成因机制的关键所在，同时积极吸纳结构主义学派的相关理论研究批判和新发展，主要包括 Giddens(1993)的“结构化”(Structuration)理论研究进展，伯恩斯(2000)研究团队推进的 ASD (Actor-System-Dynamics)理论研究进展等方面。这些理论的显著进展主要体现在批判了结构主义学派的二元分立，推动了社会变迁进程中的结构与行动、社会与能动者的二元统一，也就是 Giddens(1993)所说的用结构二重性(Duality of Structure)代替二元论(Dualism)。传统结构主义学派分析中的结构二元论的被打破，对于本书有着深刻的影响。因为它意味着在历史的演变进程中，并不存在着一成不变的所谓社会关系或者所谓的“超结构”(superstructure)(Taylor, 1998)，能动者的社会行动与互动总是在有意或者无意间推动着社会结构的变迁进程，正所谓外因通过内因起作用。由此，深入具体的案例城市，并从社会结构和社会过程的演变视角分析城市空间形态演变的成因机制，成为必然的研究切入点，而这样的研究视角无疑也更加适应中国改革开放进程中的显著社会变迁过程。

此外，伯恩斯(2000)对于现代社会秩序与变迁的分析，也揭示了将那些过去不被社会学者研究所重视的社会结构之外的物质环境因素纳入整体研究的必要性，这对于城市规划学者的城市空间形态研究无疑具有重要意义；伯恩斯(2000)、胡皓和楼慧心(2002)等学者的研究成果，对于本书的解释框架建构有着直接的影响；同时，同样与“结构化”理论密切相关的西方城市政体理论(Davies, 2002)，对本书的主要能动者建构与研究视角确定，同样具有重要影响。

(3) 案例城市的选择

本书选择了深圳和厦门作为实证研究的案例，一方面在于资料收集和整理的方便性，一方面也有着更为重要的原因。其一，相比国内其他城市，深圳和厦门由于经济特区的原因，早在 1970 年代末期到 1980 年代初期就已经开始深刻感受到改革开放政策的作用，而后又在 1990 年代国内迅速推进改革开放的进程中进入了事实上的“特区不特”阶段。特殊的地位和发展进程，尽管降低了深圳和厦门作为案例的普遍性，却同时由于它们在改革开放进程中的特殊地位，以及在改革开放政策下较长时期的快速城市空间形态演变进程，为本书提供了特殊便利；其二，作为在改革开放环境中建制和发展的深圳、改革开放之前已经具有成熟建制的厦门，连同它们在包括区域环境等其他诸多方面的显著差异，又为在基本相似改革开放政策环境下的其他不同因素影响的对比研究，提供了较好的案例基础；其三，两个城市相对较小的规模，以及主要在改革开放进程中实现城市快速发展和空间形态明显演变的历程（特别是深圳），又可以使本书避免陷入过于复杂的影响因素纠葛。

1.2 研究的主要内容与方法

1.2.1 主要研究内容

基于主要研究目的，本书主要包括以下 4 个方面的研究内容（图 1 - 1）：

第一部分（第 2 章），是在文献研究基础上进行的研究框架建构。首先，本书重点分析了城市空间形态演变成因机制的相关概念内涵，初步探索和分析了相关理论的进展概况，以及理论研究的发展途径。在此基础上，将城市空间形态的研究划分为分析性和解释性研究两个方面；其次，在城市空间形态的分析性研究方面，认为主要包括城市空间形态的分异和演变研究两个方面，分异研究主要是对同时性的城市空间形态的差异性进行比较描述，而演变研究则是对历时性的城市空间形态的差异性进行比较描述，兼顾两者的研究方式和基础，建构了分析测度深圳和厦门城市空间形态演变的相对统一的表征要素；再次，在城市空间形态演变的解释性研究中，重点回顾了结构主义学派的解释研究进展及其相应的主要理论批判与发展，以及近年来的国内相关研究进展。在此基础上，建构了两层次的成因机制解释研究的概念框架。

第二部分（第 3 章），主要从城市整体空间形态和城市内部空间形态两个层面分析了深圳和厦门改革开放与建立经济特区以来的城市空间形态演变的主要特征，包括整体层面的城市空间型廓、空间规模和开发强度等，以及内部层面的城市主要功能空间形态、城市人口分布和居住空间分异等。

第三部分（第 4、5 章），根据概念框架，从两个层面对深圳和厦门城市空间形态演变的成因机制进行了解释研究。首先，对深圳和厦门城市空间形态演变进程中的结构性因素的演变特征进行分析，包括制序性因素、经济性因素、文化性因素、技术性因素和空间性因素等五个方面；其次，在结构性因素的演变特征分析基础上，对两个城市的主要能动者层面进行研究，包括主要能动者及其基本关系的变迁，以及变迁进程中的主要能动者动机及其作用。

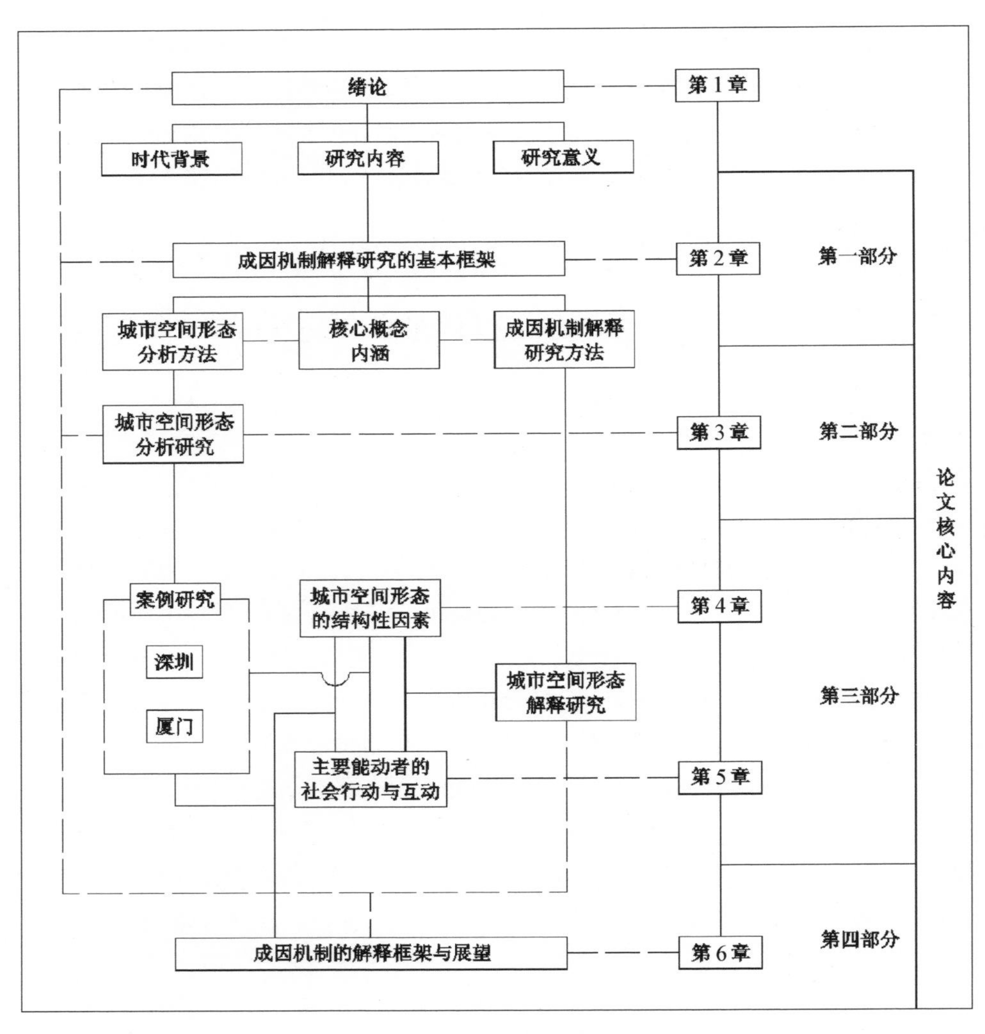

图1-1　本书研究框架

第四部分(第6章),在两层面分析的基础上,本书首先对深圳和厦门城市空间形态演变的成因机制提出了综合解释,并进而探讨了更为一般性的适应于该时期国内快速城市空间形态演变的成因机制解释,为未来的继续深入研究提供了基础材料。

1.2.2　主要研究方法

对于主要的研究方法,本书认为有必要主要从方法论和方法两个不同的层面进行简要表述,以利于在整体层面上把握和理解本书的研究工作:

(1) 研究方法论

就哲学基础层面，尽管主要立足于以实用主义和批判主义为基石的结构主义学派(文军，2003a)，本书更多地倾向于实用主义的哲学基础，在整体上更为关注如何建构一个解释框架，并尽可能基于客观立场，减少价值判断的影响，并因此与批判主义倾向保持距离。

在推动理论研究进展方面，本书更多地倾向于 Giddens(1993)所揭示的"范式的连续发展途径"，希望在借鉴的基础上，提出更为适应中国现实需要，并且更具竞争力的解释框架。至于是否能够达到这样的目的，则要留待以后更多的经验检验。

(2) 研究方法

基于不同层面和范畴的研究需要，本书采用了不同范畴的多种研究方法。简单而言，在本书研究的概念框架层面，更多地采用了文献分析方法，以希望在既有研究基础上为本书研究建构基本框架；在对深圳和厦门城市空间形态演变历程的分析层面，本书更主要地采用了数理统计的计量分析方法和图形分析方法，同时适量配合一些文献分析和观察分析等其他方法，以争取更多地"拿事实来说话①"；在城市空间形态演变的解释性研究中，本书采用了多范畴的不同研究方法，既有文献、访谈和统计等分析方法，也有空间和案例分析等不同方法。

1.3 研究的主要意义与局限

1.3.1 本书研究的主要意义

本书研究的主要意义(或者说创新点)包括以下三个方面：

首先，建立在大量的文献研究基础上，本书采用近年来的主流研究视野，将城市空间形态演变的成因归结为特定时空范畴内的复杂人类活动。在此基础上，基于对相关理论进展的研究批判，本书提出了结构性因素和主要能动者的两层面成因机制解释的概念框架，并响应"结构化"的概念和理论，引入动态视野。在这一框架中，结构性因素既是城市发展和城市空间形态演变的必需资源因素和限定条件，同时又是主要能动者变迁的限定条件和作用对象；而主要能动者基于不同的目的和相互关系，通过社会行动与互动，有意无意地作用于并改变着这

① 本处主要借鉴了邓小平 1986 年在论述改革开放政策时的讲话标题，见《邓小平文选(第三卷)》。

些结构性因素，推动了城市社会的结构化过程，同时也推动了城市空间形态的演变历程。而城市空间形态，既是城市社会发展的结构性因素，又是城市社会结构化的动态结果。

其次，作为一度标志着中国改革开放动向和进程的经济特区城市，它们在过去的发展进程中承担着中国改革开放的窗口和试验田的重任。本书的分析，不仅有助于总结这两个重要经济特区的城市发展和城市空间形态演变历程及其成因机制，更有助于为国内其他城市的开发建设提供经验借鉴。基于深圳和厦门的经验分析表明，城市空间形态的急剧规模扩张与演变进程实质上总是多种原因综合作用的结果，任何一个单纯的政策或者一份充满激情的规划蓝图，都不能成为城市发展或者城市空间形态急剧规模扩张的充分条件。对于以预测和干预城市空间形态演变为核心任务的城市规划事业而言，相对完整的成因机制解释，对于理解城市空间形态的演变动因及其采取相应的干预行动，无疑具有重要的基础性作用。

再次，建立在对深圳和厦门的解释性研究基础上，本书在更为一般的层面上初步探讨了改革开放与显著市场化进程背景下，国内快速城市空间形态演变的结构性因素与主要能动者层面的一些共同趋势，并由此建构起较具普遍意义的城市空间形态演变的成因机制解释框架，为此后更为广泛范围，以及更为深入的研究提供了基础平台。

1.3.2 本书研究的主要局限

毋庸置疑，本书也还存在着明显的局限：

首先，作为本书希望推进的更具普遍意义的解释框架，显然最好能够建立在更多数量和类型的案例城市研究经验基础上，这也是通过竞争实现连续发展的“范式”的必须途径(Giddens，1993)。但是限于研究者的精力与时间限制，这样的工作只能在以后推进了。因此，笔者更希望将本书视为初步的阶段性成果，以及未来继续深入研究的基础平台。

其次，即使对于深圳和厦门的案例研究，也仍然存在着可深入的空间，不仅包括结构性因素与城市空间形态间更为确定性的紧密关系，也包括社会能动者层面更为深入的研究。近年来，国内一些城市如南京、杭州、北京等，已经出现了一些包括运用相关人口普查资料进行的社会研究成果，推动了更具精准性的研究进展，相信对于未来的研究发展具有重要启示意义。

第2章 文献综述与研究框架

2.1 概　　述

现代城市空间形态的研究，是在近代工业革命后，随着快速的城市化进程，以及相关学科不断发展与合作背景下，迅速发展起来的。

在经历了早期偏重物质环境和城市景观分析的研究阶段后，城市空间形态研究在二战后进入新的历史阶段。从1950—1960年代开始，随着战后西方城市重建和城市化发展的需要，以及计量技术在研究人地关系方面的突破性应用，城市空间形态研究得以迅速发展。此后，日益严重的城市社会问题不断刺激着相关学科从不同角度参与城市研究工作，城市空间形态的研究工作也因此开始进入多元发展阶段。特别是自1970年代之后，不仅研究领域明显拓展，理论成果也极大丰富，新的理论流派层出不穷(周一星，1995；许学强，等，1997；黄亚平，2002)。

相比西方发达国家和地区，国内的现代城市空间形态研究工作在整体上仍处于起步阶段。但是改革开放，特别是1990年代以来的快速城市化和城市空间形态演变进程，也促进了相关研究进展。从1990年代后期至今，国内在介绍和回顾西方城市空间相关理论进展、建构中国城市空间形态相关理论，以及城市空间形态的经验研究等方面都取得了显著进展，研究文献较以往明显增加。

国内外相关研究的不断进展，在更为全面和深入地揭示城市空间形态演变内涵的同时，也为相应的分析和解释性研究，提供了更为丰富的理论工具和研究途径。

2.1.1 理论研究的重要概念内涵

在长期的研究进展中，围绕着城市空间形态及其密切相关的一些概念，形成了各有不同的表述及界定。通过对相关文献的梳理，我们发现导致这一现象的原因至少包括两个方面，其一是研究的深入推动了概念内涵的发展，其二是研究目的或视角的不同所造成的——毕竟，“空间概念本身就是多维的，无论是为了哲学目的或经验研究目的，无需对空间概念本身持一种僵硬的观点（Harvey，1971）”。在国内，还有翻译理解中造成的差异，“urban morphology”“urban form”“urban landscape”等都曾被等同于城市（空间）形态（谷凯，2001；郑莘、林琳，2002）。甚至于包括“urban (spatial) structure”“pattern”“model”等在应用中也经常存在着与等同混淆的现象。因此，从概念的辨析与澄清入手，明确概念内涵，具有重要的前提意义。

（1）城市空间形态（urban spatial form）的概念内涵

国内文献提及“城市形态”常有以“urban (spatial) form”和“urban morphology”相对应的情况，通常不做明确区分，导致对城市（空间）形态概念内涵的模糊不清或误解。实际上，urban form 和 urban morphology 是在内涵上密切联系但又明确区分的两个概念。其中，morphology 的英文解释为 the scientific study of the formation[①]of animals, plants, and their parts（对于动物、植物和它们组成部分的构成方式的科学研究），本意是关于生物形式构成逻辑的研究[②]。其作为研究方法自 19 世纪被引入到城市研究中，旨在将城市视为有机体加以观察和研究，以了解其生长机制（段进，1999）。因此，以城市形态学对应 urban morphology 显然更为贴切。而 form 的英文解释为 shape、appearance、body、figure、image（形状、外貌、形体、外形、形象），本意指向被观察事物的显象，是 morphology 的研究对象。就 form 在 urban form 中的内涵，有研究认为对应“形式[③]”更为贴切（王一，2002）。但是从概念内涵，以及用于习惯考虑，本书认为不妨仍以“城市形态”与“urban form”相对，并与“城市形态学”（urban morphology）明显区别。

在相关学科研究中，城市形态（urban form）和城市空间形态（urban spatial

① 对于 formation 可以有两种解释，分别是 the shaping or development of something（作“组成，形成，养成”解）、a thing which is formed; way in which a thing is formed（做“构成物，组成的方式”解）。本书中有关英文部分的释义未经特别注明的，均取自香港朗文出版有限公司出版的《当代英汉双解词典》。

② 刘青昊（1995）指出 morphology 来源于希腊语 Morphe（形）和 Loqos（逻辑），意指形式的构成逻辑。

③ 《辞海》中认为形式和内容相对，组成一对范畴。内容是事物的内在诸要素的总和。形式是内容的存在方式，是内容的结构和组织。内容和形式是辩证的统一。本书中有关中文部分的释义未经特别注明的，均取自上海辞书出版社 1989 年缩印版的《辞海》。

form)是两个内涵更为接近，也是经常被通用的概念。对于城市形态的概念内涵，Bourne(1971；转引自：唐子来，1997)在对城市系统的 3 个核心概念①的讨论中，认为城市形态(urban form)就是城市各个要素(包括物质设施、社会群体、经济活动和公共机构)的空间分布模式(图 2-1)；刘青昊(1995)认同齐康关于城市形态是“内含的，可变的，它就是构成城市所表现的发展变化着的空间形式的特征，这种发展变化是城市这个‘有机体’内外矛盾的结构”的阐述基础上，重点指出“‘逻辑’的内涵属性与‘表现’的外延共同构成了城市形态的整体观”；《城市规划原理(第三版)》(2001)认为城市形态“是表象的，是构成城市所表现的发展变化着的空间形式的特征，是一种复杂的经济、社会、文化现象和过程，它是特定的地理环境和一定的社会经济发展阶段中，人类各种活动与自然环境因素相互作用的综合结果”。

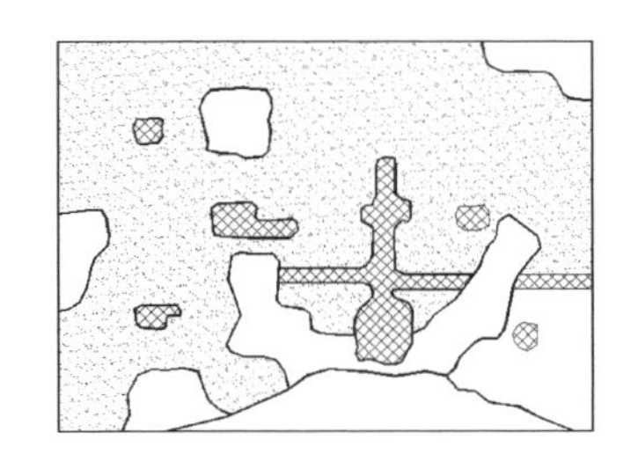

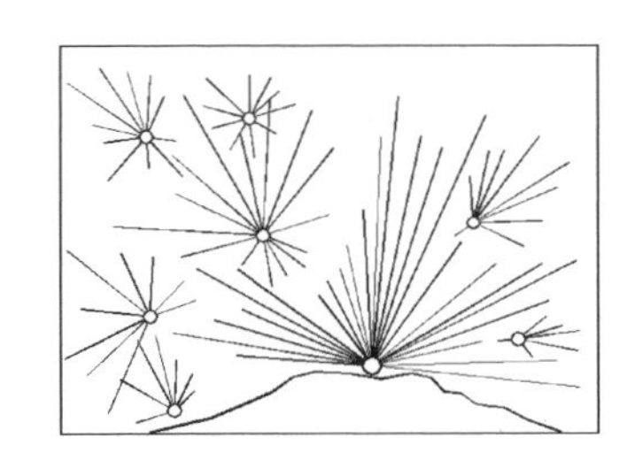

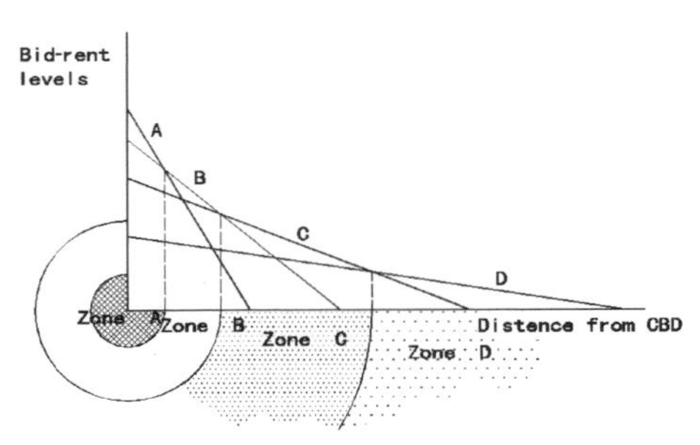

图 2-1　Bourne 的城市系统三概念

＊资料来源：唐子来(1997)。

《城市规划读本》(2002)认为，“城市内部结构的外在表象就是各个城市之间千姿百态，无一类同的城市形态。城市形态既有二维的平面形态，也有三维的空间形态”；张骁鸣(2003)认为城市形态“研究重点在考察城市的‘形’，是城市内各种功能要素空间分布的形式或形状；而‘态’则很好地表达了一种动态观念，即‘形’并非固定，要因时间、条件的变化而改变，不同形态下，形式、形状可能不同。城市形态研究的本身已经包含了四维(空间三维加时间维)的意义”；顾朝林等学者(1999，2000)多次论及城市形态，主要包括如下内涵：其一，是聚落地理中的重要概念，是一个城市的全面实体构成，或实体环境以及各类活动的空间结构和形式；其二，是人类社会、经济、自然 3 种环境系统构成的复杂空间系统，它反映了

① 分别是 urban form，urban interaction，urban spatial structure。

过去和现在的城市文化、技术和社会行为的历史过程；其三，也是在特定的地理环境和一定的社会经济发展阶段中，人类各种活动与自然环境因素相互作用的综合结果……从上述中，我们能够清晰发现，城市形态被当然地认定为具有空间属性的概念，这实际上也是很多相关学科普遍默认的前提。

但是，也有一些学者在认同城市空间形态具有空间属性的基础上，指出其也有非空间属性的方面。武进(1990)、杜春兰(1998；转引自：张骁鸣，2003)在城市形态的概念论述中指出，城市社会精神面貌和文化特色等非物质形态也是城市形态的组成部分；段汉明(2000)认为城市结构和城市形态互为表里……城市形态表现为城市生成、发展的时空过程及外部形式和整体的状态特征……如城市物质的空间形态，城市的政治、社会形态，城市的经济、贸易形态、城市的文化生活形态以及作为城市灵魂的人具有的、与其他城市不同形式的民风民俗、精神面貌等为标志的意识形态……

显然，向非空间属性的延伸，明显扩大了城市形态的概念内涵，并且使其脱离了根植于空间观念的本义，也明显超出了传统的城市形态研究范畴(张骁鸣，2003)。为此，本书为区别于内涵被日益扩大的城市形态概念，特以"城市空间形态"加以限制——实际上，"空间形态(spatial form)"的表述在学界早已有之，Harvey(1973；转引自：唐子来，1997)的《社会正义与城市》(*Social Justice and the City*)，Lynch(1984)在《关于美好城市形态的理论》(*Good City Form*)中都曾使用过 spatial form，段进(1999)在《城市空间发展论》中也使用过类似的物质空间形态(physical space form)表述。

此外，此前本书已经述及，由于包括了城市形态学的概念内涵，城市(空间)形态的概念内涵在研究实践中经常被扩大化，郑莘和林琳(2002)关于国内研究中的广义和狭义的城市形态定义①正是这一现象的反映。本书认为仅仅以广义和狭义区别并不妥当，建议从两个层面来理解城市空间形态的概念内涵：

首先，它是城市要素的空间分布状态，这是城市空间形态的概念本意。在研究中，由于观察目的或对象(要素)的不同，同一城市会有不同的城市空间形态表述。因此，基于研究目的选择合适的观察对象(要素)，成为城市空间形态研究的

---

① 他们在对 1990 年代以来的国内城市形态研究进展回顾中，认为国内学者对于城市形态的定义有广义和狭义区别，狭义的城市形态是指城市实体所表现出来的具体的空间物质形态；广义的城市形态不仅仅是指城市各组成部分有形的表现，也不只是指城市用地在空间上呈现的几何形状，而是一种复杂的经济、文化现象和社会过程，是在特定的地理环境和一定的社会经济发展阶段中，人类各种活动与自然因素相互作用的综合结果；是人们通过各种方式去认识、感知并反映城市整体的意象总体。

重要前提。

其次，作为表象的城市空间形态，在本质上是特定时空范畴内复杂人类活动的结果。因此，研究特定时空范畴内的复杂人类活动，成为理解城市空间形态形成与发展的重要途径，反之亦然。两者间的联系是城市形态学（urban morphology）的研究重点。

（2）成因机制（causal mechanism）研究的概念内涵

从城市空间形态概念内涵的第二层面出发，成因机制所关注的正是城市空间形态在本质上是特定时空范畴内的复杂人类活动的结果，城市空间形态的成因机制研究实质上正是对这一因果关系内在机制的探究。就"内在机制"而言，本书中的"成因机制"与通常所谓的"城市空间结构"在概念内涵上既有着联系，又有着区别①。

对于城市空间结构，胡俊（1995）认为"从其实质的内涵言，它正是一种复杂的人类经济社会文化活动在历史发展过程中的物化形态，是在特定的地理环境条件下，人类各种活动和自然因素相互作用的综合反映，是城市功能组织方式在空间上的具体表征"；段进（1999）在其基础上认为"城市空间结构就是指城市各物质要素的空间区位分布特征及其组合规律"；顾朝林（2000）等学者则认为城市空间结构是主要从空间的角度来探索城市形态和城市相互作用网络在理性的组织原理下的表达方式，也就是在城市结构的基础上增加了空间维（spatial dimension）的描述，而城市结构就是城市形态和城市相互作用网络在理性的组织原则下的表达方式；张骁鸣（2003）质疑了顾朝林的相关概念阐述②，概括了国内两种类型的城市空间结构定义③，并在其基础上认为城市空间结构"表达的是（城市组成）要素在空间组合上的关系，这种关系即为城市相互

① 在词义上，mechanism 和 structure 是内涵近似的两个名词，在英语中，mechanism 的解释为：the arrangement and action which parts have in a whole；structure 的解释为：the way in which parts are formed into a whole；在中文，结构的解释为：物质系统内各组成要素之间的相互联系、相互作用的方式……在自然辩证法中同"功能"相对，组成一对范畴……结构是内在的相对保守和稳定的因素，功能是外在的相对活跃和多变的因素；而机制的解释为：原指机器的构造和动作原理，生物学和医学通过类比借用此词。生物学和医学在研究一种生物的功能（例如光合作用或肌肉收缩）时，常说分析它的机制，这就是说要了解它的内在工作方式，包括有关生物结构组成部分的相互关系，以及其间发生的各种变化过程的物理、化学性质和相互联系。阐明一种生物功能的机制，意味着对它的认识从现象的描述进到本质的说明。

② 他认为"城市空间结构"和"城市地域结构"实际具有相同的概念，认为城市空间结构并非城市结构基础上增加空间维度的描述，城市结构概念包括空间与非空间的城市构成要素之间的关系组合，本身可以是非空间结构，而只有城市空间结构才是城市形态与城市相互作用网络的产物。

③ 其一是从城市经济活动是城市存在和发展的基础出发，认为城市空间结构是城市社会经济活动在城市地域上的体现；其二是在经济活动之外，认识到城市所具有的其他功能，因而认为城市空间结构是城市各种构成要素和功能组织在城市地域上的体现。

作用……城市空间结构就是能够通过城市相互作用体现为城市形态的那部分城市结构”。

在以上国内较具代表性的概念阐述中，“结构”较多地指向“功能—结构”内涵，部分阐述甚至有将其等同于胡俊（1995）的“城市空间结构模式”（urban spatial structure pattern）的倾向。本书并不否认城市组成要素的空间组合关系或其相互作用，也就是功能结构对于城市空间形态的重要成因作用，并因此在这一内涵层面上建立起两者间的紧密关系；但对于城市空间形态演变的最终成因，则进一步指向特定时空范畴内的社会人，并因此将成因机制与社会结构建立起紧密联系，同时也将城市空间形态的成因机制更为紧密地归结为特定时空范畴内的复杂人类活动，这实质上正是结构主义学派及其批判发展的理论视野。正是概念内涵层面的这一明显区别，促使本书采用“成因机制”表述，一方面与通常所述的“城市空间结构”或“城市空间结构模式”在概念内涵方面相区别，另一方面则用以明确研究范围和揭示研究的重要前提。所谓的研究范围，就是更加关注城市空间形态的成因方面，并未将重点放在城市空间形态的作用（function）方面——尽管两者间存在着紧密关系并且是功能结构视野的重要研究对象；而所谓的重要前提假设，就是认为特定空间范畴内的复杂人类活动与城市空间形态之间存在着因果关系，成因机制研究针对的就是这一因果关系。后者的因果关系，早已是地理学研究中普遍认同的前提假设（Hartshorne，1946，1959），因果解释也是研究中最为普遍采用的解释模型（Harvey，1971）。但是，对于在本书中采用其作为重要的假设前提仍应从多个层面予以理解。

首先，在成因机制研究中，以特定空间范畴内的复杂人类活动为原因，以城市空间形态为结果，并不意味着简单否定或遗忘同时存在着的反向作用[①]。毕竟，在事实认知的测度上，“人类社会与其外部环境之间、人类社会内各层次之间以及每一层次内各环节之间，无一例外地都互为原因与结果”，但是如果纠缠于这种互为因果关系的探寻上，又难免造成“追求终极意义上的‘谁产生谁’的问题”（胡皓、楼慧心，2002）。因此，坚持研究中的特定因果逻辑，但又不完全排斥甚至适当考虑反向作用，既是辩证思维的体现，又不违背因果概念中的基本逻辑结构，且在成因机制研究中具有实质性的重要意义。

其次，尽管因果关系是我们研究的前提假设，仍不能简单排斥或拒绝其他关

---

① 采用“反向作用”，而不是“互为因果”的表述，以避免对因果机制中的“若 A→B，则不存在 B→A”的基本逻辑内涵的误解，详细的解释可参阅 Harvey（1971）关于因果模型的讨论。

系存在的可能性[①]，特别是在这种有限原因的研究中。因此，对于假设前提的正确理解至少应包括两方面，其一，因果关系是客观存在的，但聚焦于人类复杂活动的成因探究，仍与研究的主观愿望紧密相关；其二，在基于有限原因集合开展研究的同时，不能轻易忽视非因果关系的存在，或者勉强将其纳入因果关系，也没有必要在有限原因集合中为所有的城市空间形态现象寻找理由。

(3) 城市空间的实体范围

明确实体的城市空间范围是城市空间形态实证研究的一个重要前提。但在研究实践中根据始终一致的内涵来确定城市空间的范围却远非容易的事情。

在确定城市空间范围的过程中，我们至少面临两个方面的空间范围关系问题(图2－2)，分别是实际的城市空间范围与城市行政辖区间的关系问题，以及与乡野空间(非城市空间)的明确界线问题(Cadwallader，1985；周一星，1997)。首先，在实际的城市空间范围与城市行政辖区间的关系方面，两者通常很少一致，并且有两种不一致的情况，分别是小于辖区范围的城市空间范围情况和超出辖区范围的城市空间范围情况(也就是 Cadwallader 所说的 underbounded cities 和 overbounded cities 的区别)。因此，在研究中一方面不能简单地以城市行政辖区代替城市空间，另一方面又必须考虑两者不一致的影响。其次，在实际的城市空间与乡野空间(非城市空间)的关系方面，一方面由于两者间通常是渐变或交错的，因此也不存在明显的分界线；另一方面，由于城市概念本身就是随历史发展而不断变化的，特别是现代城市在发展过程中与周围空间联系日益广泛，界线的确定更加增添了难度。为此，研究实践中通常有两种应对途径(周一星，1997)，其一是用人口密度的标准进行城市可比区域的定界，就是通过计算城市

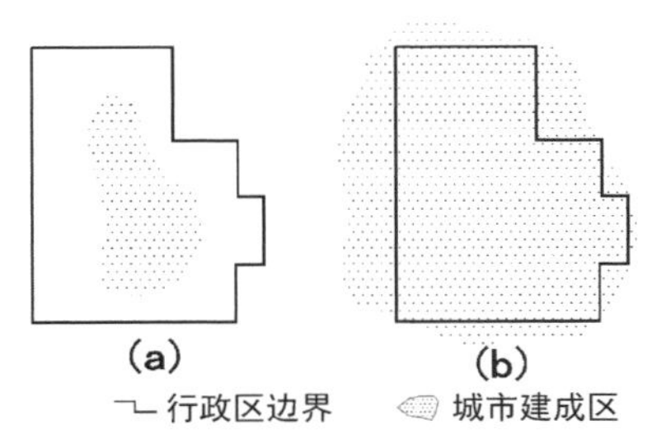

图2－2　城市空间范围与行政辖区关系

＊资料来源：周一星(1997)。

① 譬如 Klir 和 Valach(1967)对系统元素连结的配线系统(Wiring system)阐述(转引自：Harvey，1971)，即认为系统内各元素间连结有三种基本形式，连续关系(即通常所说的因果关系)、平行关系和反馈关系，这些基本关系间又可以有很多的联合方式，以至于两个元素可以各种不同方式相连结，形成一种不同方式连结元素的配线系统；以及近年来的关于城市复杂空间系统的模型方法讨论(Wilson，2000)，后结构主义对以往结构主义方法中的因果分析的批判(Eade & Mele，2002)都在提示我们，在运用因果分析的过程中必须在方法论方面持有谨慎和发展观念的重要性。并且正如 Harvey(1971)所说，因果解释具有顽强生命力的一个原因，就在于人们对因果关系的理解也是在不断吸收对其批判中发展的，譬如概率因果链模型的发展。

内部每一个最小行政区单元的人口密度，画出不同密度值的城市区域轮廓，认为只有在相似人口密度值以内的城市区域才能进行合理的、有意义的比较，但这种方法在实践中有相当多的困难；另一个常用的途径是详细规定的方法，就是对城市实体范围的划定使用详细的规定，在发达国家具有代表性。城市化地区(Urbanized Area)是美国为确定城市实体界线而提出的概念，通过设置若干具体标准将人口和非农业活动高度密集的地域确定为城市化地区，从而界定实体的城市空间界线。城市化地区的概念自 1950 年代由美国国情普查局首次使用后，已经在世界各国得到广泛应用。在国内的研究中，经常采用城市建成区(Built-up Territory 或 Built-up Area)的概念，与美国的城市化地区概念相当，都不是行政意义上的概念，而是从实际建设情况的角度确定城市空间范围，对于城市空间研究具有重要的现实意义。

但是在研究中采用城市建成区的概念同样存在着明显问题。首先，由于城市空间边界总是不断变化所带来的统计方面的困难，导致相应研究在统计数据连续性和准确性上存在着难以克服的问题；其次，中国自改革开放以来的迅速城市化进程，以及期间城市行政区划及其管理体制方面的调整，也事实上严重影响了城市建成区中的一致性，更明显影响了统计资料的连续性和可比性。为此，在以建成区为城市空间实体范围的研究中，必须通盘考虑两个方面的城市空间范围关系问题，既坚持一定的原则性，又在确保一定准确性的基础上根据实际情况灵活处置。

2.1.2 理论研究的进展概况

在城市空间研究范畴，Lynch(1981)认为包括三个理论分支：规划理论(Planning Theory)、功能理论(Functional Theory)和规范理论(Normative Theory)①。根据这一理论分类说，城市空间形态的成因机制研究属于功能理论分支，以解释城市空间形态的形成原因为主要目的。自二战后，随着研究的不断发展和相互促进，这一理论分支已经取得了明显进展，体现在多个方面，包括多学科的共同参与和多理论学派的发展，以及由此推动的城市空间形态的分析和解释研究的显著进展。

---

① 规划理论研究的是有关城市发展的那些复杂的公共政策是怎样或者应该怎样制定，其研究范畴已经远远超出了城市规划的领域，又称为决策理论(Decision Theory)；功能理论则试图解释城市形态(form)是如何形成，以及如何作用(function)的；规范理论研究的是人类价值观(human values)与聚居形态(settlement form)间的一般性关系，也就是如何认知一个好的城市的。

1. 城市空间形态研究中的多学科参与

尽管目前已经取得了可谓丰硕的研究成果，城市空间形态研究仍未能发展成为一门独立的学科，而是一个众多相关学科共同积极参与的研究领域，体现出很强的开放性特征①。研究领域中的这一特征，决定了城市空间形态研究进展与参与研究的相关学科及其分支（subdiscipline）发展间的密切联系。而多学科的参与，以及这些学科及其分支的研究进展不同，决定了城市空间形态研究的多视野（perspectives）和多阶段的进展现状。并且，多学科研究进展中也并非互相排斥（Cadwallader, 1985），而是多有重叠，甚至在交叉中相互促进，因此，要完全清晰地一一分辨参与研究的学科及其分支进展也并非易事。

对于各学科在城市研究中的理论分支，Cadwallader（1985）简要概述了它们的研究范畴，"城市经济学（Mill, 1980）关注的是诸如土地、劳动力、资本等稀缺资源在城市中的分配，以及这些资源如何整合以生产物品和服务的；城市社会学（Mann, 1965）关注的是城市社会特征，诸如社区组织和阶层结构；城市政治学（Saunders, 1979）关注的是政治权力在城市中的分配，以及城市政府的多样形态（various forms）；城市心理学（C. Mercer, 1975）关注的是居住在城市中的体验，以及对高密度和经常充满压力的环境的心理反应；城市历史学（Dyos, 1968）关注的是城市的历史演进；而城市地理学则特别关注于城市的空间模式和过程（spatial patterns and processes）"，这些不同学科分支的研究进展都不同程度地推动了城市空间形态的研究发展。

多学科及其分支的参与及其发展使城市空间形态研究呈现出阶段发展特征（周一星，1995；许学强，等，1997；唐子来，1997；冯长春、杨志威，1998；黄亚平，2002）：1920 年代以前是社会科学参与城市空间形态研究的启蒙阶段，尚没有确定的学科分支成型，城市内部空间的研究还停留在建筑空间描述方面，古典经济学推动了早期的区位研究进展；1920—1950 年代间是城市空间形态研究的第二阶段，首先是社会学的介入推动了城市内部空间的研究进展，生态学的方法被应用到城市空间形态的研究领域，创建了人类生态学（Human Ecology）的芝加哥学派，并在此基础上发展出了后来被广泛引用的城市土地使用的三种模式，创造性地提出了城市社会动态发展模式和城市社会空间形态的演化过程（张雁鸿，2000）。这一阶段的另一个重要贡献就是直到战后才显现出其巨大影响力的建

---

① 吴良镛（2001）在人居环境科学（the Sciences of Human Settlements）的论述中也特意指出其所说科学实际上仍是"涉及人居环境有关的多学科交叉的学科群组"，并因此采用 Sciences 而不是 Science 的表述，以及认为作为建构一门学科而言"在相当一个时间内还难于做到"。

立在古典经济学理论基础上的中心地学说，标志着城市体系研究的开始；1950—1970年代间一般可以作为城市空间形态研究的第三阶段，随着数学和统计学的迅速发展，特别是在人地关系研究中的运用，大大推动了城市空间形态的研究进展。以Alonso为代表的新古典主义学派推进了城市土地使用模式的经济学解释发展，城市经济学（谢文蕙、邓卫，1996）在1960年代发展成为一门独立的学科，并在多个层次和方面推动了城市空间形态的经济学分析发展；自1970年代开始，城市空间形态研究逐渐进入了多元发展阶段，首先是1970—1980年代间政治经济学的解释方法迅速发展，1980年代后在后现代等新思想和社会发展新趋势的冲击下，文化和价值观的影响日益受到重视，此后，包括政治、经济、社会、行政、文化、技术等越来越多的因素被纳入研究中，对城市空间形态的研究不断带来新的视野和争论（Fainstein & Campbell, 1996；Taylor, 1998；张庭伟，2001；Eade & Mele, 2002）。

2. *城市空间形态研究的主要学派*

历史回顾为我们梳理了城市空间形态研究发展的大致脉络和不同历史时期的主流学科视野。实际上，由于城市空间形态研究至今尚未能发展成为一门较为成熟的独立学科，二战后，特别是进入多元发展时期后，在主流研究视野和方法转换的同时，一直有多个不同主要学派并存（Bourne, 1982）①，而并未出现占据绝对主导地位的独特范式（Johnston, 1979）。

Johnston(1977)认为至少包括3个主要学派，实证学派（positivist approach）、行为学派（behavioral approach）和结构主义学派（Structuralist approach）。实证学派发源于自然科学，其主要特征是运用抽象的思想，特别是数学和统计学的方法来研究一般性和规律性，对所研究现象进行解释和预测。其在城市空间研究中特别关注城市现象的空间模式，包括空间的分布和相互作用（spatial distribution and spatial interaction），认为空间分布可以被划分为4种主要类型：点模式（point）、网络模式（network）、面模式（surface）和区域模式（region）（图2-3）；而空间的相互作用则可能有临时性或永久性等区分类型。对于实证学派的质疑主要集中于它的3个假设，即科学法则能够很好地适用于社会的经验研究假设、科学的论述能够排除价值观倾向并保持中立假设、能够产生独立于时间和事件的空间法则假设；行为学派重点关注多种空间模式产生的决策过程。它并未形成

---

① 此节中Bourne(1982)、Johnston(1977,1979)、Ley(1981)的观点均转引自Cadwallader(1985)的论述，出处不再单独列出。本书中关于三个学派论述中的注释也不再单独列出。

新的学科分支，而是关注于将行为的多样和概念纳入到解释中。它不仅关注行为的空间表现，更关注行为导致的过程。对于行为学派的批评主要集中于它的主、客观分离的假设，即认为世界能够被分为事物的客观世界和思想的主观世界，观察者因此能够与被观察现象分离。对于行为学派的这一批评导致逐渐走向更为人文主义的倾向，也就是关注于人的感觉和价值观，以及参与的观察方法；对于行为学派的另一批评观点认为它忽视了社会对个人行为的约束，而关注社会约束正是结构主义学派的重要组成内容；结构主义学派关注决策的政治经济环境，认为对社会空间分异的理解不能仅考虑消费者的选择，还应当考虑机构(institutions)的行为。基于这样的视野，结构主义学派认为诸多的城市经理人(urban managers)对于空间的分配发挥着影响作用，城市经理人及其背后的制序(institutions)[①]因此应当成为研究的重点。在结构主义学派中，政府(state)在城市事物中的角色始终是其关注重点，并因此发展出许多关于政府的理论学说，矛盾的思想和部门利益被认为是社会生活的中心和基础，而政治权力则是理解稀缺资源如何分配的关键。

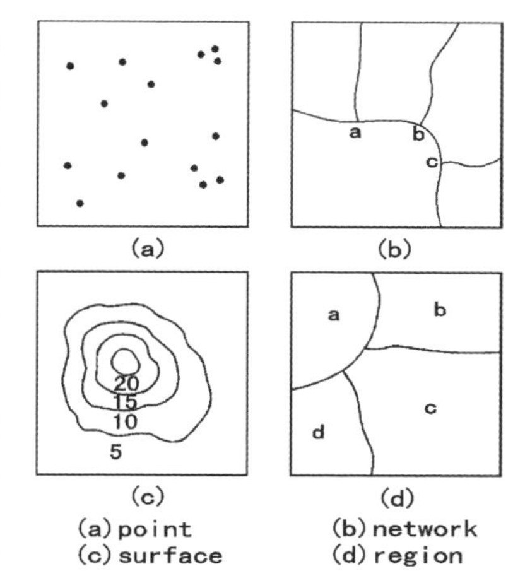

图 2-3　Johnston 的城市空间分布主要类型

＊资料来源：Cadwallader(1985)。

唐子来(1997)在回顾西方城市空间结构解析理论中认为主要有两大学派，新古典主义学派(the Neoclassical Approach)和结构学派(the Structural Approach)，两者间的差别体现在认识现象的方法(methodological)和解析的理念(ideological)等方面。新古典主义学派奠基于新古典主义经济学(the Neoclassical Economics)，注重经济行为的空间特征(或者称为空间经济行为)，引入空间变量(克服空间距离的交通成本)，从最低成本区位(the least-cost location)角度探讨自由市场经济的理想竞争状态下的区位均衡(locational equilibrium)过程，来解析城市空间结构的内在机制；结构学派则从根本上批判了新古典主义学派及其改良的行为学派的个体选址行为的解析基础，并将解析建立在不同范畴的社会关系及其过程基础上。早期的结构学派(新马克思主义，neomarxism)偏重于资本主义生产方式下

① Institutions 是一个含义宽广、模糊和复杂的词，难以在中文中找到确切对应词语，对此，韦森(2001)曾有专门的论述，认为以其创造的“制序”一词相对应更为贴切，以包括该词中的制度、习惯等多重含义。

的阶级关系对城市空间的影响，此后则在发展中日益认识到其他范畴社会关系在城市空间影响方面的重要性，并且越来越注重特定时期和特定地域的实证研究。

而张庭伟(2001)则主要根据参与学科的不同划分了经济学、社会学、文化—政治学和政治经济学四种主流理论流派。实际上，尽管存在着不同理论学派及其认知，较为普遍的共识认为它们也并非完全相互排斥，并不同程度地存在着重叠(Johnston, 1977)。而相当部分的学者也主张抛弃教条的束缚并进行必要整合，以建立更为综合的研究方法(Ley, 1981)，很多学者也为此进行了努力(Cadwallader, 1985；Wilson, 2000)，尽管如前所说的“仍未有共同认可的研究范式出现”，仍促进了不同学派的相互借鉴，在共同推进城市空间形态的研究进展同时，也推动了不同研究学派和理论的发展。

3. 城市空间形态的分析性研究与解释性研究

分析和解释[1]是城市空间形态研究中的两个对应类型，一般而言，分析性研究关注“是什么”，而解释性研究关注“为什么”和“如何”(Ethridge, 1995)。在日益注重经验研究的城市空间形态成因机制研究中，分析性和解释性研究已经成为紧密联系的两个方面，“分析的结果往往被用来检验(在采用演绎法的研究中)或建构(在采用归纳法的研究中)关于城市空间形态和社会过程之间相互关系的各种假设”(唐子来，1997)。然而，对于社会科学中的分析和解释性研究，以及它们间更为紧密的关系理解还应当包括更多方面：

首先，社会科学在其发展进程中已经与其哲学基础间有着更为紧密的关系(Giddens, 2000)，既包括社会研究，特别是在充满认识论的问题上的日益哲学化趋势；同时也包括哲学在一些主要论题上的日益社会学化趋势。对于社会研究中的哲学基础，Ethridge(1995)在应用经济学研究方法论中论述了最为紧密联系的三种哲学主张，实证主义、规范主义和实用主义，认为不同的哲学主张对于如何进行知识可靠性的证实持不同的主张或看法；文军(2003a，2003b)则揭示了西方社会学研究中并存的实证主义、人文主义和批判主义三种主要不同研究取向，认为不同的研究取向及其对应的哲学基础极大地影响着研究与不同理论流派的形成和演变。譬如，实证主义学派(Positivist Approach)更多地以逻辑实证主义为其哲学基础[2]，并

---

① 相关文献对研究中的这一分类有不同的表述，如“描述—解释”的对应表述(Harvey, 1971；冯长春，杨志威，1998)、“分析—解释”的对应表述(唐子来，1997；黄亚平，2002)、“描述—分析”(Ethridge, 1995)等。尽管表述不同，但其内涵相同或近似，为此，本书统一采用“分析—解释”的对应表述。

② 实证主义学派是实证主义哲学的发展，信奉事实的逻辑延伸，倾向于将事实和理论都视为假设的根源(Ethridge, 1995)，实证主义的社会研究强调社会理论与自然科学方法的一致性(Giddens, 2000)。

因此更多地偏向于采用自然科学的研究方法与标准；而结构主义学派（Structuralist Approach）则更多地以规范主义和实用主义为哲学基础，其研究特别在早期具有显著的批判主义取向。但在总体趋势上，这些不同的主要哲学主张，以及研究取向，随研究发展而不断相互批判与借鉴，并因此推动着社会研究的不断发展。

其次，应当从社会研究的科学途径（Scientific Approach）[①]的角度进行理解。对于理论的发现和形成，经验主义认为来自对经验的观察、归纳与证实，但是已经遭到了 Hume 和 Popper[②] 的彻底批判；逻辑实证主义认为科学理论是假设—演绎的体系，但对其批判也已经确凿地表明，"证伪"不可能保持它原初形态不变，因为"被'算做'是证伪观察的事物在某些方面依赖于理论体系或范式中，隐含着对所观察事物的描述（即解释：本书注）"（Giddens，1993），科学哲学中的证伪主义由此面临着同样的困境。在对证实和证伪的共同批判基础上，Kuhn 提出的"范式"（paradigm）及其随后的继续发展为理论发展提供了新的途径。这一概念认为，范式一旦产生将会是相对稳定并在相当长时间内成为理论学家解释问题的基础和应用学家的有效工具；一种旧理论的被否定和取代并不通过经验证伪，而是需要一种新的理论体系或科学研究框架与之相竞争，该理论必须不仅能够解释另一个研究规划所不能预测的事实，而且还要能够解释更多的能够被经验证实的事实。Giddens（1993）的进一步阐述指出，"作为一个出发点，所有的范式都被其他范式所中介，不仅在科学范围内范式连续发展的层面上是如此，而且，行动者在一个范式范围内学会'寻找他或她的方法层面上也是如此'"，由此改变了 Kuhn 范式概念的封闭性，揭示了范式间的连续发展途径。

再次，对于社会学研究中的分析性和解释性研究，Harvey（1971）指出两者间没有本质上的区别；而 Giddens（1993）则指出两者间本质上的紧密相关性，其引起广泛关注和讨论的"双重解释性"（double hermeneutic）概念认为，"社会研究不像自然科学……它应对的是一个预先解释的世界，在这个世界中，由能动的主体发展的意义实际上参与了这个世界的构成或生成；因而，社会理论的建构涉

---

① 这里指设法获得新知识或理解的一般方式（Ethridge，1995）。

② Hume 指出"观察—归纳"逻辑所隐含的一个难题：即单纯由过去的经验推断未来在逻辑上是否可行？没有什么正确的逻辑论证容许我们确认"那些我们不曾经验过的事例类似我们经验过的事例"。因此，"即使观察到对象时常或经常连结之后，我们也没有理由对我们不曾经验的对象作出任何推论"。Popper 继 Hume 之后重新提出归纳逻辑的缺陷，认为"理论，至少是一些基本的理论或期望，总是首先出现的，它们总是先于观察"。并认为一直追溯的最终结果将到达无意识的和天生的期望，并且人生来就有期望，就有"知识"，而最重要的就是找到规则性，并因此声称科学发现的方法不是归纳法，而是试探错误的方法，即"猜想和反驳的方法"或"演绎检验的方法"。（转引自：覃家琦，2004）

及独一无二的双重解释;最后,一般法则的逻辑地位在一个非常重要的方面区别于自然科学规则的逻辑地位”,也就是社会学研究中的解释在本质上是“解释常理世界的解释”而已。

由此,对于本书将要涉及的城市空间形态研究中的分析性和解释性研究间的复杂关系可以形成以下方面认知:其一,全面而绝对客观的分析性研究和解释性研究是不存在的,不同的哲学基础和研究取向,以及选择的研究途径或者理论学说将根本性地影响到分析性和解释性研究的各个方面;其二,无论建立在怎样的哲学基础和研究取向,以及采用的研究范式或者具体的研究方法与工具的基础上,分析性研究与解释性研究之间必须保持着紧密的逻辑对应关系。由此,这样的分析与解释从开始就并不企图包容城市空间形态的各个方面,或者说不仅必然忽略诸多后现代学说所强调的细节内容(Ritzer,1997),甚至对现代理论中宏大叙事的某些方面也未必逐一涉及;其三,对案例城市的分析性和解释性研究,既有演绎推理的运用,也包括了不完全归纳和有限检验方法的部分运用,好在这种融合方法的研究途径在当今研究中已经被经常采用,而实用主义哲学原本也并不十分苛刻于理论逻辑(Ethridge, 1995)。

基于以上认知,本书将由于笔者的城市规划专业视角原因更多地倾向于实用主义哲学基础,并尽可能避免结构主义学派内涵的“批判主义”倾向,以坚持一种“客观”视角,并更多地投入到“如何解释”方面;建立在实用主义的基础上,本书并不反对接受不同哲学思想的合理或合适启示及其与之相联系的研究方法或工具,甚至包括“成因机制”这样似乎充满逻辑实证主义色彩的概念表述。

2.2 城市空间形态的分析性研究

现代城市空间形态的分析性研究发展相对较早于解释性研究。在多学科的积极参与,以及多元研究视野和目的推动下,城市空间形态的分析性研究无论在研究方法还是研究领域等方面都取得了显著进展,积累了大量的研究经验。基于对本书的有益借鉴,主要从分异特征和演变趋势两个方面阐述城市空间形态分析性研究的主要成果经验。

2.2.1 城市空间形态的分异研究

空间形态的分异研究和测度是地理学研究的重要领域(Hartshorne, 1946,

1959)，也是描述和认知城市空间形态的重要方法。作为多因素的复合现象(Friedmann & Wulff, 1976)，任何单一的特征要素都无法概括城市空间形态的全部分异特征，分异研究也由此在逐渐发展进程中基于研究方法、研究目的和表征述对象的差异形成不同类型表征要素，也因此推动了城市空间形态分异研究的日益全面和深入发展。基于不同学者的归纳阐述(胡俊，1995；唐子来，1997；段进，1999；黄亚平，2002；顾朝林，等，2002)，城市空间形态的分异研究可以依据不同标准进行不同类型划分，主要有，其一，以表征方法和对象属性为标准的类型划分方式，如物质空间和社会空间的分异研究类型划分；其二，以研究对象的不同空间层面为标准的类型划分，如整体层面和内部层面的空间形态分异研究类型划分。而这些不同的划分标准又可以共同采用，形成多途径和多视角的城市空间形态表征研究方式。

基于城市规划者的研究视角，本书基于国内快速城市空间形态演变的事实，包括建成空间的急剧规模扩张、城市内部空间使用功能的重组、城市人口规模的急剧增长及其在居住空间范畴上的显著异质化趋势等方面，采用多重标准选取不同类型的主要分异表征要素，并主要以不同空间层面为主要标准，划分为整体和内部两层面的城市空间形态，在其基础上再根据不同对象属性选择重要的表征要素分别予以研究。在研究方法方面，主要以图解模式分析(map pattern analysis)为主要研究方法，并在其基础上进行必要的计量和形状描述比较，这也是城市规划和空间分析工作者最为常用的重要工具(Cullen, 1984)。

1. 城市建成空间的整体形态模式

城市建成空间的整体形态分析重点主要是城市建成空间的整体形状及其边缘特征(胡俊，1995；段进，1999)。在整体形状的分析方面，现代城市建成空间的整体形态模式可以大体归纳为集中和分散的两大基本类型(陈友华、赵民，2000)。集中型整体形态模式的主要特征就是城市建成用地主要呈集中连片状态。一般认为，由于集中型的整体形态有利于集中设置较为完善的生活服务设施，同时也有利于社会经济活动联系的效率和方便居民生活。因此，只要条件许可，一般中小城市都会自发形成此类格局；而分散型整体形态模式的重要特征就是城市建成用地分成明显不连续的若干块，每块间或者被如农田、山地、较宽河流、大片森林等未建成空间分隔，或者被一些大型独立人造设施(如铁路站场等)分隔。一般认为，分散型整体形态模式的优点在于能够根据城市的用地条件灵活布置，也能够较好地满足城市近期和远期发展的关系，但是城市基础与公用设施投资和管理费用相对较大。

此外还可以根据建成用地和道路网络的形式等多个方面特征进行多种类型的划分。作为共同的特点，这样的类型划分尽管增加了考察要素(如道路系统、城市中心等)，但其目的仍在于揭示城市建成空间的整体形态特征，因此也属于城市建成空间的整体形态模式分析方法。胡俊(1995)在对中国现代城市空间结构模式的分析中划分了 7 种基本类型：集中块状结构类型、连片放射状结构类型、连片带状结构类型、双城结构类型、分散型城镇结构类型和带卫星城的大城市结构类型；此后其又有网状、环形放射状、星状、带状和环状等集中类型，以及组团状、星座状和城镇群的分散类型论述(陈友华、赵民，2000)；段进(1999)则根据发展方向(均匀分布型、交通辐射型、主轴线型)和城市中心的数量(单中心、多中心)进行组合提出了 6 种整体空间形态模式；张雯(2002)则主要归纳了核状城市、星状城市、卫星城市、住区体系、线形城市、多中心网络城市或区域城市 6 种类型。

综合以上研究结果，本书认为可以将城市建成空间的整体形态模式仅根据形状特征进行两个层面的划分，在第一个层面根据建成空间是否连续划分为集中发展型和分散发展型；在第二个层面根据建成空间的形状划分为六个基本型：团型、带型、星型、卫星型、组团型、网络型(图 2－4)。团型、带型和星型属于集中发展型，而卫星型、组团型、网络型则属于分散发展型。在分散发展型中，卫星型和组团型都由若干(包括两个)空间上明显相互分离的建成空间组成，两者间的主要区别在于建成空间在投影面积上是否存在明显的主次区分。网络型具有

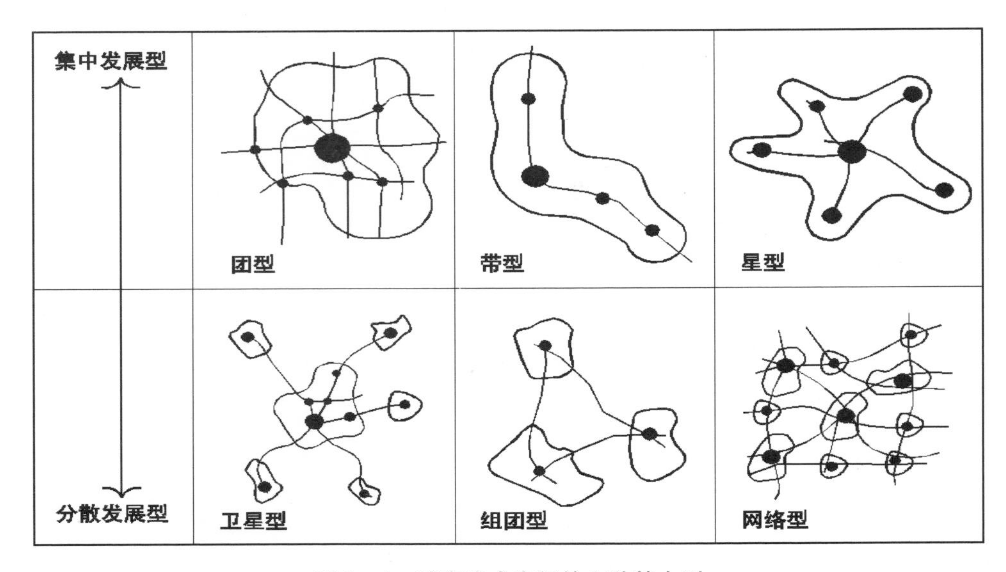

图 2－4　城市建成空间的六种基本型

一定的特殊性，尽管也可以还原到卫星型或组团型，但与两者间的明显区别在于城市建成空间在城市所在行政区域，甚至超出行政区域呈网络状的复杂空间形状的分布状况，并且尽管仍然能够辨别建成空间之间的分隔，但界线已经相当模糊。

2. 城市建成空间的内部形态模式

在西方，通常采用"经济—社会"的研究视角分析城市建成空间的内部土地使用功能和居住空间的分异特征及其空间形态的模式。在城市土地使用功能方面，主要依据产业类型进行划分；在居住空间方面，则根据居民的主导社会属性进行划分，并且由于研究视角的不同，关注的分异特征也各有不同，并因此引发激烈争论。

早期的内部空间形态分异研究在居住空间分异方面主要关注于家庭的经济收入水平。Engels在19世纪对曼彻斯特的社会居住空间模式的研究中划分了穷人和富人两大社会阶层，并将这种阶层划分投影到城市空间中以揭示城市内在的社会贫富现象（易峥、阎小培、周春山，2003）；之后，芝加哥学派在对美国若干城市的实证研究基础上陆续提出了城市土地使用的三种经典模式，对于居住空间均根据居民收入水平划分为高、中、低三大类型（图2-5）；在三大经典模式之后，又有Dickinson（1947；转引自：顾朝林，等，2000）的三地带模式①（three zones theory）、Ericksen（1954）的三元模式、Mann（1965）的同心圆—扇形模式等模式类型（冯长春、杨志威，1998）（图2-6），同心圆—扇形模式在居住空间的分

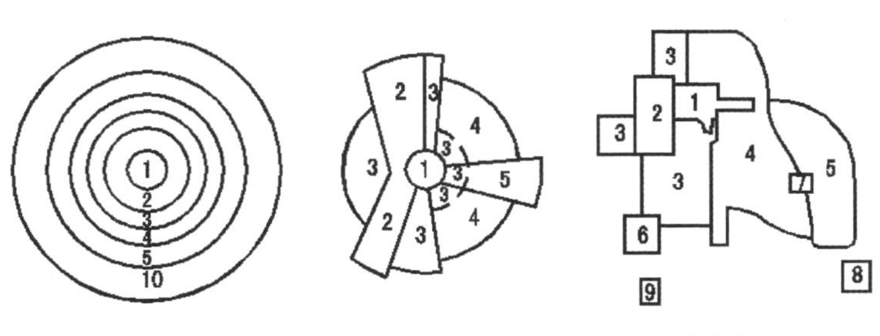

1—中央商务区　2—轻型制造业　3—低阶层住宅区　4—中等阶层住宅区
5—高阶层住宅区　6—重型制造业　7—外围商务区　8—郊外住宅区
9—郊外工业区　10—通勤区

图2-5　城市土地使用的三种典型模式

＊资料来源：唐子来（1997）。

① 即中心地带（central zone）、中间地带（middle zone）、外缘地带（outer zone）或郊区地带（suburban zone）。

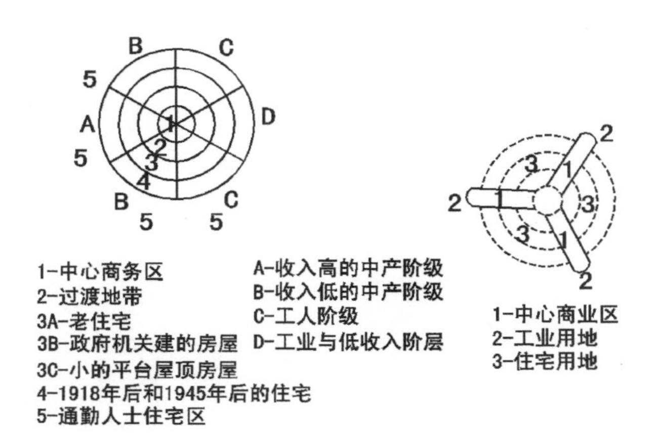

图 2-6 同心圆—扇形和三元土地使用模式

*资料来源：冯长春、杨志威(1998)。

异方面试图引入其他因素，但特征要素的属性缺乏逻辑一致性而较为凌乱；三元模式的主要特点在于将城市土地使用功能进一步简化为商业、工业和住宅三大类型；三地带模式则首先关注城市内部空间的相对区位。Shevky、Williams 和 Bell 则在居住空间分异特征的研究方面做出了突破性的研究(唐子来，1997)，提出了经济地位(economic status)、家庭类型(family status)、种族背景(ethnic status)的居住空间分异的三种特征要素。

此后，又有更多的特征要素被发现并认为在城市的居住空间分异方面发挥着不同的作用(顾朝林，等，2000)，如 Murdie(1969)的研究表明，不同种族各自独立聚居而使不同地位的种族居住形态呈现分散布局的居住隔离状态，不同家庭地位的居住形态呈现围绕城市商务中心区的同心圆布局，不同经济地位的居住形态呈现围绕城市商务中心区的扇形布局；Davies(1984)在补充了移民地位、非标准住房、初始家庭、已建家庭、住房产权和城市边缘等 6 个特征要素同时，认为社会经济地位差异呈扇形分布，家庭地位、移民地位和已建家庭地位的差异围绕市中心的环行圈层分布，非标准住房和初始家庭分布于市中心，不同家庭和住房产权呈分散隔离形态，这 9 个方面的居住差异叠加形成了城市居住空间的分异实态……这些研究不断深入地揭示了西方城市内部空间，特别是居住空间的分异特征。

在国内，早期城市建成空间的内部形态模式分析受到了西方国家研究视角和成果的较大影响。朱锡金(1987)、武进(1990)对于中国现代城市空间模式的探讨较多地受到了西方同心圆模式的影响(图 2-7)，对于城市功能空间的分异研究显然受西方"经济—社会"的分析研究影响，并因此主要集中在不同产业类型的经济功能空间的分异研究方面，对居住空间分异的研究则主要集中在物质形态方面，缺乏对社会属性的分析；胡俊(1995)通过对 1990 年国内 176 个大、中城市的分析，创造性地提出了中国现代城市空间的基本模式(图 2－8)。这一空间模式的突出贡献主要集中在对中国现代城市的功能空间分异的分析方面，既有对市中心、工业、居住等基本功能类型的分析，又突出强调了行政、军事、文教

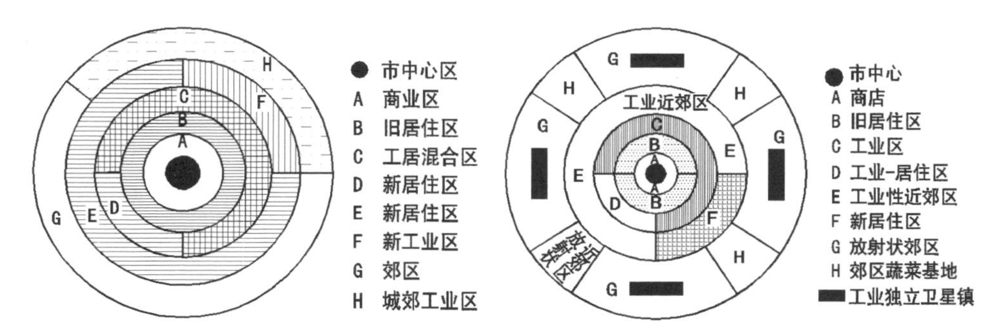

图 2－7　朱锡金、武进的中国现代城市空间模式

＊资料来源：朱锡金(1987)和武进(1990)。

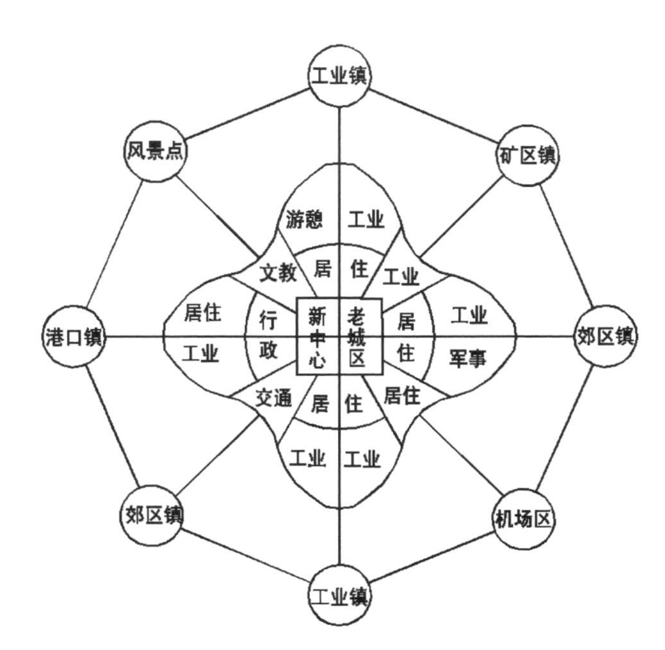

图 2－8　胡俊的中国现代城市空间的基本模式

＊资料来源：胡俊(1995)。

等非经济类型的功能空间分布在城市空间形态中的影响,同时还把与城市建成空间密切关系的周边区域建成空间特性纳入到模式分析中,但在居住空间分异方面的研究也并未深入;此外,还有一些针对中国不同城市的空间模式研究,包括 Gan(1989)对于北京、柴彦威(1999)对于中日城市比较的空间模式研究等(转引自:顾朝林,等,1999)(图 2-9),这些研究对于推动对中国现代城市功能空间模式的认知做出了积极贡献,但在分异特征的研究方面并未出现突破性的研究进展。

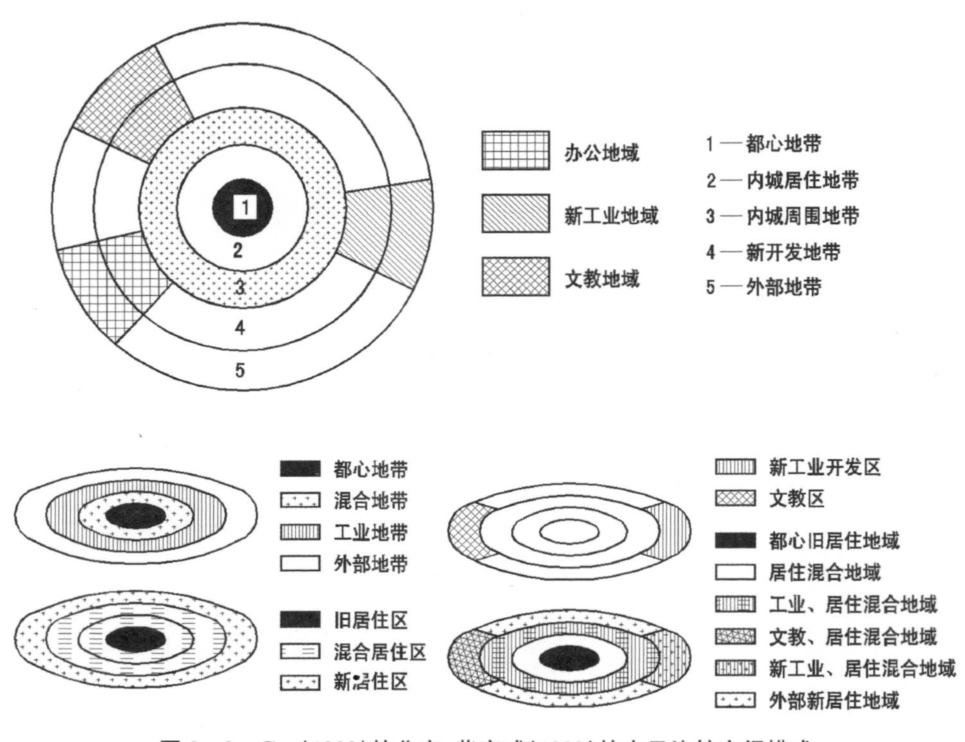

图 2-9　Gan(1989)的北京、柴彦威(1999)的中日比较空间模式

*资料来源:顾朝林,等(1999)。

在国内的居住空间分异研究方面,自 1980 年代以来,也出现了积极的研究进展。许学强等学者 1980 年代中期对于广州的实证研究表明(图 2-10),导致居住空间分异的既不是种族隔离,也不是经济收入水平,而主要是历史因素和现时的土地使用功能布局及分房制度(冯健,2004);吴缚龙(1992)的研究则突出反映了工作单位在住房制度改革前对中国居住空间分异的显著影响。这些研究表明,至少在住房制度改革以前,国内外居住空间分异的主要特征要素有着显著的差异。

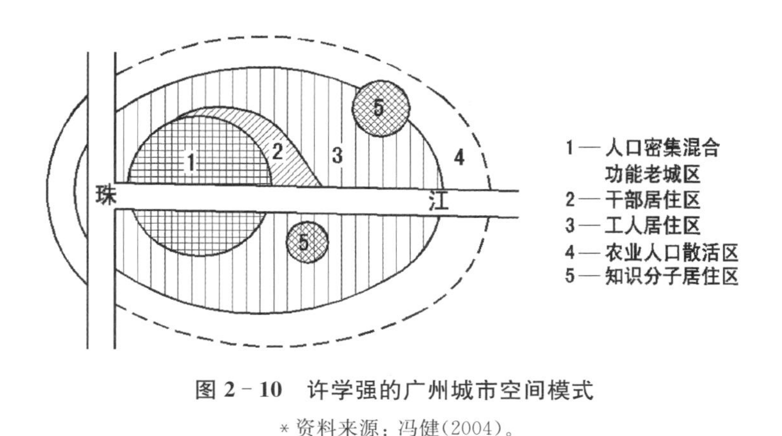

图 2 - 10　许学强的广州城市空间模式

* 资料来源：冯健(2004)。

自 1990 年代，中国城市，特别是沿海经济较为发达的城市，在城市规模迅速扩张和城市内部物质环境迅速更新的同时，人口流动也显著加快，包括城市原居民在城市范围内的大量迁移，以及外来人口的大量涌入及聚集(冯健，2002；冯健、周一星，2002，2003；高向东、江取珍，2002；汤志平、王林，2003)。这一变化趋势导致城市居住空间分异特征的急剧变化。张兵(1995)指出中国居住空间将根据收入水平分异的趋势，即在城市中心及其周边地区逐渐转化为中高收入阶层居住地带，在城市边缘地区则包括中低收入阶层和中高收入阶层居住地，更外围则是大量高收入阶层居住地，交通条件环境质量一般或较差的近远郊或者靠近近郊工业区则主要集中了中低收入阶层的居住地；吴启焰和崔功豪(1999)在南京的经验研究中发现城市空间分异的主导因素依次为：职业差别、收入和财产差别、教育与知识层次差异、人口密度与家庭规模。对于外来人口聚居地区的研究表明，部分地区出现了明显的同质特征(周一星、孟延春，2000；张敏，等，2002)，主要特征要素包括地缘(来源地)、亲缘、血缘或业缘(职业)；部分地区则呈显著的异质特征(千庆兰、陈颖彪，2003；杨春，2003)。从有关学者的分析中可以大致归纳，这些外来人口聚集地区，异质特性主导的地区大多位于城市内部空间，而同质特性主导的地区大多位于城市边缘地区。并且与西方国家的“移民社区”有着显著区别的是，流动人口主要在城市边缘地区形成聚集，即使已经位于城市内部的聚集地区也多为旧村并且是城市空间的新形成地区。

在二维投影平面上分析城市空间的功能和社会分异特征并进行空间模式研究的同时，有关城市三维空间的研究也是城市内部空间分异研究中的一个较为重要的方面，对于城市规划工作具有特别的重要影响作用。近年来，国内在三维空间的研究方面，既有主要关注于城市建筑物的高度变化及其分布演变特征方面的研究（顾朝林，等，1999；俞斯佳，1999），也有关注于城市空间的开发强度分区控制方法和发展趋势的研究（唐子来，等，2003a，2003b），以及居住密度演变趋势方面的研究（何流、催功豪，2000；高向东、江取珍，2002；冯健，2002a，2003，2004）。这些研究对于深入了解城市空间形态同样都有着重要意义。

2.2.2　城市空间形态的演变研究

城市空间形态的演变研究是从动态角度对于城市空间形态的扩张和内部空间形态分异特征变迁规律的研究，是城市空间形态分析性研究的重要组成内容，也是考察社会过程（social process）与空间形态（spstial form）关系的重要途径。对于这方面的研究，可以大致分为两个方面，即城市空间形态的演变历程和演变阶段研究。前者主要考察城市空间形态演变进程中的具体过程，而后者则希望能够将形态演变过程划分为特定的时间阶段，并与城市的发展阶段建立对应关系。

1. 城市空间形态的演变历程研究

在城市空间形态演变历程的分析方面，由于研究视角或关注的形态特征要素不同，又可以分成几个方面：

在城市空间整体形态的外向扩张方面（转引自：陈佑启、周建明，1998；谷凯，2001），Conzen（1960）在“形态基因（Morphogenesis）”研究中提出了此后颇具影响力的两个概念，城镇边缘带（fringe belts）和固结界线（fixation line）。城镇边缘带是由混合用地构成的动态带型区域，是城镇历史发展的普遍现象；固结界线是城市空间形态扩张的障碍，包括自然因素（如河道）、人工因素（如铁路）和无形因素（如地产业权）等。在城镇空间形态的扩张过程中，城镇边缘带并非稳定地向农村地区推进，而是依时间顺序呈现出加速、减速与静止的周期性变化规律。Erickson 的研究则进一步指出了城镇空间形态扩张进程中，城镇边缘带演变的周而复始的三个不同阶段的形态特征，依次为：轴向扩散阶段、圈层扩散阶段和填充阶段，其中填充阶段的城市边缘带的扩展基本进入静止稳定阶段。固结界线则在一定时间内束缚城镇空间形态的扩张，但最终这些障碍将会被克服，并因此形成新的边缘地带，直至遇到新的固结界线。

在国内，近年来对于城市空间整体形态的外向扩张进行了大量的实证研究分析，顾朝林、陈振光（1994）分析了中国大都市的城市空间形态扩张过程，王建国、陈乐平（1996）研究了苏南城镇的空间扩张过程，段进（1999）分析了城市外部空间形态的扩张形态，何流、催功豪（2000）研究了南京自1949年以来的城市空间扩张过程，赵燕菁（2001）研究了快速经济发展城市的空间形态扩张途径。根据这些研究成果，城市空间整体形态的扩张演变可以从几个方面进行分析，其一，可以根据空间形态的新增扩张区位特征分为紧凑型扩张和松散型扩张两种类型，前者一般主要在一些原有城镇建成空间形态相对紧密的城镇，新的形态扩张主要集中在城镇外围地区；而后者主要在一些建成空间相对松散的城镇，新的形态扩张分散在建成区内部和外围的不同区位；其二，可以根据建成空间的整体形态在城市外围扩张进程中的空间连续特征划分为两种主要类型，分别为外推扩张和跳跃扩张。外推扩张是空间连续性的扩张，又可以根据主导形状的不同划分为同心圆状扩张、星状生长和带状生长；跳跃扩张是非连续性扩张，还可以根据跳跃建设的规模划分为飞地模式（相对已建成空间的较小规模）和新区模式（相对已建成空间的较大规模）；实际情况中的建成空间形态的外围扩张也可能是外推和跳跃扩张兼有的过程；其三，根据扩张的速度不同，还可以主要划分为渐进性扩张和急剧性扩张。

与建成空间的外向空间形态扩张相伴随的必然是城市功能空间的变迁，并且往往伴随着城市居民（原住民和移民）的迁移。对于这方面的分析，必须从城市整体功能空间和社会空间的变迁角度分析。对于国内城市近年来的内部空间形态演变历程，近年来国内外学者已经进行了大量的经验研究。张庭伟（2001）总结了部分这方面的研究成果[①]，认为可以主要归纳为三个方面的趋势特征，其一，城市核心地区的商业和办公等功能大为增强；其二，由于城市核心地区的发展，居住区开始从城市核心地区转移到城市内圈；其三，原来位于中心城的工业迁移到城市的外圈，和原有的郊外工业区、工业卫星城市合并，或在城市外圈开发出新的工业区。在城市功能空间重组的同时，居住空间的分异特征也发生着显著的演变，原有的历史和单位等主导性的特征要素正在消失，新的主导特征要素正在形成。顾朝林等学者（1999）对于北京近年来的社会空间分异模式的演变分析认为新的空间分异模式正在形成中，主要趋势表现为，其一，在老城区，相对贫困的老北京人和新移民将集中居住在不太多的受保护的老居住区；其二，在城市边缘区，一些接受过专门训练的高工资雇员、生意人和暴发户将居住在城市东北方向，形成北京最富的一个扇形；其三，一些无技术、低工资的人将选择居住在

① 这些研究成果主要是唐子来和栾峰（2000）、吴志强和姜楠（2000）、胡俊和张广暄（2000）从不同角度对1990年代上海的城市开发演变进行的经验性研究成果。

东南角,形成北京最穷的一个扇形;其四,多数中等收入的知识分子家庭将集中居住在西北角;其五,中等收入的技术工人则集中居住在西南角。总之,城西将成为中等收入家庭集中区,城东北为高收入家庭集中区,城东南为低收入家庭集中区;在城市近郊区,又将形成低收入郊区农民家庭和新流动人口家庭集中居住的环带。由此表现出的突出问题是新城市贫困现象的出现,以及新的流动人口和高收入者正在重构城市社会阶层,并且通过社会空间分异影响城市的社会空间模式。此外,顾朝林等学者(2000)还总结了城市内部居民迁移的两大特征类型,分别是内城内部的无规则移动,以及迁向郊区的长距离扇状方向的移动。即,城市内部居住移动有方向偏向的规律:侧面移动少,内向移动和外向移动多。一般来说,内城内部的短距离移动没有方向性,但向郊区的移动中有在相同扇形区域内移动的倾向,即一旦在某一扇形区域居住以后,向其他扇形区域的迁居动机就会很少。

在以上功能空间和社会空间演变的同时,城市内部往往也经历了急剧的物质环境更新(大规模的重建)阶段。总体上,物质环境的更新与城市功能空间或社会空间的演变趋势相一致。但在某些情况下,由于部分建筑物的多功能适应性,功能空间和社会空间的演变并没有引发相应的大规模重建活动(陈伟新、吴晓莉,2002;深圳市城市规划设计研究院,1997)。

还有一些研究希望揭示城市空间形态演变进程中的内在普遍规律,但却因此具有较强的解释性色彩。尽管如此,其在城市空间形态演变历程方面所揭示的一些具有普遍性的趋势特征仍具有积极的分析性意义。段进(1999)总结了城市空间形态演变的四个基本规律:规模门槛律、区位择优律、不平衡发展律、自组织演化律。对这些基本规律所揭示的城市空间形态的演变历程中的普遍性特征,可以简要叙述如下:其一,规模门槛律认为,由于规模效应的原因,城市在规模扩张过程中存在着多层级的门槛限制,为跨越这些门槛限制,就必须在投资方面经历跳跃性的突增。而跨越门槛之后,城市扩张过程中的基本投资和经营费用都将相应下降,直至到达下一层级的规模门槛。规模门槛的限制可以来自地理环境、基础设施、环境容量、服务人口等不同方面。由于规模门槛的原因,城市空间形态的扩张一般呈阶段性特征,而城市内部的不同空间类型的规模和布局也受其影响表现为四种类型,土地制约型、可达性制约型、中间制约型、均匀制约型(图 2-11)(张宇星,1998);其二,区位择优律认为,城市由于与区域间其他城市间的关系而形成不同方向区位的密切关系,并因此影响到城市空间形态的扩展方向,如经济联系方向对城市空间形态扩展方向的影响(周一星,1998)。在城

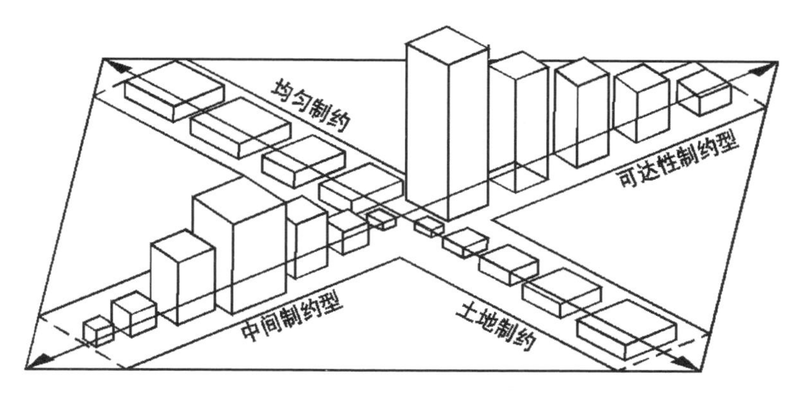

图 2－11　城市不同空间类型的规模与布局特征

＊资料来源：张宇星(1998)。

市内部，区位优劣随城市发展在时间和空间轴线上演替和变换，而不同类型空间因为要求不同，导致城市空间内部形态的复杂性；其三，不平衡发展律认为，集聚和分散是城市空间不平衡发展的一种运动过程，而空间差异既是城市空间不平衡发展的原因，也是城市空间不平衡发展的结果；其四，自组织演化律认为，城市作为巨系统，明显地具有耗散结构的特征，具有自组织现象和进化功能①。

2. 城市空间形态的演变阶段研究

以历史的视角对不同发展阶段的城市空间形态特征进行分析比较是了解城市空间形态演变历程的重要研究方法。

历史经验表明，西方发达国家的主要城市基本都经历了四个阶段的发展历程，依次为城市化、郊迁化、逆城市化和再城市化的过程②，不同的历史发展阶段有与之相对应的产业和人口等方面的分布演变趋势。首先，在城市化阶段，随着工业化进程的迅速发展，人口和生产要素迅速向城市聚集，城市空间进入了急剧

① 也许通过胡皓和楼慧心(2002)的一般进化论(“关于各种具体进化理论的一般理论”)的研究，我们能够更好地了解这里所谓的自组织现象和进化功能。一般进化论认为，宏观系统的进化，高序优势内涨落是其进化的内部根据；开放远离平衡是其进化的边界条件；正反馈类型互为因果循环的非线性相互作用则是进化的微观机制。此外，确定性与随机性的共同作用与交互主导决定了进化的方向和进程；自稳定与自重组是进化的两种基本方式；渐进性量变与突变性质变的交替则是进化的一般过程。

② 主要内容参考了国家建设部编写组(2003)和黄亚平(2002)的内容，关于阶段划分的称谓主要采用了国家建设部编写组的方式，但略有调整。首先，对于一般所称谓的郊迁化，在讨论中，李德华先生指出以“郊迁化”称谓更为妥帖，主要原因在于是城市功能和人口向郊区的扩散并导致城市空间扩散的过程，而并非新的郊区形成过程；此外，对于所谓的逆城市化阶段，在与李先生的讨论中同样认为并不正确，认为该阶段实质上仍然是郊迁化的继续发展阶段，原因在于仍然是城市形态和生活在空间上的进一步扩散，而并非实质上的逆反城市阶段，并且认为只有在特殊的外部条件下才可能出现所谓的逆城市化现象。鉴于这方面在学界也仍存在争议，并且主要为顺应一般称谓理解，特别是尊重相关论著原义，本书仍以“逆城市化阶段”称谓，仅作为对相应现象的符号标注，而并非意味着对其实质性认知的认同。

扩张时期；其次，随着后工业经济时期的到来，城市进入郊迁化发展阶段，先后经历了人口、制造业、零售业和办公业的四次郊迁化浪潮，人口和就业向中心城市的周边地区分散，尽管中心城市人口仍在增长(不同意见认为该阶段后期人口下降)，但郊区的人口增长更快；再次，城市进入逆城市化发展阶段，突出的表现是中心城市和之前的周边地区的人口和就业继续向更大范围分散，并且中心城市人口的分散更为明显；此后，城市进入再城市化阶段，由于新技术带来了新的产业革命，城市功能出现了向更广空间范围的分散和城市中心地区的集中这两种趋势，城市中心的人口增长。

与城市发展阶段相对应的，是城市空间在整体空间形态和内部空间分异方面的显著变迁趋势。在城市化阶段，城市空间变迁主要表现为整体空间形态的持续外延性扩张，城市空间的内部在经历了早期的功能混杂之后逐步出现了功能分化，商务功能向中心聚集，工业和居住等功能在城市中心周边分区聚集；在郊迁化阶段，城市空间的整体形态迅速以低密度蔓延的方式向城市周边地区扩张，一些大都市地区在规划干预的情况下开始推动城市空间向分散方式发展，城市中心市区在后期开始逐渐走向衰退；在逆城市化阶段，城市空间的整体形态的多中心分散扩张模式继续发展；中心市区进一步衰退，随城市中心功能外移和多中心逐渐发展成熟，城市中心的商务中心作用下降；城市行政区域边缘出现外围城市和边缘城市，城市空间发展开始在区域空间范围内出现新趋势(如城市化地带)，城市内城开始复兴计划；在再城市化阶段，一方面，在整体空间形态层面，大城市分散发展和区域空间的城市化集聚的"大集中、小分散"特征显著，城乡关系更为紧密。在城市内部空间，不同功能空间的整合趋势显著，虽然城市中心地区

表 2-1 城市化前三阶段的人口变化趋势

阶段		时期	人口变化		
			中心城市	郊外	大都市圈
Ⅰ	城市化	a	+	−	+
		b	++	+	++
Ⅱ	郊迁化	c	++	++	+
		d	−	+	+
Ⅲ	逆城市化	e	−	+	−
		f	−−	−	−

※ 注："+"为人口增加，"++"为人口大幅度增加，"−"为人口减少，"−−"为人口大幅度减少。
※ 资料来源：黄亚平(2002)。

仍然主要由商务功能主导，但城市功能在空间上的聚集和分散状况同时存在，城市化时期建立的功能分区原则逐渐模糊。

对于西方发达国家主要城市所经历的发展历程，特别是城市空间形态的演变趋势是否具有普遍意义，或者说能否建立关于城市发展的唯一普遍性的阶段模式，一直以来都存在着争论。受自然科学思想影响的观点认为存在着适应于所有城市发展的一般模式，但是这种观点及其思想基础一直以来都受到激烈的批判，并且一般认为已经被历史发展的经验和理论所否定。Rostow(1990)在总结并阐述经济增长的五个阶段中指出，"起飞阶段(经济)各部门的发展并没有一定的顺序，也没有哪一部门有奇异的魔力。对于一个正在增长的社会来说，并不一定要重复诸如英国、美国或俄国的结构顺序和模式"；赶超经济理论对后发国家经济赶超性发展的一个重要观点就是通过干预性的(经济)结构调整促进经济短时间内的高速发展和避免因调整造成经济结构失衡导致的经济增长长期停滞或大幅度波动(金明善、车维汉，2001)；尽管评价不一，对于二战后世界不同地区和国家经济增长方式转变的比较研究(郭金龙，2000)表明了不同经济增长模式存在的客观性。而吴志强(1998b)的"扩展模型"在批判西方传统的以城市内部社会经济发展为单一标准的单维城市发展阶段学说基础上，将城市的区域服务功能纳入研究的视野，并因此依据城市的区域功能服务范围和内部社会经济发展构筑了双向度的城市发展的阶段学说。由此，包括经济发展历程和区域服务功能等更多的因素可能影响到城市的发展历程，并由此可能影响到城市空间形态的演变历程。

在城市空间形态演变的研究方面，Fainstein 和 Campbell(1996)对于英、美两国的比较认为，即使是经济发展历程如此相似的两个国家，由于文化和政策等其他方面的影响，城市空间形态的模式也有着显著的差异。而吴志强(1998a)的"全球城市A型"和"全球城市B型"[①]经验总结也表明了全球化进程中的欧美工业发达国家与新兴工业国家的城市发展，以及城市空间形态演变进程中的显著差异。

---

① 吴志强在"全球化理论"的阐述中指出，城市的全球化发展模型是两元结构的，而城市的全球化则是迄今为止城市发展阶段中出现的最高阶段，它伴随着城市的工业化或者非工业化，这个阶段的城市在发达的工业化国家中产生的就是全球城A型，城市空间形态演变的主要特征包括：带有政府指导意义的再中心、郊迁化、内城中的原有工业用地上的继续衰落和使用功能的转换；在新兴工业发展中国家产生的就是全球城B型，城市空间形态演变的主要特征包括：城市周边地带的大面积开发区建设并因此对原有城市空间形态产生了一个定方向的突破性扩展影响、城市中心在重组过程中的商业功能迅速发展与开发强度显著上升等、内城范围居住用地改造和社会空间分化过程。

表 2－2　城市发展和可能的城市类型

发展阶段名称	镇　城	地区城	国家城	全球城
作用空间 / 工业化	城　镇 T	地　区 R	国　家 N	全　球 G
工业前(p)	Tp	Rp	Np	—
工　业(i)	—	Ri	Ni	Gi
非工业(d)	—	—	Nd	Gd

※ 资料来源：吴志强(1998b)。

2.3　城市空间形态的解释性研究

城市空间形态研究是一个多学科参与和多研究学派并存的研究领域。西方发达国家城市空间形态的研究进展，特别是解释性研究的进展，不仅与西方社会学科的发展紧密联系，还直接与西方的城市空间形态和城市社会的发展历程有着紧密的联系。并且在本质上，西方社会学科的发展同样与西方社会的发展历程有着紧密的联系。因此，东、西方社会的显著差异，以及在城市空间形态演变方面已经表现出的明显不同都在提示我们，东、西方城市空间形态演变的解释性研究，特别是解释性理论方面可能存在着显著差异。尽管如此，西方城市空间形态的解释性研究，以及社会学科的解释性研究进展仍然为我们提供了很好的借鉴平台。我们所要做的，既不是简单的模仿，也不是完全照搬西方的解释性理论，更不是完全地否定和抛弃西方的解释性研究成果，而是在这些既有的研究成果基础上，如何进行合理地扬弃，以建立更加适合如今这一特定时期的中国城市空间形态演变的解释性研究框架(或者说“范式”)。实质上，近年来国内、外学者已经开始卓有成效地推动了这方面的工作，并取得了积极进展，为本书提供了十分有益的必要基础。

2.3.1　结构主义学派的解释性研究

无论在社会学研究，还是在城市空间形态演变的解释性研究方面[①]，根植于

① 实质上，借鉴社会学研究的方法和理论已经在城市空间形态演变研究中占据了十分重要的地位，特别是1970年代之后，张庭伟(2001)归纳的发达国家的城市空间结构动力机制研究的一些主要理论大多可以归属到社会学的研究方法和理论中去。

结构主义的结构主义学派都曾占据着极为重要的地位，其在西方国家主要兴起于 1960—1970 年代间，但又很快在发展中受到后结构主义和后现代主义等思想的批判。对于结构主义的后来发展，尽管有激进的宣言（Giddens，2000）认为其连同后结构主义都已经成为消逝的思想传统，但是也有观点认为那些来自后结构主义的批判正在广泛地嵌入到结构主义当中（Ritzer，1997）。

无论这些关于结构主义思想及其发展的争论如何，奠基于结构主义思想的结构主义学派在城市空间形态演变的解释中开创了新的视野和方法。因此，本书宁愿以发展的眼光，将那些针对结构主义的批判理解为对结构主义学派发展的推动。尽管随着研究的发展，作为其核心概念的“结构”本意已经发生了根本性的改变（Giddens，1993），从经济基础所根本决定的“上层建筑”（superstructure）转向了“结构化”（structuration）（Giddens，1993）的概念内涵。

1. 结构主义学派的早期视野及其解释

兴起于 1960 年代的结构主义是在各种不同领域的形形色色的发展过程中产生的。与社会学较为普遍地将 Saussure 的语言学研究作为结构主义的源泉和最强烈堡垒的观点不同，部分学者认为“当马克思假定结构不能与明显可见的关系相混淆并且对它们那隐蔽的逻辑加以解释的时候，他就开创了现代结构主义的传统（Godelie，1972；转引自：Ritzer，1997）”。

作为一个重要的分支，结构主义的马克思主义与结构主义间有很多的共享观点，包括认为系统的内部逻辑必须在它们的起源被分析之前得到分析，结构主义应该关注那些在社会关系的相互作用之外形成的结构或系统，以及共同排斥经验主义并接受一种对不可见的基础性结构的关注。但是两者间又有显著的差异，因为结构主义的马克思主义从诞生开始就将关注的焦点继续放在社会和经济的结构（Ritzer，1997），并迅速因为其显著的现实批判主义色彩迅速占据了研究发展的主流地位。这又与 1960—1970 年代间西方发达国家面临着越来越严重的社会问题，而原有的西方正统理论无法提供解释紧密相关。结构主义的马克思主义的兴起又直接开创了城市空间形态解释性研究中的结构主义学派（周一星，1997；许学强，等，1997；唐子来，1997）。

特定的社会环境和思想来源，决定了结构主义学派的早期研究视野和强烈的批判主义精神。秉承了马克思主义的辩证总体性分析方法来观察和分析社会现实的理论主张（Gidden，1993），结构主义学派否定了建立在个体选址行为上的城市空间结构的解释方法，认为社会结构体系是个体选址行为的根源，而资本主义的城市问题是资本主义社会矛盾的空间体现（Gray，1975；转引自：唐子来,1997)。由此,早期的结构主义学派与马克思主义的政治经济学建立了紧密的联系,它将城市空间过程放在资本主义生产方式下加以考察,将对城市空间的分析与资本主义生产方式、资本循环、资本积累、资本危机等社会过程结合起来(蔡禾、张应祥,2003)。

在早期的结构主义学派研究中①,Lefebrve 的城市革命理论承担了开创性的作用,他将既有的城市理论和城市实践批判为意识形态,认为那些直接或间接地有助于生产关系再生的主张就是意识形态,它们(指城市理论和城市实践)把城市空间当作一种纯粹的科学对象,但实际上是假科学之名在维护既有的社会秩序和现状;而城市空间的生产类似于任何种类的商品生产,并因此被注入了资本主义的逻辑,而资本主义通过占有空间以及将空间整合进资本主义的逻辑得以维持存续,马克思主义先前所揭示的资本主义生产力和生产关系间的矛盾在发达资本主义社会已经由于空间的扩张而被克服。

部分学者则将研究的重心放在解释城市社会的空间组织是如何去反映、表达、协调或影响资本主义社会组织方面。Roweis 和 Scott 是这方面的代表,他们的研究指出,资本循环不仅发生在空间,并且在本质上也与空间组织相关联并受它影响,城市空间因此并非仅仅是一种"容器",而城市空间过程在实质上与社会组织不可分离地交织在一起。一方面,资本主义社会的城市空间本身就是资本主义社会关系的一种表现,当资本主义再生产时,它的空间也被再生产;当资本主义经济结构调整以应对面临的危机时,它的空间也将被重构调整;但在另一方面,现有的空间安排也会约束和塑造资本主义再生产或重构调整的方式,因为空间在某种程度上已经"固定"或"冻结"在那些已经表达了以前经济活动模式的形式中去了。Soja 据此提出了"社会空间辩证法"(social-spatial dialetic),认为"有组织的空间结构本身并不具有自身独立建构和转化的规律,它也不是社会生产关系中阶级结构的一种简单表示,相反,它代表了对整个生产关系组成成分的辩证限定,这种关系同时是社会的又是空间的",以及"社会生活的空间性是社会的物质构成"的观点。

作为这一阶段研究的代表性人物,Harvey 在更为广阔的资本主义动态发展过程中分析资本主义下的城市过程,认为城市建成环境的生产和创建过程是在资本的控制和作用下的结果,城市化过程实质上是资本的城市化。在这个过程

① 以下无特别注释的 Lefebrve、Roweis 和 Scott、Harvey 的研究成果内容引用于蔡禾和张应祥(2003)编著的《城市社会学:理论与视野》。

中，城市建成环境（built environment）负载了资本主义逻辑，是为了资本的积累、为了剥削劳动力而生产和创建的。他将资本积累的矛盾和阶级斗争视为资本主义同一现实的两个不同方面，认为它们互相联系和影响并支配着资本主义条件下的城市化过程，并由此分析了资本积累的规律所引发的资本危机和资本循环，以及它们对资本主义下的城市化过程的影响。在其分析中，马克思所分析的工业生产中的资本积累被称为资本的第一循环（Primary Circuit），认为当资本的第一循环面临着过度积累危机的内在矛盾时，资本主义的应付办法就是将投资转向第二循环（Secondary Circuit），也就是投资于包括生产和消费的建成环境生产，这也是房地产投机经常会在工业衰退时发生的原因，同样也是 1945 年之后美国郊迁化的城市扩张原因；但是资本的第二循环并没有从根本上解决资本主义的危机，过度积累的基本矛盾同样将随着城市化的发展在城市建成环境的生产和使用中产生，最终导致固定资本和消费资金的贬值，城市危机正是这种危机的突出表现，并因此导致资本向第三循环（Tertiary Circuit）转移，包括向科学和技术研究（其目的是利用科学进行生产并因而有助于社会生产力的不断革命进程），以及向众多主要与劳动力再生产过程有关的社会开支两个方面投资；但是资本的第三循环同样没有消除过度积累的趋势，危机的主要形式就是城市各种社会开支的危机（健康、教育、军事镇压等），消费资金形式的危机（住房）、技术和科学的危机。而解决资本第三循环危机的潜在办法则是空间整理（spatial fix），也就是在全球寻找新的可让资本投资的地方，并最终导致全球性危机。Harvey 城市理论主题的另一个重要方面就是关注在资本城市化过程中的社会关系城市化，以及围绕着城市这个人造环境而展开的各种阶级斗争，其一是资本主义的发展导致劳动力工作场所和生活场所的分离，以及由此导致的资本与劳动力的斗争分成了工作场所和居住场所两个明显独立的斗争；其二主要表现为劳动力与租金占有者及建筑商三方的对立斗争，而作为总体的资本（即资本总体）必须围绕着建成环境，对这三方所展开的斗争进行干预和平衡，以有利于资本主义社会秩序的再生产。这种来自资本总体的干预通常是由政府权力机构进行的。

建立在 Harvey 的研究成果基础上，Castells（1977；转引自：黄亚平，2002）进一步阐述认为，资本主义社会大生产继续发展导致劳动力个人消费转变成社会的集体消费，国家的介入成为资本主义再生产延续的必要条件，后工业发达资本主义社会的国家政权已经形成一股凌驾于社会生产方式之上的相对独立的力量，影响着城市发展的进程；资本和劳动力围绕着集体消费的投资展开斗争，而资本的运动以及政府组织集体消费的过程将极大地影响住房消费和城市空间形态的演变；此外，由于人们的社会利益与他们所在的社区紧密联系，阶级斗争之外的社会团体间的不同形式社会运动同样将影响到政府的决策和城市发展过程。

由此，这些早期结构主义学派的研究成果将城市空间形态的演变与社会结构建立起紧密关系，将城市空间形态的演变纳入政治经济范畴的资本循环和组织关系的社会过程研究中。特别是其后期的研究发展，已经开始逐渐改变了早期过于片面地仅基于经济基础所决定的上层建筑所进行的抽象讨论，开始关注不同社会利益集团的关系影响，并日益重视城市政府在空间资源分配方面的角色和权力作用研究，为结构主义学派的继续发展奠定了基础。

2. 结构主义学派的批判及其继续发展

结构主义学派在城市空间形态演变的解释中发挥了重要的作用和影响，但是仍然很快就遭到了包括对其理论基础的全面而激烈的批判。实际上，这样的陈述也并不完全准确，因为在西方历史进程中，不同哲学思想几乎总是并存发展的，只是在整体上呈现出你方唱罢我登场的局面，在不同时期的影响力不同而已。并且，在这样的轮回中，这些不同的哲学思想总是处于相互批判和相互借鉴的状态，因此总是处于不断的发展进程之中。事实上，在历史的发展过程中，对于结构主义学派持有不同或者相反意见的思想和主张是始终存在的，但的确又是在 1970—1980 年代随着后结构主义，特别是后现代主义成为颇受瞩目的社会思潮而兴起的，并因此推动着结构主义学派在批判声中的继续发展。

对那些批判的思想和主张，最好的了解方法无疑应当是直接聆听那些来自后结构主义和后现代主义的声音。然而，如果试图系统而全面(这被认为是现在主义的方式)地阐述这些反对者的声音和主张时又是极为困难的，因为无秩序和模糊不清的概念，以及不遵循现代科学标准和缺乏用以批判的规范基础等方面特征，正是现代主义对后现代主义的批评；而后现代主义则从根本上排斥系统性、规律性、普遍性、客观性、总体性、宏大叙事等这些现代主义的特征和主张，并且后结构主义或后现代主义也的确是由一些广泛和无定性，并且相当松散的思想流派所组成的(Ritzer, 1997;Giddens, 2000)。因此，根据结构主义学派的特征来了解部分批判的声音也许是一种有效的替代方法。

基于 Seidman(1991;转引自：Ritzer, 1997)对于现代主义的研究、西方社会研究传统中存在的主要二元论(田佑中，刘江涛，2003)特征以及 Ritzer(1997)对于后现代社会理论的综述性概括，审视解释研究中的结构主义学派特征可以发现，其一，结构主义学派采取总体性的世界观，采用单一维度的宏大叙事方式，将研究的视野集中在资本主义的生产关系方面，并因此忽视或者故意回避了社会发展中其他关系的存在及其对于城市发展的可能影响，同时也忽略或拒绝了来自不同地区的历史发展经验（结构主义原本就是反经验主义的），将西方发达国家的发展历程当作普适性的规律；其二，结构主义学派具有科学主义的特征，相信规律或者普遍观念的存在，研究的核心目的之一就是发现这样的规律，既用以推动知识体系的继续积累，又用以指导实践以推动城市发展（至少在城市规划领域中普遍存在这样的观点）。然而，规律的缺乏（或者至少是缺乏普适性），以及在取得突破性成就方面的失败使其遭受到后现代主义的攻击；其三，与科学主义特征密切联系的是其客观主义的特征。尽管具有强烈批判主义的精神，但结构主义学派在本质上仍然采取了历史客观性并因此与人的能动性相对立的立场，即否定偶然行为或者特殊时间地点上的个体（并非指“人”的概念）意图和行为可能对历史发展的“意外”影响，将个体看作规律的承担者，而规律绝对凌驾于个体的能动之上。因此，结构主义学派重视揭示普适性的规律，而当它转向注重特定时期和特定地域的经验研究（唐子来，1997）时，其本身实质上已经开始自我否定并发生着重大转变；其四，它对于社会的认知持本质主义的立场，也就是倾向于认为人类具有一些基本的、固定的和不变的特征，并在此指导下考察社会组织和社会过程，忽视了一些因特定问题短时期聚合人群的影响，实际上也拒绝了人的社会属性的复杂性，因此不可避免地过于简化了社会过程，特别当社会处于急剧演变进程时，是否存在不变的社会结构原本就是令人质疑的，坚持不变立场基础上的解释研究的真实性难免令人生疑；其五，偏狭特征，也就是这些研究只关注研究者想要关注或者争论的那些问题，但这确实又是一个普遍性的问题，也许最好的应对方法就是更加小心地对待研究的立场与方法取向，补充过去研究中的缺憾，而不能由此试图去建立绝对“完整”的宏大叙事方式。

后结构主义，特别是后现代主义的根本性批判触及了结构主义学派的各个方面，但它们同样存在着显著的弊病。它们反对单一视角的同时又表现出某种程度的单因素决定论（如过分强调文化或技术因素），极力批判总体性趋势的同时又采用总体化的方法夸大当前时刻的新颖性而未看到与过去的连续性并提出所谓的历史断裂说（文军，2003a）；它们过分强调现代世界的各种问题而过低评价了现代世界的物质成就；它们好像接受了后现代性以及与之相联的那些问题，而不去探讨解决这些问题的方法（Harvey，1989；转引自：Ritzer，1997）；它们反对科学视角和科学发现，不仅放弃了科学，也放弃了知识，或者至少是系统知识(Ritzer, 1997)。因此,它们尽管推动了研究的深入和广度,但同时又使研究进入无序状态(Giddens, 1993),并没有带来研究传统的整体性转变(文军,2003a)。后结构主义和后现代主义自身存在的显著问题同样导致对它们的批判,并因此出现了所谓的后—后结构主义和后—后结构主义等思想流派。

正是在这些不同思想流派的批判中,结构主义学派的解释研究得以不断发展,并以新的面貌出现——尽管也有学者认为是彻底的决裂①。Giddens(1993)以结构二重性概念代替二元论的结构化理论(structuration theory);伯恩斯(2000)的社会规则体系理论(social system theory);以及同样具有结构色彩,近年来在政治研究理论领域占据主流地位(Davies, 2002),并被热情引荐到国内城市研究(张庭伟,2001;何丹,2003)中的城市政体理论(urban regime theory),都对城市空间形态解释研究种的结构主义学派的继续发展具有重要的推动作用。

2.3.2 结构主义学派的理论新探索

早期结构主义学派的缺陷不仅表现在过于关注于资本主义生产方式,而忽视其他范畴的社会过程对于城市空间形态演变的影响作用,还体现在过分相信超越能动者的社会规律,忽视能动者的社会行动与互动对于所谓"社会规律"的影响作用。在后结构主义和后现代主义等思想流派的批判推动下,结构主义学派处于不断发展进程中,不仅将更多范畴的社会过程和社会关系纳入到成因机制的解释中(唐子来,1997),还更加注重能动者对于社会结构或者社会关系变迁的影响作用,并因此显著区别了社会科学研究与自然科学研究的界线(Giddens, 1993)。无论是对于结构主义学派的新发展,还是对于改革开放以来的中国社会变迁,近年来都出现了一些令人瞩目的理论研究进展,对于建构适应本书的解释框架具有极为重要的积极意义。

1. 西方的结构化理论与 ASD 理论

对于结构主义学派的批判不仅由于其早期奠基于结构主义的马克思主义,将解释的视野过分关注于资本主义的生产方式,还由于结构主义思想中同样存在的割裂的二元论思想,即重结构和社会,轻行动和个体(田佑中、刘江涛,2003)。正是建立在对社会学二元论批判的基础上,社会学者提出了结构化及其一些类似的思想主张,试图在理论框架中对二元分立进行整合。

① Giddens(1993)就持此观点,认为社会理论中,"结构"是一个必需的概念,但它与英美功能主义和法国结构主义中的结构概念不同,都导致了对能动主体的概念上的模糊,"结构"与"结构主义"没有任何关联。

Gidden(1993)对于传统二元论的批判认为,个体和社会都应该被解构(deconstructed),个体(individual)不仅仅指一个主体(subject),也指一个能动者(agent);而行动作为核心概念不仅仅是个体的特征,也是社会组织或集体生活的要素;同时,所谓的结构只是具有结构性特征的社会系统或集体,两种主要的二元论因此转化为社会系统与个体行动的一对关系。他的进一步分析认为,结构作为整体依然对社会行动者及其行动具有某种强制性和某种意义上的不可选择性;但在另一方面,前者并没有对后者的决定性约束作用。为此,他提出以结构二重性的概念代替二元论,认为不能简单地认为结构是对人类能动性的限制,它实际上也是对人类能动性的促进。这样,人类的能动性与结构不再对立,而是具有积极建构的能力。

由此,Gidden 将关注的焦点集中到能动(agency)和行动(action)上面来,并且特别强调连续流概念的行动特指人的行为中具有持续意识的过程,具有时间性的一面,并明确与作为其固化的和空间化的举动(act)相区别。并由此将 action 作为理解"结构化"的关键;Gidden 结构化理论的另一个重要概念,就是"有意图举动的未预期后果"(unintended consequences of intended acts),认为正是由于这种未预期的后果构成了下一步行动的未被认识到的条件。由此,行动得以连通具有"改造"(transformation)含义的"实践"(praxis)概念,并在这种改造与再建构过程中完成了结构化的使命。

Burns(2000)领导的团队坚持行动者—系统—动态学的理论(the Theory of Actor-System-Dynamics)主张。在认同 Giddens 的结构化理论等相关理论研究进展基础上,ASD 理论认为不应局限于对能动者和社会结构的考察,"绝大多数社会科学家倾向于忽略自然环境和技术对于社会生活的影响,但这意味着社会科学主动放弃研究并解释当代科学技术飞速发展、科技对环境的影响,以及由此引发的全球问题"。因此,ASD 理论在认同 Giddens 关于结构既是社会行动的中介又是其结果,以及结构化源于社会行动者有目的行动的同时还是人类活动无意识的结果等核心主张同时,又指出各种外在的自然因素和社会因素作用也会导致结构化和重构的发生。显然,ASD 理论为更为具体分析特定地域和时期环境中的社会发展提供了更为直接可操控的研究工具。

ASD 理论的总主张认为,各类行动者在行动时要受到物质、政治、文化条件的限制,同时他们又具有能动的且常常是创造性的力量,能够塑造和再塑造物质环境和社会结构、社会制度,因而行动者能够有意或无意地改变活动与交易的条件。在此基础上,该理论提出社会系统的三个层次,其一是行动者,行动者的角色与地位;其二,社会行动与互动的场景和过程;其三,内生限制因素:物质因素、制度因素和文化因素。在这样的社会系统层次架构中,在外生因素和内部社会活动的推动下,社会系统处于动态过程中。在这样的理论框架中(图 2-12),还有一些重要的主张对于我们的理解和运用具有重要的启示作用(此前本书已经部分引用和论述),如,不同行动者拥有的用以实现其目的与利益的资源与机会的不均等;行动和互动的可能性(包括资源控制)在行动者之间的分配状况不仅决定了他们在不断变动的情境中的相对权力,还决定了他们影响未来发展的能力;通过行动与互动,社会行动者支配并改变他们周围的物质环境、制度环境和文化环境;精英通常把规则体系视为一个将受到支持的系统或者一个应当服从操纵与革新目标(至少部分如此)的系统,但另一方面,较弱行动者更愿意把规则体系当作某个既定的、处于他们影响范围之外的事物,他们的行动要么充分利用系统框架内的机会,要么避免或逃避系统最严厉的惩罚。

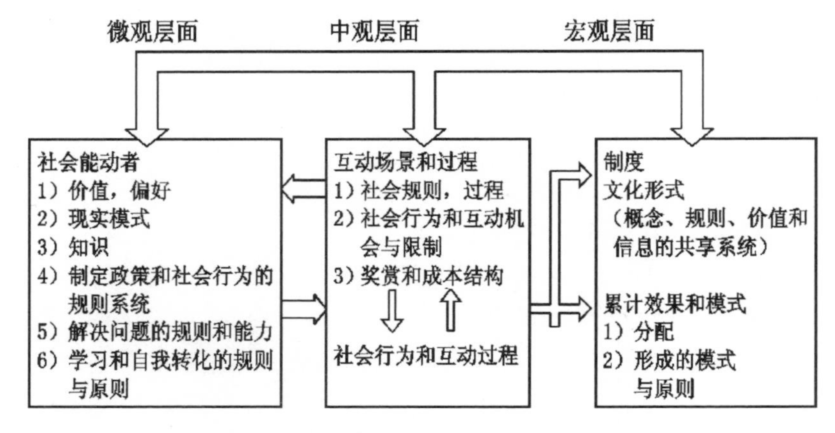

图 2-12 Burns 的不同层面社会系统的模式

* 资料来源:Burns(2000)。

实际上,无论是结构化理论,还是 ASD 理论都从根本上扬弃了传统结构主义学派认为存在超越性的社会结构的理论基础,在改变了“结构”的内涵本意同时将关注的焦点集中到社会结构的变迁方面,创造性地推动了理论研究的新进展,并为本书提供了新的理论基础。

2. 西方的城市政体理论

城市政体理论在西方已经兴起 10 余年了,它有着十分复杂的理论来源,但总体上仍可以归为结构性(structuring)的理论(Davies, 2002)。

在城市政体理论的发展中,Logan 和 Molotch(1987)在城市是增长机器

(growth machine)的论述中将精英从普通居住和工作在城市的人们中分离出来，认为是这些掌握权力的精英推动着城市的增长，而城市中的人们对于增长普遍持肯定的态度，它们的争论只是集中在增长应该发生在哪里，以及新收益将如何分配。而 Stone 的研究则呼应了 Giddens 的结构二重性概念(Davies, 2002)，提出了"社会生产的权力"(power as social production)概念，并置其于系统和"先得权力"(pre-emptive power)之间。而所谓的先得权力，Stone 认为就是"社会控制的范式"(social control paradigm)。在此基础上，Stone 指出西方城市政体的实质是"社会生产模型"(social production model)，并由此发展形成了城市政体理论，推动了 1990 年代以来学术界广泛开展的关于城市政体的相关研究。

总体而言(张庭伟，2001；Davies, 2002；何丹，2003)，城市政体理论需要两个前提，其一，在市场经济下，社会资源基本上是由私人部门(包括私有企业和个人)所控制；其二，在发达国家，政府经由全体市民选举产生，并必须代表全体选民的利益。处于此前提下的国家，城市的权力分散在地方政府和私人部门手中，它们分别拥有控制城市的不同资源，地方政府拥有立法和政策制定的权力，而私人部门拥有资本。在这样的情况下，为了继续赢得选举，地方政府就必须表现出政绩，最主要是促进城市发展，提供就业机会，增加税收，以便用税收改善城市面貌，提高公共服务的质量。但是所需的资本大部分在私人部门的控制下，地方政府的支配能力有限，因此不得不借助于私人部门——工商业和房地产公司的财力，为此就必须做出让步来满足这些公司的要求以得到这些公司的投资。这样，掌握着权力的地方政府就必须和控制着资本的私人部门结盟。这种结盟代表了城市社会统治群体的共同利益，但又受制于社会的约束，因为如果这种结盟牺牲了过多的社会利益，或者发展带来的利益未能被市民所分享，市民可以在选举时更换掌握权力的人来拆散当前的这种结盟，由此导致新的结盟形成，而这种结盟也正是其所谓的城市政体。并且，由于社会政治经济的背景，以及地方政府的战略选择不同，一般可以形成四种不同类型的政体(Taylor, 1998)，而不同的政体直接影响着城市的发展。

城市政体理论的兴起和发展引发了广泛的关注，它坚持了结构在城市发展中的作用，同时又回应了结构二重性主张；并且将研究的视野引入到对利益集团的分析中，改变了被认为过于极端的对阶级关系的关注；它改变了以往将政府直接认为是资产阶级代表的观点，将政府置于一个重要的独立位置，并特别关注了政府在城市发展中的作用。城市政体理论的这些研究视野的新突破，以及在解释研究中的适用性，导致其应用的迅速扩大，甚至已经远远突破了它原来的概念意义和前提条件。

城市政体理论的应用和研究迅速扩大的同时，也不断经受着新的批判(Davies, 2002)，包括认为其缺乏对制度力是如何形成的关注，而只是将关注的重点放在它是如何在政府的管制中得以维持的；以及城市政体理论不能解释经济趋势如何影响城市政体，也无法提供预测功能等方面。也正是由于存在着这些显著的缺陷，有观点认为从严格的意义上讲，城市政体只是一个概念或者分析的框架。并因此称之为城市政体模型(city regime model)①。

对于城市政体理论的另外批判源于对西方社会发展的经验观察。Fainstein和Campbell(1996)的研究指出，地方政府将由于它们所在地区的不同(是处于增长的地区还是衰退的地区)面临完全不同的处境，并且有可能在地区发展衰退趋势中毫无作为；由于对地方政府在引导社会发展方面的失望，有观点将研究的重点转向市民社会(civil society)，认为城市转变(urban change)的源泉来自市民社会(civil society)，而不是作为国家机器的地方政府(Harvey, 1999)，但是这样的理论转变显然更多地出于批判主义的立场，而并非解释研究的自身进展。

所有的这些分析表明，城市政体理论尽管在西方发达国家得到了相当的推崇，但它作为解释理论不仅具有无法克服的缺陷，更为重要的是它根植于特定的社会经济背景。这无疑提示我们，作为与西方发达国家无论是政治、经济、文化，还是社会发展都存在着显著差异的中国，在决定借鉴之前必须保持足够的谨慎。

2.3.3 国内的相关解释性研究进展

对于改革开放以来中国城市空间形态演变的解释性研究，多年来都是国内城市空间研究的一个重点议题，但是正如郑莘和林琳(2002)在对国内相关文献研究后所指出的，较早的这些研究更多地停留在对影响因素的罗列层面上，而明显缺乏对于成因机制的研究。但是近年来，国内在积极借鉴西方主流理论进展推进城市空间形态演变的成因机制解释，以及针对改革开放以来的社会变迁研究方面，已经开始取得新的进展，为本书研究的继续发展提供了新的理论与经验研究基础。

在对西方相关理论的借鉴基础上，一些学者认为可以将那些影响城市空间形态演变的作用化约为不同的作用力，这些作用力主要源于政府、市场和社会，三者的互动形成了城市空间形态的演变机制。耿慧志(1999)在对城市中心区更新动力

① Dowding(1999)认为城市政体理论只是一个概念或者模型，因为它不能或很少能够解释或预测城市政体的形成、发展和演化。转引自：何丹(2003)。

机制的研究中分析了政策力、经济力和社会力的互动，认为其实质上是在体制转换和经济增长推动的大前提下展开的，并且社会力、政策力、经济力之间的互动是潜在的和不易察觉的，其中约定俗成的观念成为无形的框架，广大市民的意愿提供了指导和监督；陶松龄和甄富春(2002)认为在计划经济向市场经济转轨的过程中，城市发展以及城市空间形态演变主要表现为政府力和市场力的此消彼长的结构优化过程，其中市场力是微观上推动城镇空间演化的内在动力，政府力是宏观上促成这种演化的外部动力。相对而言，市场力存在微观性、盲目性和滞后性，而政府力具有更强的宏观性、政策性和能动性，并因此弥补了市场力的不足。

张庭伟(2001)主要在西方城市政体理论基础上，认为影响城市的社会力量可以简约地分为“政府力”(主要指当时当地政府的组成成分及其采用的发展战略)、“市场力”(主要包括控制资源的各种经济部门及与国际资本的关系)、“社区力”(主要包括社区组织、非政府机构及全体市民)，并且认为三种力的相互作用可以有三种模式，分别是合力模型、覆盖模型和综合模型(图 2 - 13)，其中又以综合模型似乎可以较为全面地解释 1990 年代以来的中国城市空间形态变化。所谓的综合模型，张庭伟解释认为，就是政府、市场和社区三组力的权重不一，且对城市发展的意图不一。在制订城市发展决策时，有一组力为主因，提出发展的创议(initiative)，并力图贯彻之。但由于另外两组力的存在，这个动议将受到约束而不得不调整。最后的决策主要反映了主因力的意图，但在某些方面可能作了调整，以满足另外两组力的要求，调整的程度则取决于其他两组力的力度大小。基于这样的假设框架，张庭伟推断了 1990 年代以来的中国城市空间形态演变的成因机制，将政府视为城市发展问题上的决策主因力。然而，同样是对政府和市场的

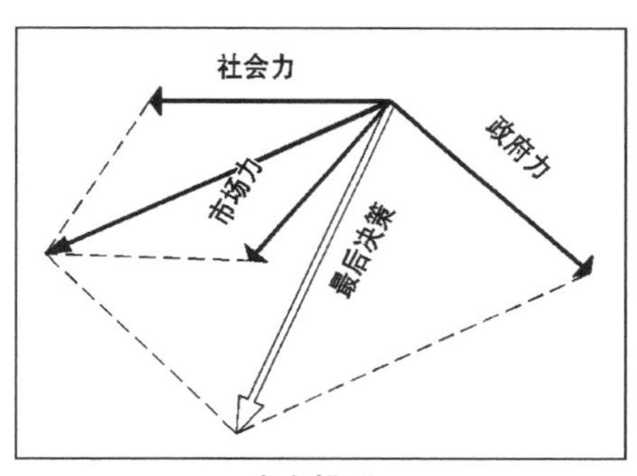

合力模型

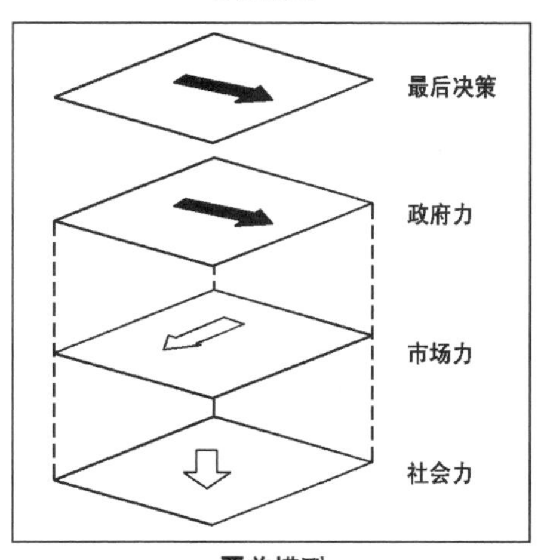

覆盖模型

图 2 - 13　张庭伟的动力模型假设

* 资料来源：张庭伟(2001)。

影响考察，宁越敏(2000)认为，在计划经济时代，政府的决策主导了城市空间形态的演变，但由于历史的延续性，许多传统城市的内部形态仍然表现出计划与市场相互作用的结果；自 1990 年代以来，市场机制在城市土地利用中开始起引导作用，中国城市的空间格局受市场经济和政府管制的双重制约影响较西方城市更为明显。

何丹(2003)则试图引荐西方城市政体模型，从经济、政治和社会的角度提供一个分析中国城市政体的基础框架。在他的分析中，主要关注了四个方面，其一，市场化和地方分权化过程中的中央政府和地方政府的关系；其二，公共部门和非公共部门的关系；其三，地方政府主要官员的政治利益和经济精英的经济利益之间的关系；其四，社会各阶层在城市发展中的关系和作用。在初步分析的基础上，他提出了一个中国城市政体的假设证明：政府(国家)在各种资源分配中仍然占主导地位，政治精英、经济精英和部分知识精英构成了主导阶层，主观上为了追求各自的政治、经济利益的最大化而形成的合作关系在客观上也促进了城市的发展；同时在现有法律框架下，弱势阶层处于被边缘化的境地。在现有的政治经济条件下，这一合作呈持续发展状态，而且 20 多年以来这一政体并没有发生根本的变化，从而使得城市发展一直保持着迅猛的势头。但同时，他也指出了中国与西方的城市政体有着显著的差异，现阶段的中国城市政体在一定程度上是社会控制模型(social control model)，而不是 Stone 在城市政体理论分析中所指出并采用的社会生产模型。

此外，近年来还有石崧(2004)关于普遍意义层面上的城市空间形态演变的动力机制构想，以及冯健(2004)基于经验研究的成因机制构想等主要研究成果。作为共同的特征，它们的研究已经开始不再仅仅局限于所谓的“政府力、市场力、社区力”的简单讨论，而是将研究更进一步地指向了它们背后的动力主体，也就是利益主体方面，并且分析指出了源于这些动力主体的更为复杂的作用方式。

由此，结构主义学派以来的研究传统逐渐在国内得以传承，也就是将城市空间形态演变的成因机制归结为特定时空范畴内的社会利益群体的社会行动与互动，并且研究的重心偏向于历史事实的解释，而非所谓的预测，这同样也成为本书的研究视野。

2.4 成因机制解释的概念框架

对于理论研究进展的回顾表明，自早期结构主义学派之后，关于城市发展的解释性研究已经取得了显著的新进展。在西方发达国家既有近 10 多年来占据主流的"城市政体理论"等关于城市政治和城市发展的新理论进展，更有具有基础开创性的包括结构化和 ASD 等理论新进展，为本书的研究提供了充实的理论基础；同时，近年来在国内也已经开始出现借鉴西方理论研究进展的研究成果，为本书提供了有益的启示和借鉴。正是建立在这些主要理论和经验研究基础上，本书对于深圳和厦门改革开放与建立经济特区以来的城市空间形态演变及其成因机制进行了剖析。并在此基础上初步形成了一个针对改革开放以来那些经历了显著市场化和快速城市空间形态演变进程城市的城市空间形态演变成因机制的解释框架。

2.4.1　成因机制解释的两个层面

结构主义学派的批判发展，特别是 Burns(2000)在 ASD 理论中关于社会系统构成三个层面的阐述，为本书中的成因机制解释研究提供了直接启示。在 Burns 的论述中，前两个层次都直接与社会行动者有关，分别是它们的角色与地位，以及它们社会行动与互动的场景和过程；第三个层次则是那些对社会结构、社会行动与互动形成限制作用的因素。

由此，遵循 ASD 理论关于社会系统过程层面的基本原则，城市空间形态演变的成因机制研究可以划分为两个主要层面：

在第一个层面，主要是能够延伸到城市空间形态层面的那些对社会结构、社会行动与互动形成限制作用的因素，也就是城市社会系统的结构性因素。这些结构性因素既是城市社会系统存在和发展的限制性因素，又为社会系统的发展提供了机会，同时还受到行动者的社会行动与互动的影响。这些限制性因素对于社会系统的发展并不具有绝对的决定性作用，这既与这些限制性因素汇集于具体的互动场景并因此经常导致自相矛盾相关，又与社会系统中不同行动者的存在以及因此可能在为争夺相对稀缺的策略性资源或行动报酬时所产生的不同相互影响有关。这些限制性因素也由此成为社会结构化过程的重要内容，并且在社会的结构化过程中，社会行动者的有意或者无意的行动都将对结构性因素的变迁产生不同的影响。而城市空间形态既是社会行动者的社会行动与互动的结果，同时还参与到结构性因素之中，发挥了限制和机会作用，并因此同样参与到城市社会的结构化过程中。由此，在对于城市空间形态演变成的因机制解释研究中，结构性因素的研究处于一个关键性的中介地位，通过对那些位于显象地位的结构性因素的了解，既能够从不同层面和范畴考察城市空间形态演变的影响因素作用，又能够深入到对社会行动者的关系及其变迁，以及它们的社会行动与互动作用考察中。

在第二个层面，则将研究的重点集中到社会行动者方面。在这个层面上，伯恩斯(2000)的社会行动者(actor)概念实际上与 Giddens(1993)的能动者(Agent)概念有着本质上的相似性，它们都不是传统社会二元论中的个人概念，而是具有更为宽泛的内涵，可以是具有显著能动作用的个人，更多地则指向那些具有显著能动作用的社会机构或者组织。为此，本书更倾向于采用能动者的概念，以显示与"个人"在概念上的本质区别。由此，在这些主要能动者的层面上，不仅需要对它们影响城市空间形态的作用进行讨论，还需要研究它们在相互间关系中的地位及其变迁。因为社会的结构化过程不仅对那些社会能动者之外的结构性因素，以及城市空间形态形成影响，更为核心的是将直接影响到它们相互地位和相关关系的变迁，并因此影响到那些主要能动者在影响城市发展，以及城市空间形态演变进程中的主要作用。

在这样的一个两层面概念框架中，结构性因素作为社会系统的限制性因素，具有相对稳定的基本构成，尽管它们的具体表现各不相同；相比那些处于显象的结构性因素，社会主要能动者的构成，以及它们的相互关系和作用则相对更为复杂，而这也是东、西方国家在社会层面上显著差异的关键所在。对处于改革开放进程中，社会结构正处于显著变迁(陆学艺，2002)的中国而言，本书因此特别反对直接将西方城市政体理论中的主要能动者及其基本构成关系照搬到国内的研究方式，因为这既可能与现实经验不符，又直接改变了西方城市政体理论的前提假设。也正因为如此，本书建议回到那些提供借鉴作用理论的本质基础层面，建构适合当前国内实际发展情况的成因机制解释框架。

2.4.2 城市空间形态的结构性因素

在以上的两个层面阐述中，本书已经指出，相对于社会系统中的主要能动者及其构成关系的复杂性，作为对社会系统起限制作用的结构性因素具有相对稳定的基本构成，它们的存在为特定地域空间范围的人类社会发展提供了基本限制框架。

伯恩斯(2000)对于结构性限制因素的论述认为主要包括两种类型，其一是制度、文化形式和总的社会结构，是体现在科层制、经济与政治体制、宗教中的社会规则体系，它们建构并支配社会交易；其二是物质和技术条件，物质条件、气候、能源等自然资源的分布状况、(人类创造的)技术等既限制社会行动和互动，又创造一系列的机会。由此，文化架构、制度、物质结构塑造并支配“过程层面”的活动和条件。胡皓和楼慧心(2002)则在对人类社会基本构成因素的研究指出，除了自然资源因素之外，构成人类社会最为简单的人文资源包括三种类型，分别是人口资源、物质资源和文化资源。其中，人口资源不仅包括各种完整的人类个体，还包括以各种分解方式提供的体力资源和心灵资源，与之相对应的产出活动均属人口资源生产；物质资源是人类社会除自然资源以外需要有构成并不断补充和更新自身的重要资源，包括通常所说的各种物质的生活和生产资源，与之相对应的产出活动均属物质资源生产；精神资源同样是人类社会需要有构成并不断补充和更新的重要资源，包括各种形式和水平的科学技术成果、伦理道德观念和规范以及文学艺术产品等，与之相对应的产出活动均属精神资源生产。他们认为三种人文资源间的复杂关系关键在于，任何一种人文资源的社会生产，都需要三种人文资源的同时投入而缺一不可，无法相互替代；同时，无论任何一种人文资源的社会生产，都将向另两种人文资源输出产品。它们之间的互为包容和依存关系随着人类社会的进化而不断强化。

除了这些从社会系统角度提出的有关结构性因素的论述，还有大量存在于相关研究文献中的有关城市发展和城市空间形态演变的影响因素论述，同样对于我们进一步揭示城市空间形态演变成因机制的结构性因素框架具有重要的启示作用，尽管这些研究由于各自目的和研究视野，以及基本立场的不同而有显著差异。

总体上，本书认为，具体到城市空间形态演变的研究中，结构性因素就是那些对于能动者影响城市空间形态的社会行动与互动过程，以及城市空间形态的演变过程形成约束作用的限制性因素，是城市地域内人类社会系统的重要支撑和限制性框架。为此，遵从伯恩斯(2000)的社会系统三层次原则，将能动者以及能动者的社会行动与互动置于结构性因素之外，并因此将结构性因素归为以下五种基本类型。

(1) 制序性因素

所谓的制序[①]，综合伯恩斯(2000)和韦森(2001)的观点，就是能动者在社会行动和互动中形成并遵守的常规性约定，既包括自发形成并依靠能动者自觉遵

---

① “制序”一词系韦森(2001)在《社会制序的经济分析导论》中创建的名词，其实质是融合了 Hayek 的“social orders”和 North 的“social institutions”两个英文概念，一般可以认为是概括了秩序和制度两个方面的内容，并且既可以指两者全部，又可以指两者其一。显然，这样的概念与 burns 的社会规则体系有着相似的内涵，并且作为新的专业词汇，较中文词语“规则”的通常内涵在表述上更为明确，故采用。

守的非正式约定，也包括那些正式的强制规范的约定。制序是人类社会作为系统存在的一个最为重要的标志，它既约束着能动者的行动和互动，又内涵了能动者互动中的地位关系，同时又是能动者行动和互动的结果。

制序性因素对于能动者的社会行动和互动的约束在强制力方面有着不同的强弱表现，不仅体现在不同类型的社会行动与互动的范畴，还体现在同一类型的社会行动与互动中。譬如，国家政治制度的强制约束作用要远远高于社区邻里交往一般遵循的习俗，而得到国家暴力机关保障的法规强制力也大大高于一般性的成文规范（如民间的文明公约等）。强制力的差异性决定了制序性因素的多层次特性，为能动者的社会行动和互动提供了不同强制力的约束框架；除了强制力不同，制序性因素的另一个非常重要的特征，就是根据其所约束的社会行动和互动的性质可以划分为不同类型，譬如近年来国内研究经常提及的经济体制、土地制度、行政体制就分别对不同类型的社会关系和行动提供着强制性的约束作用。

制序性因素的约束作用同样体现在影响城市空间形态的形成和演变进程中。由于制序性因素的存在，社会行动和互动中的不同能动者拥有的用以实现目的和利益的资源和机会是不均等的，这种不均等不仅反映了它们的相对权力关系，而且决定了它们影响未来发展的能力差异（伯恩斯，2000）。

（2）经济性因素

经济性因素是人类社会所必需的除自然资源以外的物质资源。对于城市空间而言，其最基本的属性就是人造物质资源的属性，即它是建成环境（built environment）或建成地区（built-up area）。因此，尽管城市空间必然以初始的自然环境资源为空间基础，但是作为一种社会生产的产品，它已经不可分割地参与人类社会生产的全过程之中（胡皓、楼慧心，2002）。并且与自然物质资源不同，城市空间既包含了生产的过程（建设或者重建），也包含了交换和消费的过程（从建设到满足不同用途的使用）。它既是人类社会生产的物质产品的重要固化物，又是人类社会发展的必需载体，还是维系社会生产和社会关系的重要工具。因此，城市空间作为人造物质资源，与自然物质资源划清了基本界线，而与人类的社会经济活动建立起紧密的联系。

作为人造的物质资源，城市建成空间的各种变化，包括城市空间形态的形成和演变，与人类社会的经济活动特性产生了紧密的联系并受其深刻影响。人类社会经济活动对于城市空间形态演变的影响主要包括 3 个不同层面，首先在经济的增长阶段方面，不同学者提出了一些颇有影响的经济增长阶段的理论，Rostow（1990；转引自：张敦富，1999）主要根据科学技术、工业发展水平、产业结构和主导部门等特征将已经发生的社会经济增长划分为五个阶段；Chenery（转引自：郭金龙，2000）根据经济增长因素和结构转变特点将经济发展划分为初级产品生产、工业化、发达经济三个结构转变阶段；Porter（1990；转引自：郭金龙，2000）则提出要素推动、投资推动、创新推动、财富推动的四个发展阶段。Harvey（转引自：蔡禾、张应祥，2003）则从资本循环的角度分析了资本主义的生产阶段及其对应的产品和城市空间变化的诸多特征。

其次，在经济增长的周期方面，徐巨洲（1997）的研究指出城市经济的周期性变化意味着城市发展和衰退的周期循环。从经济意义上讲，国民经济增长是城市活动的最终归结，城市活动周期围绕着长期经济趋势波动，而投资波动[①]常常被看作是城市发展周期的引擎。而对于两者间的关系，他认为城市的发展一般略微超前于经济的繁荣；但是，也有从投资的角度分析认为（王洪卫，等，1997），房地产的发展与城市经济的发展趋势相似，但略有滞后（图 2 - 14）。

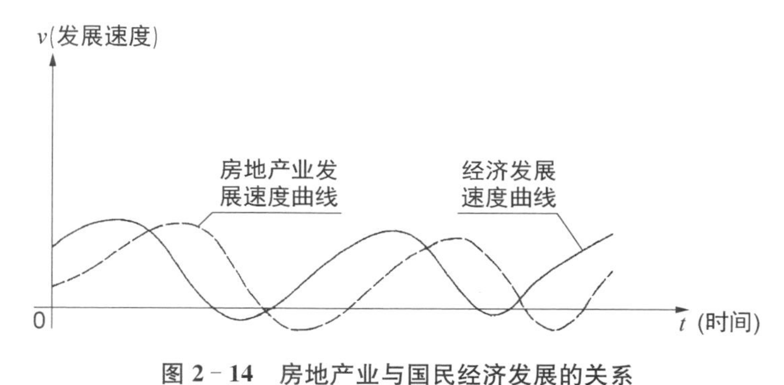

图 2 - 14　房地产业与国民经济发展的关系

＊资料来源：王洪卫、简德三、孙明章（1997）。

再次，经济活动中的一般规律对于城市空间形态的演变同样有着极为显著的影响作用。周一星（1997）和吕玉印（2000）的研究特别提到了经济活动中的聚集效应、乘数效应等规律的影响作用。吕玉印（2000）的分析认为，聚集效应的形成和演化与城市土地利用状况的形成和变动实质上是同一城市社会经济过程的两个方面，聚集效应是有关要素空间聚集的经济后果，而土地利用则是上述因素聚集配置的空间形态。城市聚集效应对城市土地利用具有决定性的调节作用，

① 这里的投资波动，就是城市固定资产投资所产出的资本货物，最明显地反映在基础设施、土地和人口三种要素的增值上（称为构成城市本体三大基本动力），是最能显示城市发展的增长和衰退的变量模型。三者各有周期，当三者之间的变量形成一个最佳平衡点，达到某种城市活动最优组合时，便产生爆发性的繁荣期。三种要素波动组合是城市发展繁荣和衰退的转折点关键。

其演化与分布同城市土地利用的布局与演变相辅相成。

(3) 文化性因素

对于人类社会系统必需的人文资源，胡皓和楼慧心(2002)指称的文化资源包括了各种形式和水平的科学技术成果、伦理道德观念和规范以及文学艺术作品等全部的人类精神产物。伯恩斯(2000)则将文化和技术区分到不同的结构性因素类型中去。本书认同伯恩斯的方法，认为应当将文化性因素确定为那些与伦理道德、价值观、文化认同等紧密相连的精神资源，并因此区别于那些作为知识和技术的精神资源。因为无论是经济，还是科学和技术这些方面的因素，尽管通过与人类行为的结合不可避免地附载了价值观念[①]，但它们最为根本特性是客观属性。而伦理道德和价值观则更多地与"应当或者应该的东西"相联系，因此并不完全是纯粹客观性的认知范畴(Goulet，1989)。

在自然科学主义盛行的时期，人类社会中的伦理道德和价值观念总是被有意无意地忽视，经济蛋糕做大也被不加批判地视为等同于追求美好生活的有效目标(Goulet，1995)，然而历史却一再证明文化性因素对于人类社会的广泛影响，这些影响无疑也显著地体现在城市空间形态的各个方面。郑莘和林琳(2002)对于国内近年来有关社会文化因素的影响研究综述表明，任何城市的空间形态都是在文化长期积淀和作用下形成的(王农，1999；陶松龄、陈蔚镇，2001)，它其实就是一种存在于该地域社会特有文化中的集团意志所左右的构图(杜春兰，1998)，而延续进化的城市空间形态又反作用于人类的行为(陈力，等，2000)。郭彦弘(2000)认为城市空间形态是发展和文化共同促成的历史过程，而以文化价值观这样包容性更大和更模糊的社会属性代替阶级和种族这样较为偏激属性的城市空间形态研究正是1980年代后现代思潮影响下的文化——政治学流派的核心主张(张庭伟，2001)。

在文化性因素的影响研究中，文化认同、文化冲突、文化整合和文化变迁构成了研究中的核心概念(郑晓云，1992)。其中的文化认同是特定地域人群历史发展中的认知积淀，是对于文化的倾向性共识与认可，是一定时期内的稳定的价值取向；而文化变迁则是在内外部因素的共同作用下，通过文化内部的整合而出现的为人们所认同，有别于过去的文化认同；而伴随文化变迁的则是文化冲突和文化整合的过程(周尚意、孔翔，2000)，既有不同地区和地域的横向文化冲突和整合，也有不同时代间的纵向文化冲突和整合。作为价值观念的文化认同及其

① Goulet(1989)特别阐述了技术作为价值观的载体和破坏者在技术迁移中的影响作用。

变迁，不仅广泛地影响着城市社会关于普遍层面上的社会行动与互动的价值判断与引导，还直接渗透到直接关于城市空间形态的认知与价值判断。

(4) 技术性因素

Goulet(1989)指出，通过控制自然和所有人类活动而将共同的人类理性有系统地运用到解决问题的过程之中，这种运用便是技术。技术不仅是人类社会发展中不断积累的系统性研究成果，更为重要的它是可以被运用到解决实际问题过程中的知识。技术的运用能够扩大和改善人类影响周围自然和社会力量的能力。因此，这里所说的技术是胡皓和楼慧心(2002)所谓的文化资源中的重要构成内容，但既与本书中的文化性因素显著区别，又因为它的应用指向而与一般意义上的知识不同。

对于技术在人类社会发展中的作用，Goulet(1989)认为包括四个方面，其一，它是创造新财富的主要资源；其二，它是允许其拥有者以不同方式控制社会的工具；其三，它对决策模式具有决定性的影响；其四，它对富裕社会中存在的矛盾形式有直接的影响。就对城市空间形态的影响方面，技术实质上又包括多种类型，如直接适用于经济生产的技术、社会运行管理的技术、城市建成空间扩张的技术、规划的技术(目前更多地被认为是综合有经济、社会、政治、艺术等众多方面)等，这些技术涉及人类社会生活的方方面面——现代人类社会，几乎没有能够回避技术的角落。而逐一地解说这些技术的影响既没有可能，也没有必要，毕竟其他结构性因素的影响，以及能动者在结构性因素限制中的社会行动与互动，几乎无可避免地都是在一定技术基础上展开的。基于以上认知，本书对于技术性因素的讨论将尽可能地限制在一些已经被经常研究过的与城市空间形态扩张直接有关的工程技术性因素方面，主要包括建造技术、交通技术和信息技术3个方面。

在建造技术方面，随着新技术和新材料的不断出现，新的建造形式成为可能，包括城市的建筑、基础设施等诸多方面。建筑高度的不断提高为城市空间形态在三维空间上的不断扩展提供了可能，并因此为城市中的社会活动在特定地域的不断集聚提供了可能。但是，建造技术的发展尽管为城市空间形态的高度集聚提供了可能，但却并不因此导致城市空间形态的集聚。作为实际的例证，尽管西方国家始终存在着如未来城市那样的讴歌现代建造技术作用的城市高度集聚发展主张(沈玉麟，1989)，但西方发达国家的城市已经不同程度地经历着显著的分散趋势。

交通技术的发展显著地改变了或改善着区域空间的可达性，并因此为城市空间日益摆脱空间距离的束缚，更为分散或者集中地发展提供着可能性，使城市空间形态的演变能够得以实现(徐永建、阎小培，1999；毛蒋兴、阎小培，2002)(图2-15)，

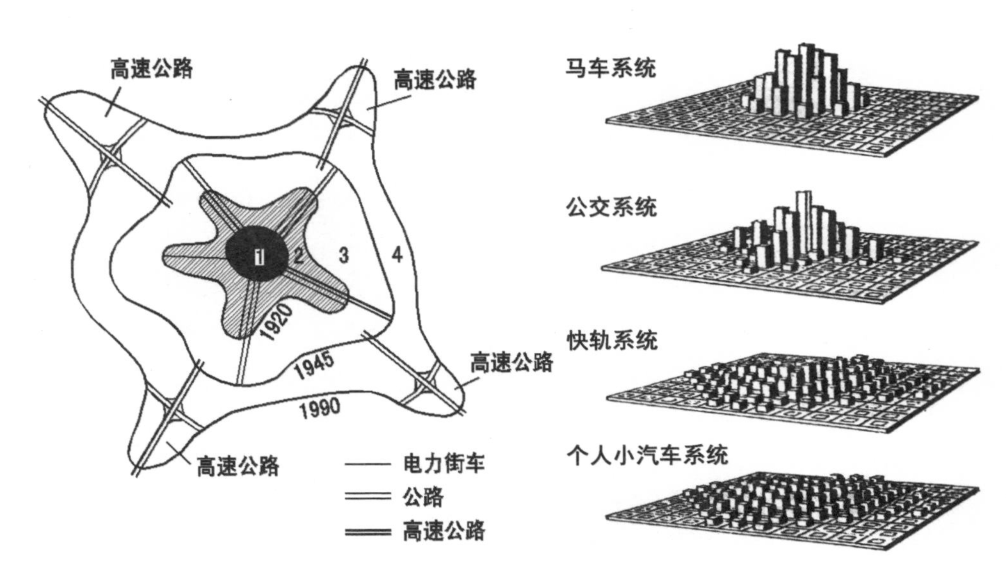

图 2-15　交通方式与城市空间形态关系

＊资料来源：顾朝林(2000)、段进(1999)。

涉及城市空间形态的整体形状特征与规模(顾朝林，等，2000)、城市空间的密度(潘海啸、惠英，1999)、城市的功能空间形态等多个方面(叶明，1999；顾朝林，2000)。尽管交通技术对城市空间形态有着如此密切的影响，同样不能将特定的城市交通技术简单地对应于特定的城市空间形态演变特征，因为城市空间形态的演变同样并不仅仅取决于城市交通技术(潘海啸，2001)，这既与交通技术的非线性替代发展有关，更与交通技术的实际应用有关①②。

表 2-3　交通方式与城市密度关系

城市类型	人口密度
小汽车城市	1 000～3 000 人/km²
公交城市	3 000～13 000 人/km²
步行城市	13 000～40 000 人/km²

※ 根据联合国《人居环境评论》有关资料，转引自潘海啸和惠英(1999)。

① 潘海啸和粟亚娟(2000)的研究表明，城市间高速公路对沿线城市的发展影响关系几乎是线形的，而都市区高速公路对城市的发展影响实质上主要是城市发展在不同空间区位上的转移。

② 黄耿(2000)分析指出，不同道路系统对城市空间扩展产生显著不同的影响作用。国内城市目前普遍采用的环形道路系统实际上为不同空间区位提供了较为均等的发展机会和开发潜力，但也因此造成不能进一步支撑现有城市中心的发展，同时也不能做到重点突出地支持特定区位的城市新区在交通上的集聚并进而推动其重点发展。

信息技术的发展同样与城市空间形态的演变有着密切的关系。早期，当电信业进入蓬勃发展时期，普遍的观点认为，“有史以来第一次，人们可以住在山顶而与企业和其他相关者保持密切的、实时的、真实的联系。所有纳入全球通信网络的人都能获得现在人们在一个特定的城市区域中所能拥有的联系”（韦伯，1968；转引自：Mitchell，1995），并由此认为城市将因此改变，包括城市中心的解体和城市空间形态的分散发展。但是，历史发展却表明，“有关城市解体的预言低估了既有体制的惯性……正在变化的电信与交通的相对费用之比确已开始对办公场所发生影响。一度将城里的办公室紧密绑缚在一起的黏着力减弱了，但这种削弱允许而不是决定了分散；劳动力和资本市场的运作以及当地特殊情况的影响常常会从旁塑造办公场所的布局，而布局模式则是从震荡中产生的”（Mitchell，1995）。当前的信息技术发展再一次迎来了以Internet网络为标志的革命性发展时期，也同时迎来了一种似曾相识的观点认为：城市内部土地机制将因此改变，导致城市功能内部由集聚型向分散化转化、城市功能边界的模糊导致土地使用兼容化、城市功能实现方式虚拟化导致土地使用比例结构变化等三个方面，这些变化最终引导城市结构从密度和强度不同的圈层结构向网络化结构转变（王颖，1999）。但是，历史的经验提醒我们，这种类似技术决定论的观点未必可靠。

显然，一方面，技术的进步与应用对于城市的发展和城市空间形态的演变具有重要的影响作用；但是另一方面，片面地认为技术的发展必然导致城市空间特定趋势的演变进程难免陷入技术决定论的圈套。技术进步与应用的实际影响作用显然更为复杂，因为其不仅不可避免地受到附载其上的价值观念影响（Goulet，1989），还受到更多的其他因素影响，并因此需要进行具体分析。

（5）空间性因素

胡皓和楼慧心（2002）对三种人文资源的论述对应了自然资源，而Burns（2000）所谓的结构性限制因素中的物质和技术条件中，也特别提到了“气候、能源等自然资源的分布状况”，这都揭示了人类社会发展与自然环境的密切关系。本书的空间性因素就是指向那些对城市空间形态的形成和演变有着紧密关系的空间环境性因素，既包括城市自然环境，也包括区域空间环境[①]。

自然环境指向城市地域（一般指行政区划范围）内的自然资源及其空间分布状况，包括城市地域的水域、山地和地质等地形地貌特征，以及气候、水文等自然

---

① 实际上，空间性因素还应当包括城市空间本身，但为了避免胡皓和楼慧心（2002）所说的，在社会研究中的鸡与蛋的关系争论，在本书中将尽可能避免既在结构性因素中讨论城市空间形态的演变，又在作为结构性因素的影响对象中讨论城市空间形态的演变这样的复杂逻辑关系。

环境都深刻地影响着城市的空间形态及其演变历程(郑莘、林琳,2002;段进,等,2002),而 Shirvani(1985)的论述则进一步指出了城市植被(urban vegetation)和城市野生生物(urban wildlife)对城市空间形态的影响;此外,还有作为特殊资源的如矿产和港口等自然环境资源更对城市的特定功能,甚至城市的形成和发展历程具有显著的影响作用。但城市自然环境因素的这种影响作用也同样受到其他因素影响。譬如,在人类社会发展的早期,由于经济和技术能力的制约,城市空间形态的扩张扩展往往不得不更多地受制于自然环境的影响;而随着人类改造自然能力的增强,自然环境的强制约束力下降,但由于人类价值观念的转变,自然环境的制约更多地体现为人类的自觉行动。

空间性因素中的区域环境则更多地超出了自然环境的范畴,包括了更多基于区位关系的其他因素影响。历史研究表明,城市的形成和发展与城市的区域地理区位有着紧密的关系,城市的存在无时无刻不与周边的外部空间发生着联系,城市以外或远或近的各种自然、经济、政治的实体都会对城市产生各种影响(周一星,1997)。因此,区域范畴的自然或者区位关系,一方面由于不同类型的功能活动影响到城市的内部功能活动,并因此反映到城市的空间形态层面,另一方面还因为与城市的各种交流活动直接影响到整体层面的城市空间形态演变趋势。周一星(1998)提出的"主要经济联系方向论"认为,城市发展的主要动力是为城市以外提供产品和服务,城市的实体地域因此会沿着它的对外联系方向延伸,当几个方向的引力不均衡时,城市会偏重于主要对外联系方向发展。实际上,城市对外还包括更多类型的流通和交换活动,并因此与流通的主导方向,以及流通所必需的基础设施互为影响,并反映到城市空间形态的演变层面。

2.4.3 成因机制解释的概念框架

至此,在相关文献的研究基础上,主要基于结构主义学派及其批判,以及近年来的主要理论研究进展,本书提出了关于城市空间形态成因机制解释研究的两层面概念框架。在这个基本概念框架中,特定城市地域的人类社会系统可以划分为两个层面,分别为结构性因素层面和社会能动者层面。

首先,在结构性因素方面,主要包括了对于制序性因素、经济性因素、文化性因素、技术性因素、空间性因素的演变研究,这些结构性因素的演变不仅直接推动了城市空间形态的演变,也同样从不同方面改变了人类社会系统的限制和条件。

其次，在社会主要能动者层面，它们基于各自的不同目的，在社会行动与互动的过程中有意无意地改变了人类社会系统的结构性因素，也因此推动了它们的社会地位与相互关系转变，实现了社会的结构化过程。而社会结构化过程影响下的结构性因素的演变又作用于同样参与其中的城市空间形态，并因此推动了城市空间形态的演变进程；而城市空间形态的演变进程又与其他结构性因素共同改变了人类社会系统的限制和机会。

建立在这样的基本认知基础上，以下将对深圳和厦门城市空间形态演变的成因机制进行解释研究，并在此基础上初步构建适合国内改革开放以来，伴随快速市场化进程的那些快速城市空间形态演变城市的成因机制解释框架。

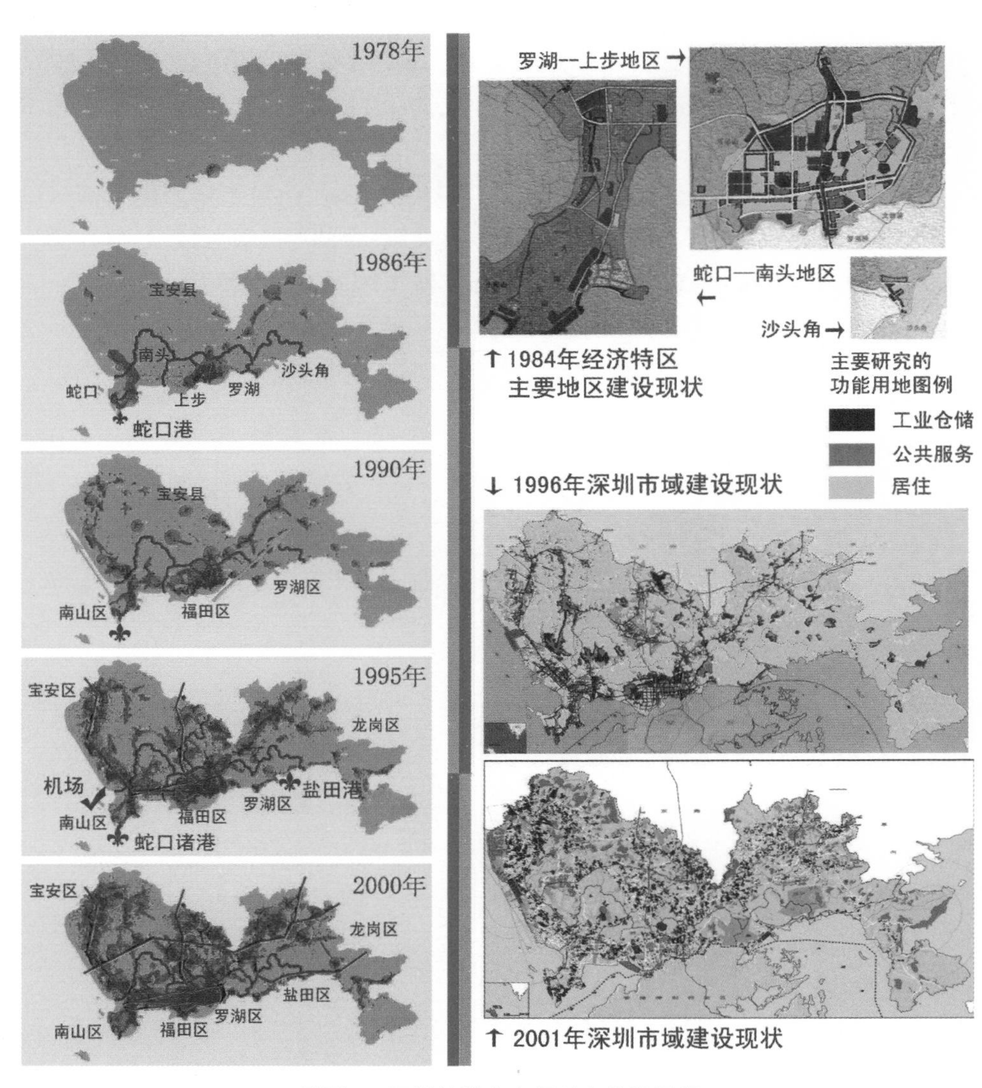

插图 1　深圳的城市空间形态扩张历程

主要资料来源：深圳 1990 年版、2000 年版总体规划资料，《深圳城市规划》，《深圳经济特区密度分区研究》，《深圳 2005 拓展与整合》，以及深圳调研（影像图片）资料等。

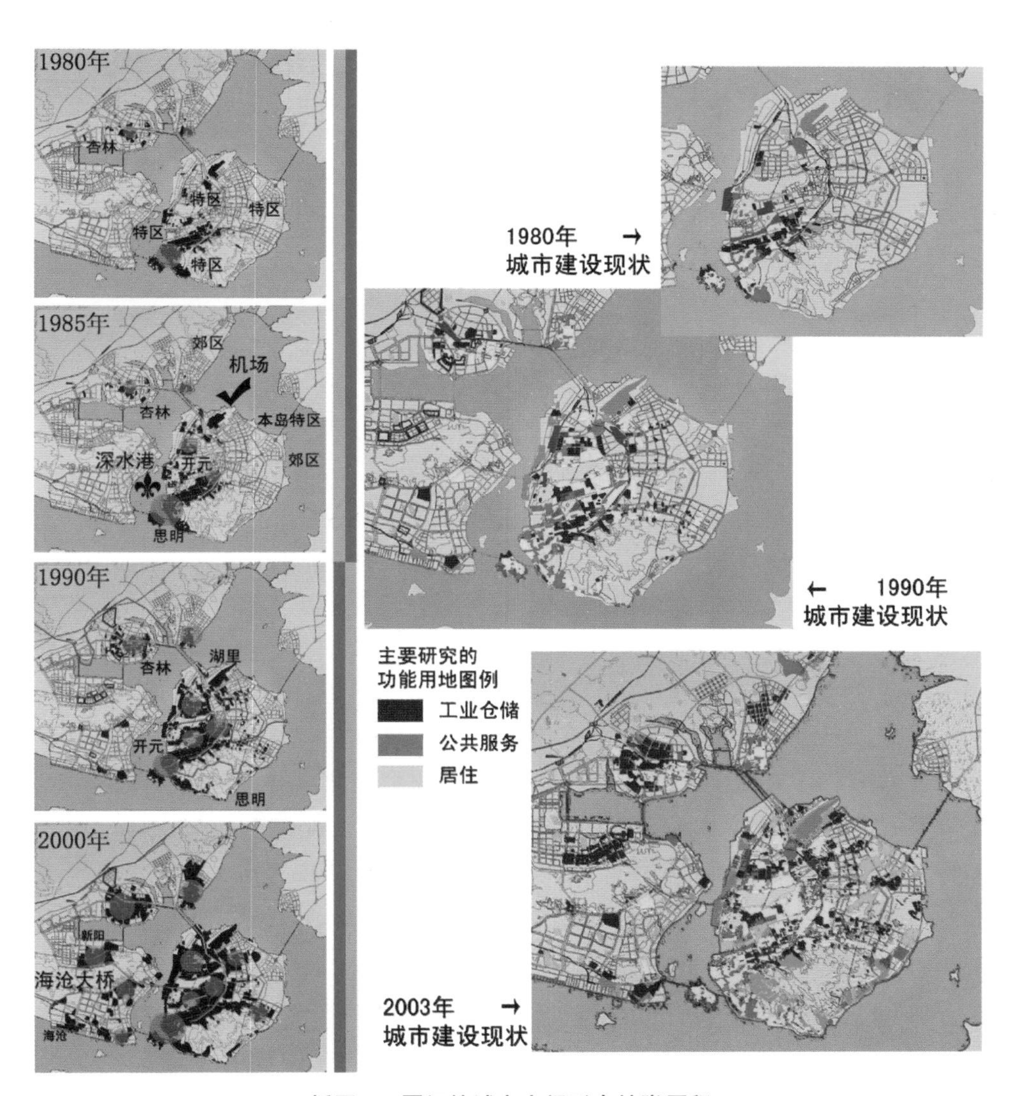

插图 2　厦门的城市空间形态扩张历程

主要资料来源：厦门 1983 年版、1990 年版、2000 年版总体规划资料,《厦门市城市发展概念规划研究》,2003 年总体规划编制中资料。

第3章 深圳和厦门城市空间形态演变的主要特征

3.1 城市整体空间形态的演变特征

相关文献研究表明，在城市整体空间形态的层面上，空间模式的图形分析方法占据着重要的地位，研究的重点主要在城市空间形态的整体形状和边缘特征方面，并据此可以将城市整体空间形态划分为不同类型的空间模式，研究它们的动态演变规律；在空间模式的图形分析方法基础上，对于建成空间的用地规模及其演变趋势分析同样是研究整体空间形态演变特征的重要方法；此外，还可以通过多种方法考察整体空间形态在三维空间上的扩张趋势。

基于以上认知，本书对于深圳和厦门的整体城市空间形态研究主要集中在三个方面，其一，空间形廓，主要以空间模式的图形方法对城市整体空间形态的整体形状和边缘特征，及其演变历程进行分析；其二，空间规模，主要以计量方法结合城市空间形廓的演变对特征年份城市建成空间的用地规模及其扩张趋势进行分析；其三，空间开发强度，通过适当的计量和观察相结合，重点考察城市空间形态的三维空间扩张趋势。

需要特别说明的是，由于深圳和厦门在城市发展历程中，城市行政区划和管理体制都曾经过多次变动，为保证相对统一的统计数据口径，结合实际发展状况，本书无论在整体空间形态，还是在城市内部空间形态的分析研究中都进行了多方面的必要处理。在深圳，考察主要划分为两个层面，分别为最近行政区划调整后的全市域和经济特区；在厦门，未经特别指出的研究范围均未包括原同安区(县)在内。

3.1.1 城市的空间形廓及其演变特征

深圳和厦门都是我国改革开放之初设置的经济特区城市，但两者初期情况又有着明显的区别，深圳原隶属广东省宝安县，1979年建立“出口特区”①时撤县建市，并于1980年正式确定“经济特区”后，历经行政区划调整建成的，其最初可以称得上城市建成空间的范围仅为位于罗湖口岸附近的原宝安县政府驻地深圳镇，仅3.8平方公里②；厦门的市制则可以追溯到1930年代，行政区划内（不包括同安县城）的城市建成空间主要集中在厦门岛内（包括鼓浪屿）的老城区、岛外则主要为1950年代作为独立工业组团开发的杏林片区与集美。到1980年，厦门的城市建成区已经达到20平方公里左右③。

此后，随着改革开放，以及经济特区的设立，深圳和厦门的城市建成空间都进入了持续的迅速扩张时期，城市整体空间形态随之经历了急剧的演变过程。

1. 深圳的城市空间形廓演变

结合历史资料记载④，改革开放之初，深圳的快速发展建设最先在经济特区内的三个局部地区展开，分别是现罗湖口岸附近的原宝安县政府所在地、其东侧的沙头角镇和西部的蛇口工业区。此后，建成空间首先在经济特区内迅速扩张，并很快在全市域形成急剧扩张趋势（插图1）。为揭示演变的历程特征，本书对1978—2000年间的五个特征年份的建成空间影像图进行了必要处理和比较（图3-1，图3-2）。

比较研究表明，自1978年至2000年，城市空间形廓的扩张已经明显地在市域范围的两个空间层面上展开，即在经济特区范围内的东西方向轴线展开，并反映出西强东弱的典型特征；在市域范围内，则显示出明显的南北轴向扩张，以及后期初步显现的轴向结合网状的空间形廓扩张特征。城市空间形廓的扩张大致可以划分为三个阶段，其中1980年代中期主要集中在经济特区范围内；1980年代中期到1990年代初中期则是经济特区内主导的经济特区内外共同扩张阶段；此后，则是经济特区外的空间形态扩张显著主导的阶段。

就演变历程来看，1980年代上半段的空间形廓扩张主要集中在经济特区内。

---

① 即经济特区的前身。相关资料参阅“深圳概览”（网站）“历史”篇中的“历史沿革”和“深圳经济特区的建立”，以及《中国经济特区的建立与发展：深圳卷》中的相关内容。

② 资料来源为“深圳概览”（网站）“建筑”篇中的“城市规模”。

③ 数据资料来源为：《厦门市城市总体规划说明书（1981—2000年）》，该数据不包括同安县的建成用地。

④ 《中国经济特区的建立与发展：深圳卷》记载了当时的开发情况，罗湖口岸及其周边最初约10平方公里（后来调整为50平方公里左右）的范围是设立经济特区初期深圳地方政府的重点集中建设地区，蛇口工业区则由交通部香港招商局经国务院批准在1979年开始独立开发建设的；沙头角镇最初则完全由群众自发镇政府引导由1979年左右开始招商引资开发建设并在1980年得到深圳市政府的肯定。

对比最初的三个主要扩张发源地罗湖、蛇口和沙头角可以清晰发现，这一阶段以罗湖为中心的开发建设已经表现出最为显著的扩张趋势，主要集中在罗湖—上埗地区，呈现出典型的团型扩张趋势，但同时也已经开始出现并不十分清晰的轴向趋势，又主要包括两个方向，分别为向北出经济特区，以及向西；蛇口工业区附近的空间形廓尽管也出现了明显的扩张趋势，但显著落后于以罗湖为中心的地区扩张，并且表现出较为明显的南北带型相对分散的分布特征，已经与选址于经济特区外的新宝安县城方向初步形成了带型连接趋势；相对而言，沙头角镇尽管也相比1978年出现明显的扩张，但扩张趋势不仅明显落后于另外两个最初扩张发源地区，甚至相比特区外此后的龙岗区内的各建制镇也没有速度优势可言。与这三个地区的空间形廓扩张同时，无论经济特区内外都明显散布着一些相对独立但又有较为明显扩张趋势的建成空间。其中，在特区内，这些相对独立的扩张建成空间主要分散布局在罗湖—南头东西带型空间范围内，初步构成了经济特区内的主要建成空间扩张地区，而东部地区则明显滞后。在特区内建成空间形廓扩张的同时，市域空间层面

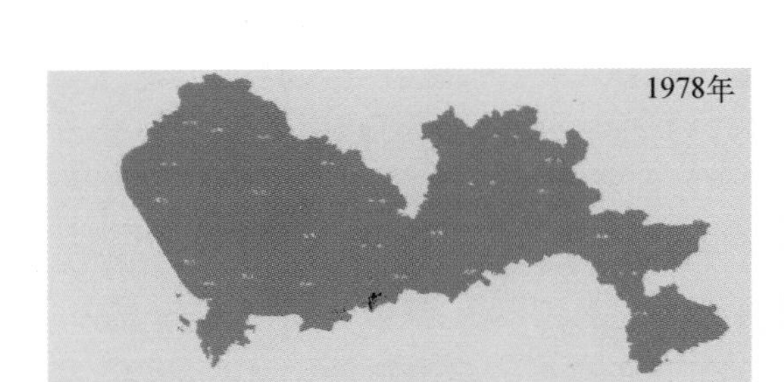

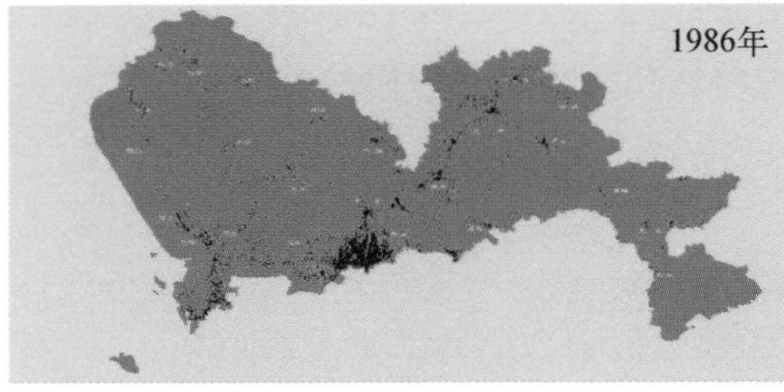

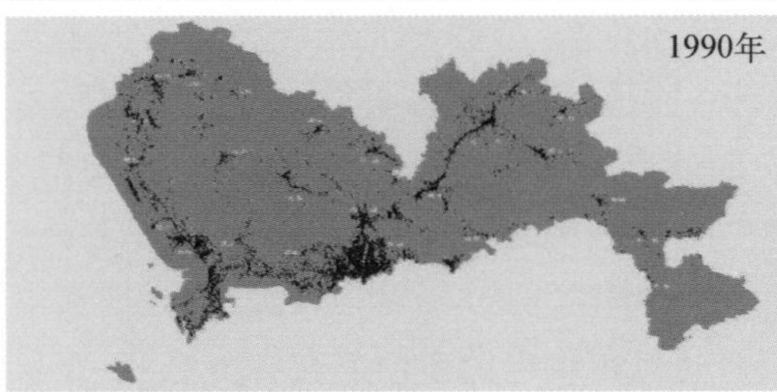

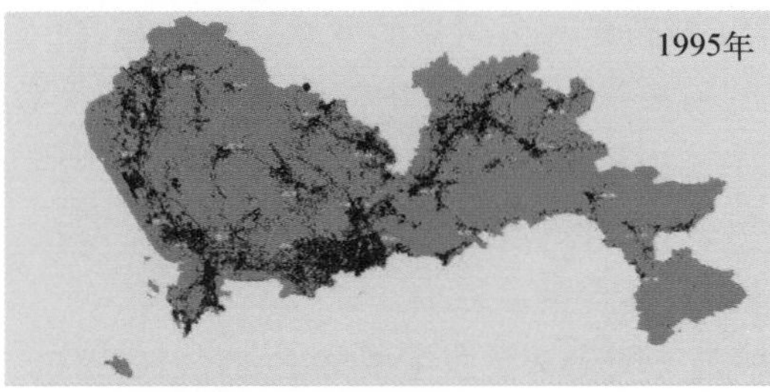

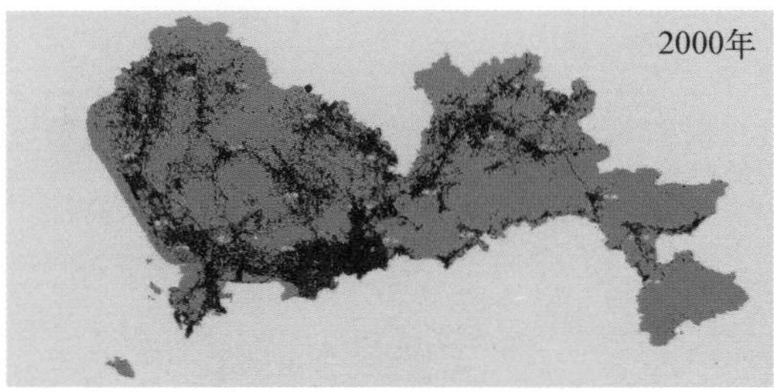

图 3-1　深圳市域主要年份建成空间分布状况

＊资料来源：深圳市城市规划设计研究院。

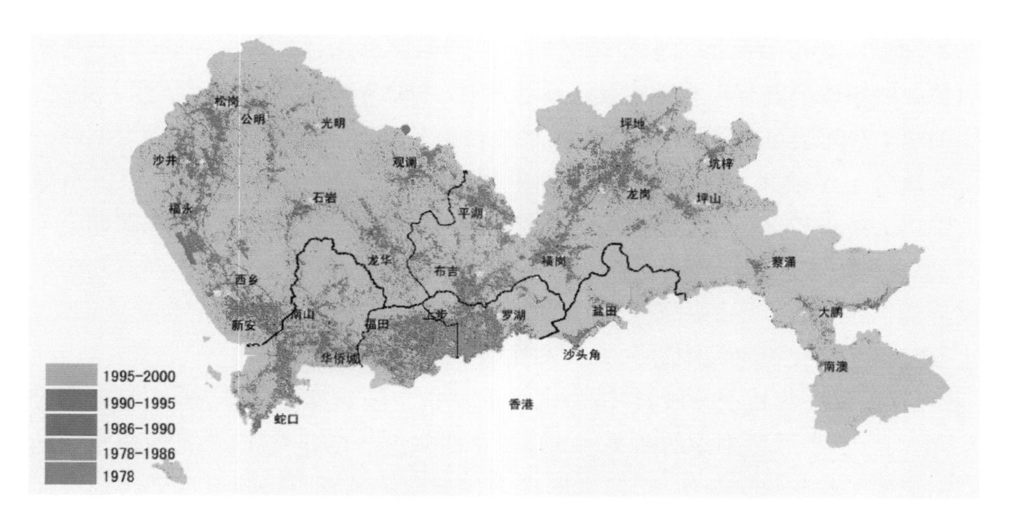

图 3-2 深圳市域主要年份建成空间新扩张分布状况

*资料来源：根据图 3-1 合成绘制，各行政区边界为研究期末情况。

上的建成空间也开始出现轴线发展趋势，其一为从罗湖经布吉到东北的龙岗方向，形成较为明显的以各镇驻地为中心的团型扩张和更为分散的沿轴线分布扩张状态；其二则是由蛇口直至新安（先撤后建的新宝安县城所在地）方向沿交通轴线相对分散的扩张趋势。两者又以罗湖到龙岗方向的轴向扩张较为明显。

1980 年代后半段到 1990 年代中期是城市整体空间形态扩张的第二阶段。这期间，与城市空间形廓急剧扩张相伴随的，是其两个显著的扩张转变趋势，其一是由经济特区内显著主导向经济特区内外共同显著扩张趋势转变，其二则是市域层面由东侧轴线主导向西侧轴线主导的趋势转变。这期间的城市空间形廓扩张趋势又可以划分为两个次阶段，以 1990 年代初为界。

其中，1980 年代后半段，特区内罗湖—上埗地区的空间形廓继续向周边蔓延扩张，并且两个主要的对外扩张轴更为明显；蛇口—新安的带型趋势也更加显著；而罗湖到南头的东西带型空间范围内呈现出更为密集的分散发展趋势。在经济特区外，则已经出现了两条由经济特区分别向北的主要扩张轴：分别为此前已经显现雏形的由罗湖向北经布吉再向东北方向连接此后龙岗区政府所在地的市域东侧扩张轴，并且已经基本形成了连续的带形建成空间形廓，沿线各镇驻地形成较为明显的结点。其中，特别突出的是龙岗的中心地位加强，由龙岗为中心与周边镇建成空间的连接明显加强；另一扩张轴则是在此期间得到了迅速发展的位于市域西侧的蛇口—南头—新安—松岗直至出深圳连接东莞的带型空间。尽管西侧扩张轴形成较晚，并且相对更为松散，但其扩张速度已经明显快于东侧；此外，在市域范围内东西两侧的主要轴向形廓急剧扩张主导同时，一些相对独立的镇政府驻地的建成空间形廓也相比1980年代初期有明显扩张。至此，深圳两个空间层面上的空间形廓扩张趋势已经基本形成，即经济特区内以罗湖—上埗地区主导、蛇口—南头次之、中间带型趋势的空间形廓扩张特征；以及市域范围内的经济特区主导、东西两条南北轴向的带型扩张趋势。其中，除罗湖—上埗，以及蛇口表现出较为明显的中心外推扩张趋势外，其他所谓的带型或轴向空间形廓扩张实质上主要由众多分散的建成空间形廓的快速扩张聚合形成，并且主要位于主要交通轴线附近和镇政府驻地。

进入1990年代上半段，经济特区外的城市空间形廓显著扩张，体现在多个层面。首先，市域范围内的两条空间形廓扩张轴继续迅速发展，并且西侧轴线的空间形廓扩张趋势更为明显，基本形成了相对均质的具有一定纵深的带形空间形廓；而东侧轴线的空间形廓虽然也有明显的扩张，但扩张趋势相对滞后于西侧，但以龙岗为中心的星型形廓特征日趋明显，并且沿轴线各镇的中心外推趋势仍较为明显；其次，两轴之间，以及附近的一些镇的建成空间形廓显著扩张，并且有明显的中心外推和星型扩张特征，并因此与市域空间的主要建成空间集中地区显现出较为明显的多方向连接趋势。在经济特区内部，空间形廓的扩张尽管相比经济特区之外有所逊色，但相比此前仍呈现出显著的扩张趋势，其中最为典型的特征就是在1980年代已经基本形成的格局上继续外向扩张；罗湖—上埗地区依然突出并显著向西侧的福田外推扩张，即使在经济特区外如此快速的扩张趋势中，仍呈现出显著的市域建成空间中心特征；而蛇口的带型空间形廓扩张趋势依然十分明显，并且已经向北与南头、新安直至经济特区以外形成密集的连接，经南头向东则与福田方向同样形成密集连接；处于福田到南头间的建成空间形廓尽管仍相对显弱于两端，但特区范围内已经形成明显的由罗湖到南头到蛇口的带型连续空间形廓；还有一个显著的新趋势特征，即由罗湖向东直至经济特区以外的大鹏等地区开始出现相对较为明显的沿深圳河（与香港分界）和大鹏湾岸线的轴向分散扩张趋势。

1990年代中期之后是深圳城市空间形态扩张的第三阶段。这期间最为显著的扩张趋势转变体现在经济特区外部的空间形廓扩张占据了显著主导地位。其中，在经济特区内部，罗湖—蛇口间的空间形廓外推扩张趋势已经不再突出，但带型空间形廓继续发育成熟，此前分散发展形成的一些空白地区也被得以迅速填充；罗湖向东的空间形廓并未出现继续加速扩张的趋势，而是体现出有别深圳以往经历的相对缓慢的扩张趋势；在经济特区外，位于东西两侧的两条主要扩

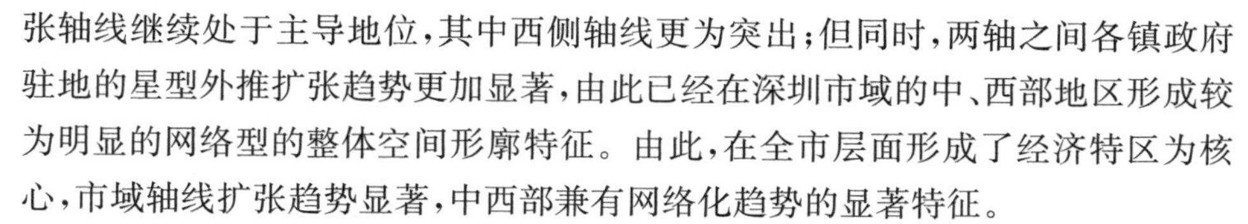

张轴线继续处于主导地位，其中西侧轴线更为突出；但同时，两轴之间各镇政府驻地的星型外推扩张趋势更加显著，由此已经在深圳市域的中、西部地区形成较为明显的网络型的整体空间形廓特征。由此，在全市层面形成了经济特区为核心，市域轴线扩张趋势显著，中西部兼有网络化趋势的显著特征。

由此，在改革开放后的20余年里，深圳的整体城市空间形态经历了急剧的扩张历程。这种扩张既包括早期主要建成空间集中地（罗湖、蛇口）的连续外推扩张，更多地则是由次级地方政府驻地的分散建成空间的扩张构成的；在两种空间形廓扩张方式共存推动情况下，城市整体空间形廓仍表现出明显的连续性和规律性。首先，在整体上经历了从分散的团型到带型再逐渐向局部网络型趋势的大致经历；其次，尽管整体空间形廓的主要扩张地区经历了明显的转变，经济特区的集聚中心地位仍然显著，特别是罗湖—上埗，直至福田的中心地位不断加强；再次，自1990年代中期后，深圳的城市空间形态演变就其空间形廓方面已经开始表现出有集中发展型向分散发展型转变的趋势。

2. 厦门的城市空间形廓演变

相比深圳经济特区范围一次划定327.5平方公里，厦门经济特区早期范围仅2.5平方公里[①]，并且位于较为远离已建成市区的厦门本岛西北的湖里地区。在1980年经济特区设立之初，厦门的城市建成区主要位于本岛（包括鼓浪屿）老城区，岛外则主要包括两片，分别是自1950年设立并逐渐缓慢发展形成的杏林工业组团，以及郊区的集美地区。

就城市建成空间的整体空间形廓分析，自1980年代之后，厦门城市空间形廓的扩张主要在两个空间区域上展开，即在本岛以老城区，以及包括最初设立经济特区的湖里等地为核心的空间形廓扩张，直至在本岛鹰厦铁路以西形成紧密团型，并向铁路以东轴向扩张；在本岛之外，则由早期仅杏林和集美的小规模分散建成空间逐渐演变为多分片集中的建成空间分布状况，并因此在整体上初步形成了卫星型的城市整体空间形态模式。综合多方面的资料分析，自1980年代初期直至2000年，厦门城市空间形廓的扩张大约经历了两个阶段，以1990年初期为分界，前一阶段的城市空间形廓主要在厦门岛内扩张，而后一阶段的扩张则同时发生在岛内外（插图2，图3-3，图3-4）。

在主要是1980年代的第一阶段。首先是1980年代中期之前，厦门的整体

① 《中国经济特区的建立与发展：厦门卷》较为详细地记录了早期特区范围，以及此后扩张到全岛的过程。

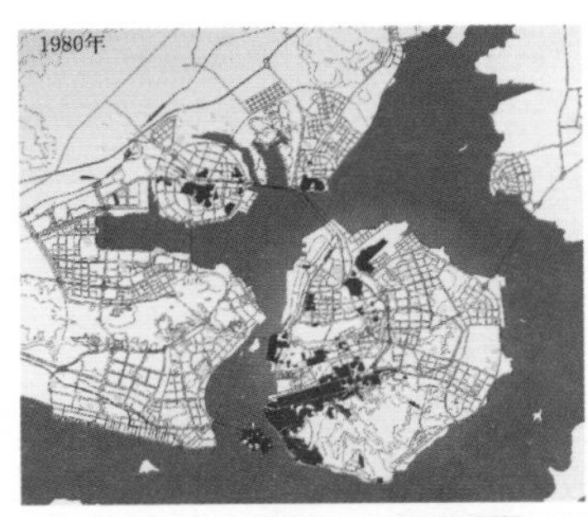

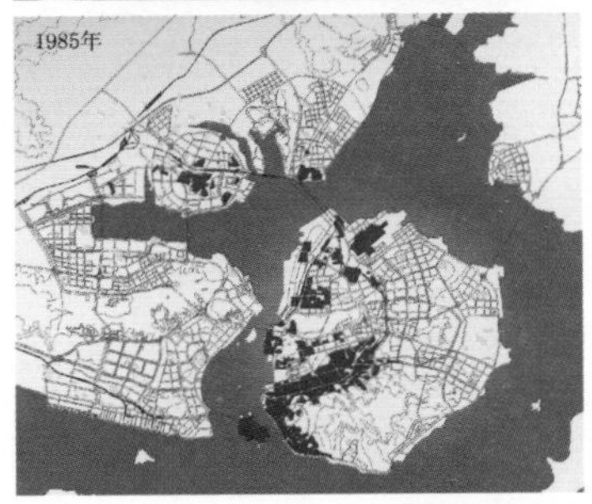

图 3－3　厦门市主要年份建成空间分布状况

＊资料来源：1980 年、1985 年和 1990 年建成空间系分别根据相应年份总体规划资料中的现状图纸绘制而成，2000 年根据厦门 2001 版地图绘制。

城市空间形廓在老城区逐渐外扩同时，本岛鹰厦铁路西侧分别在经济特区、机场和东渡港等地出现新的分散独立建成片区扩张，但在扩张趋势方面显著落后于深圳经济特区；进入 1980 年代后半段，厦门城市空间形廓在岛内的扩张速度显著加快，并且这些新的扩张高度集中在鹰厦铁路的西侧。到 1990 年代初期，厦门岛铁路线以西地区的城市空间形廓已经基本呈现出紧密连接的状况，并主要由自然山脉、湖泊形成分隔。尽管此时已经开始出现城市整体空间形廓跨越鹰厦铁路向东扩张趋势，但并不突出。在岛外，这一阶段杏林和集美两地区的空间形廓都有不同程度的外推扩张，比较而言，杏林地区的扩张更为明显；同时，在岛外的海沧等地区已经开始出现一些零散建成空间。但就整体而言，该阶段的整体城市空间形廓仍高度集中在厦门岛内西部地区，并且由集中紧凑的外推扩张趋势占据显著主导地位。

进入 1990 年代之后的第二阶段，厦门的城市空间形廓开始出现了显著的新发展趋势。在厦门岛内，空间形廓继续在鹰厦铁路线以西地区扩张，并迅速占据了几乎全部的岛内西侧可开发建设用地，同时，建成空间迅速向铁路以东地区扩张。到 2000 年，鹰厦铁路沿线已经成为密集开发地带，同时，城市空间形廓呈现出明显地向铁路线以东地区的轴向扩张趋势，并且建成空间轴已经基本到达厦门岛东侧沿海地带并呈现连续发展趋势。在厦门岛外，与 1980 年代的分散零星建成空间布局形成鲜明对比，城市空间形廓在杏林和集美地区都出现了显著的扩张趋势，而在新阳地区，由无到有地在短时期内形成了较为紧凑的建成空间；

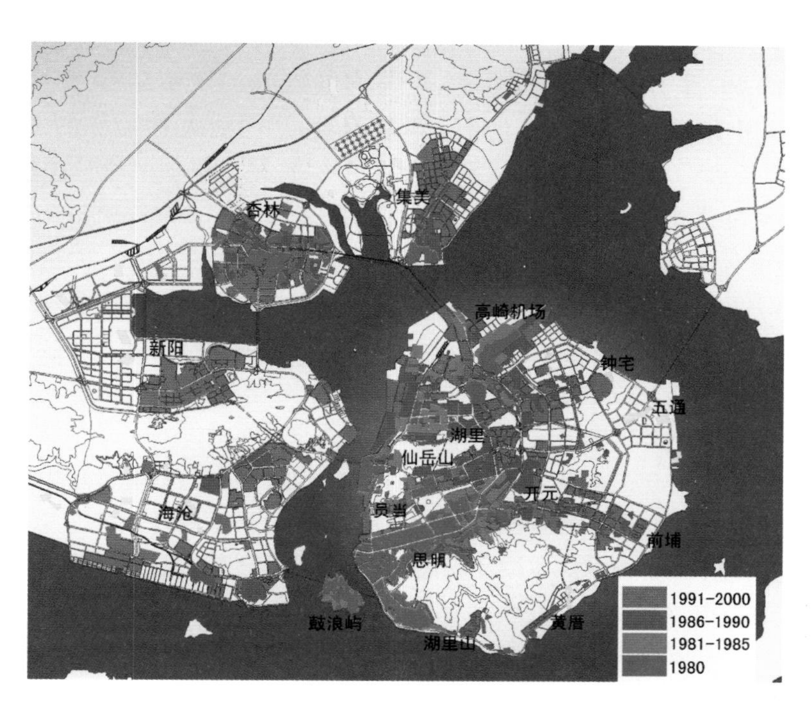

图3-4　厦门市主要年份建成空间新扩张分布状况

*资料来源：根据图3-3合成绘制。

在海沧地区，曾经形成的一些零散建成空间继续发展，尽管仍处于分散分布的状况，但各独立建成空间均有明显地外推扩张趋势。

对于自建立经济特区以来的整体城市空间形廓扩张历程分析表明，相对于深圳兼有紧凑集中和多层面分散的城市整体空间形廓扩张趋势，厦门的城市空间形廓呈现出相对紧凑扩张趋势，既包括大致呈现的先岛内后岛外的空间形廓扩张趋势，更包括岛内以及分散在岛外的主要空间形廓扩张地点明显集中在少数地区。同时，厦门的城市空间形廓扩张趋势还呈现出明显的以岛内集中外推扩张为主导，岛外大分散小集中方式扩张相结合的整体趋势。此外，相对于深圳的显著空间形廓扩张趋势，以及由集中发展型向分散发展型的转变趋势，厦门的城市空间形廓扩张趋势处于较为明显的落后地位。

3.1.2　城市的空间规模及其演变特征

自改革开放之后的约20年时间里，在经历着整体城市空间形廓的急剧扩张和演变同时，深圳和厦门建成空间的用地规模也显著增长，并经历了不同的增长阶段。深圳从1980年经济特区内仅3.8平方公里城市建成用地规模增长到2000年的467平方公里，增长逾120余倍，即使以1980年不足10平方公里[①]建成空间总用地规模计算，增长也超过了40余倍；厦门则从1980年的20平方公里左右增长到2000年的近100平方公里[②]，尽管相比深圳的增长速度远远落后，并且实际建成空间的用地规模也明显落后，但在近20年时间里，无论增长面积，还是增长率均明显超过了此前近60年的增长状况[③]。因此，无论深圳还是厦门，实质上都在改革开放之后的20年时间里经历了城市建成空间前所未有的急剧扩张时期。而正是建成空间规模的急剧扩张为城市空间形廓的急剧演变提供了规模保障，并与城市空间形廓的类型演变紧密相关。

1. *深圳建成用地规模的增长历程*

对于自1980年之后深圳建成空间的用地规模增长历程，同样可以主要划分为全市域和经济特区两个空间层面予以分析研究。由于统计数据连续性方面的原因，本书所采用数据采用主要年份的总体规划所提供的基础数据，同时采用影像图片校核，以更为准确地反映其增长历程。

在全市层面（表3-1，表3-2），自设市，特别是建立特区以来，建成用地规模经历了爆炸式的增长历程，1980—2000年建成用地规模年均增长超过了20平方公里。尽管不同来源数据有较为明显的差距，但依然能够较为清晰的显示，

表3-1　深圳市域城市建成用地增长概况（统计数据）

年　度		1980	1984	1994	2000	累计
全市	建成区面积（平方公里）	3.8	34	299	467	
	年均增量（平方公里）		7.55	26.5	28	23.2
	年均增长率		73.0%	24.3%	7.7%	27.2%

※ 1980年和1984年建成区用地仅包括特区内建成区面积，1994年和2000年数据为全市域建成区面积；

※ 1980年数据来源为“深圳概览”（网站）中的 http://www.szlib.gov.cn/szgl/jianzhu/jianzhu.htm#城市规模，1984年数据来源为《深圳经济特区总体规划》（1986.2），1994年和2000年数据来源为《“深圳市城市总体规划检讨与对策”主题报告：深圳2005拓展与整合》。

---

① 3.8平方公里系计算罗湖城区面积，结合当时实际建设情况，并根据影像图片像素点计量的粗校核，全部建成空间面积也不超过10平方公里。

② 《厦门经济特区年鉴2002》数据为2001年城市建成区面积87平方公里，本书根据影像图像素计量粗略统计推测的2000年建成区面积约为90平方公里，考虑到统计年鉴城市建成区口径相对像素方法较小，故像素计算方法可以认为有较高准确度。

③ 根据《厦门规划纵横（上）》，1936年厦门城市建成区在经历了此前几年的开发建设高潮后达到了9平方公里左右，此后，又到建国初期，逐渐增长到12平方公里左右。

表 3－2　深圳市域城市建成用地增长概况(影像图片指数)

年　　度		1978	1986	1990	1995	2000	累计指标
全市	指数	100	585	1 586	4 231	4 786	
	年均增长指数		61	250	529	111	213

※　根据经处理后的卫星影像图片，经像素计算并以 1978 年建成用地像素数为指数 100 计算得出特征年份建成用地指数；

※　卫星影像图片来源：深圳市城市规划设计研究院。

增长速度最为迅猛的阶段介于 1980 年代中期直至 1990 年代中期，其中又以 1990 年代上半段增长速度核年均增量最为显著。1990 年代后半段，尽管年均增量仍较前一阶段略有上升，但增长速度已经明显下降。

在经济特区的内部(表 3－3)，2000 年建成用地规模已经达到 133 平方公里。从增长历程分析，两个增长幅度较为明显的阶段分别出现在 1980 年代前半段和 1990 年代的初中期，其中又以 1990 年代初中期的增长幅度最为显著，达到了年均 10 平方公里以上。从增长速度来看，1980 年代初期因为几乎从无到有，显示出爆发的增长速度特征外，1980 年代中期到 1990 年代中期基本保持了较为稳定的增长速度，但是在 1990 年代后半段，增长速度出现显著下降，增长幅度也同期显著下降，为 20 年来增长幅度最为缓慢的阶段。

表 3－3　经济特区内建设用地增长概况

年　　度	1980	1984	1992	1994	2000	累计指标
建成区面积(平方公里)	3.8	34	80.9	101	133	
年均增量(平方公里)		7.55	5.9	10.1	5.3	6.5
年均增长率		73.0%	11.4%	11.7%	4.7%	19.5%

※　1980 年、1984 年、1994 年和 2000 年基础数据来源同表 3－1；1992 年基础数据来源为《深圳经济特区总体规划(修编)纲要》(汇报稿，1993.10)。

从全市域不同空间区位建成用地的规模增长历程(表 3－4)，结合同期的建成空间形廓扩张特征的共同分析表明，1980 年代后半段和 1990 年代上半段正处于深圳城市空间形廓在经济特区内外共同显著扩张，同时也是扩张趋势转移的重要阶段。首先是建成空间主要扩张地区在 1980 年代末期经历了从经济特区内部到经济特区外部的空间转移；其次，是在经济特区外部经历了从东部(龙岗)扩张轴向西部扩张轴(宝安)的主要扩张地区转移。在经历了这样显著的转移历程后，到 1990 年代中期，宝安境内的建成空间规模已经超过了经济特区内部和同属经济特区外的龙岗地区。在1990年代后半段，宝安区的建成用地增长速度明显快于经济特区内部和龙岗区，建成用地规模几乎相比其以前实现翻番，建成用地面积占全市域比重也超过了四成；龙岗区的建成用地规模增长速度尽管明显落后于宝安区，但在1994年的建成区面积也已经大致相当于经济特区，并且在1990年代后半段的增长速度和年均增长幅度均超过经济特区，因此到2000年的建成用地规模也已经超过经济特区。到2000年，经济特区外的建成用地规模已经超过了全市域的70%，无论在增长趋势还是规模存量两个方面，城市空间形态的扩张都已经实现了从经济特区内部向外部的重点转移，并且在经济特区外部又以西部地区的增长趋势和形成的规模存量最为突出。

表3-4 深圳经济特区内外的建成用地增长概况

年度		1980	1984	1994	2000
市域	建成区总面积(平方公里)	3.8	34	299	467
特区内	建成区面积(平方公里)	3.8	34	101	133
	年均增量(平方公里)		7.55	10.1	5.3
	年均增长率		73.0%	11.7%	4.7%
	占全市比重			33.8%	28.5%
特区外	建成区面积(平方公里)			198	334
	年均增量(平方公里)				22.7
	年均增长率				9.1%
	占全市比重			66.2%	71.5%
其中 宝安	建成区面积(平方公里)			102	195
	年均增量(平方公里)				15.5
	年均增长率				11.4%
	占全市比重			34.1%	41.8%
其中 龙岗	建成区面积(平方公里)			96	139
	年均增量(平方公里)				7.2
	年均增长率				6.4%
	占全市比重			32.1%	29.8%

※ 1980年、1984年、1994年和2000年基础数据来源同表3-1；1992年基础数据来源为《深圳经济特区总体规划(修编)纲要》(汇报稿，1993.10)。

由于市制建立时间较长，又经历了 1950—1970 年代的缓慢发展，改革开放之前，厦门已经形成了一定规模的建成空间分布。1980 年，厦门约 20 平方公里的城市建成空间大致分布状况为，在岛内和鼓浪屿约 17 平方公里（其中鼓浪屿此后一直保持为 2 平方公里左右），构成厦门城市主要建成中间的集中地，占总用地面积的 85%左右，岛外的杏林和集美各为 2 平方公里和 1 平方公里①。自改革开放之后，厦门的建成空间规模迅速增长，仅 1980—1985 年间的建成用地规模增长就达到了 13.76 平方公里，显著超过了建国后 30 年所新增的建设用地总量（约 8 平方公里）。

从主要年份建成用地规模的增长趋势分析（表 3 - 5），1980—2000 年间，厦门城市建成空间最为显著的增长时期集中在 1990 年代上半段，增长速度和增长幅度均远远超过其他历史时期。而 1990 年代后半段尽管仍保持了一定的增长幅度，但增长趋势已经迅速下降，而 1980 年代后期则是增长最为缓慢的时期。

表 3 - 5　厦门主要年份建成用地规模与分布指数状况

年　度		1980	1985	1990	1995	2000	累计指标
全市	面积（平方公里）	20.0	33.76	39.52 (41.69)	(78.60)	(90.00)	
	指数	100	169	208	393	450	
	年均增长指数		13.8	7.8	37	11.4/24.2	17.5
本岛	指数	85	149	168		272	
	年均增长指数		12.8	3.8		10.4	9.4
	占全部比重	85.0%	88.2%	80.8%		60.4%	
集美	指数	5	7	9		35	
	年均增长指数		0.4	0.4		2.6	1.5
	占全部比重	5.0%	4.1%	4.3%		7.8%	
杏林	指数	10	13	20		54	
	年均增长指数		0.6	1.4		3.4	2.2
	占全部比重	10.0%	7.7%	9.6%		12.0%	

① 数据资料来源为：《厦门市城市总体规划说明书（1981—2000 年）》，该数据不包括同安县的建成用地。

续　表

年　度		1980	1985	1990	1995	2000	累计指标
新阳	指数	—	—	—		29	
	年均增长指数						
	占全部比重					6.4%	
海沧	指数	—	—	11		60	
	年均增长指数					4.9	
	占全部比重			5.3%		13.3%	

※　1980 年、1985 年、1990 年、1995 年指数分别根据历年总体规划统计数据为基准并核算全市指数。此外，根据当年影像图采用同年比例适当调整，以弥补统计数据与影响图纸的少量不相符之处。其中 1990 年调整后面积数值较统计多 2.17 平方公里(+5.5%)，进行必要调整，2000 年数据则直接根据影像图像素数计量并根据比例分配到各空间单元。

从建成空间增长的空间分布分析。与城市空间形廓扩张历程一致，建成用地的规模增长也主要分为两个阶段，1980 年代厦门岛内集中了绝大多数的建成用地，特别是 1980 年代上半段，1985 年的建成用地规模达到了总量的 88.2%，尽管 1980 年代下半段岛内的建成用地规模增长趋势明显下降，比重到 1990 年也下降到了 80.8%，但仍保持着空间分布上的绝对主导地位。而岛外，到 1990 年代初，海沧地区出现了部分新建成用地，并且所占比重也迅速达到 5.3%且超过了集美地区；杏林地区的建成用地规模也增长了 1 倍。但在整体上，这一时期的岛外建成用地增长不仅总量较少，而且在空间分布上也较为分散，集美和杏林地区的建成用地规模比重也均较 1980 年有所下降。

1990 年代，岛内建成用地规模依然保持了快速发展的趋势，但同期岛外的增长趋势明显快于岛内，导致岛内建成用地规模比重由 1990 年的 80%左右下降到 2000 年的 60%左右，建成空间的岛内外分布正在迅速接近。在岛外，集美和杏林地区的建成用地规模显著增长，到 2000 年的用地比重也均较 1990 年明显上升。但更为显著的用地规模增长主要来自 1990 年代形成的新空间形廓扩张地区，包括本岛西侧的海沧和新阳两地区，海沧地区的建成用地比重已经明显超过了岛外的其他地区，而新阳的建成用地规模也超过了 6%。至此，厦门已经初步形成了岛内外共同快速规模扩张的时期。

3.1.3　城市的空间开发强度及其演变特征

对于城市建成空间整体开发强度的分析，既有助于了解城市空间形态在整体上是趋于分散还是集中，更有利于对三维空间的城市空间形态演变特征的了解。对于深圳和厦门城市空间整体开发强度的分析，本书主要采用的方法既有对城市整体开发强度的分析，也有对高层建筑物分布的直接观察，并进行了必要的推断分析。研究表明，改革开放以来，在二维空间层面上城市空间形态经历着急剧扩张演变，并且城市整体空间形廓已经开始出现由集中向分散发展的趋势同时，两个城市的整体空间开发强度仍处于较为明显的不断上升趋势中。

1. 深圳的城市空间开发强度演变历程

自1980年经济特区正式建立以来，深圳市的城市整体开发强度保持着明显的持续上升的趋势，尽管缺少直接的精准数据，仍能够大致推断2000年的城市空间整体开发强度较1980年至少增长了大约1倍(表3-6)。

表3-6　深圳全社会房屋竣工面积与城市建成区面积比

年　度	1980	1984	1994	2000
建成区面积(平方公里)	3.8	34	299	467
累计全社会房屋竣工建筑面积(百万平方米)	0.48(0.29)	6.08	58.15	123.27
开发强度参考值(毛容积率)	0.13(0.08)	0.18	0.19	0.26

※　1980年和1984年建成区用地仅包括特区内建成区面积，故有可能导致开发强度参考值便高；1994年和2000年数据为全市域建成区面积；尽管采用累计竣工建筑面积指标有可能导致数据偏大，但由于深圳城市发展目前新建设仍占据着绝对主导地位，故在没有更为有效数据情况下仍采用之。

※　建成区面积数据来源同表3-1；累计全社会房屋竣工建筑面积根据《深圳统计年鉴2002》整理，其中1980年括号中数据来源为《深圳经济特区总体规划》(1986.3)。

在经济特区初建的1980年，深圳经济特区内约3.8平方公里建成区内的建筑物总面积仅29万平方米左右(或48万平方米)，毛容积率仅相当于0.08左右(或0.13)；在以街坊为单位的微观层面研究表明①，此时经济特区内建成空间的街坊容积率都不超过0.5，少量街坊容积率更是低于0.2，全市最高建筑物也仅为1栋5层楼的深圳旅店②。此后，随着城市建设的迅猛发展，街坊开发强度呈明显上升趋势，高层建筑物和建筑群也不断出现，并刷新着新的城市高度，在显著改变城市三维空间形象的同时，也推动了城市空间的整体开发强度的显著上升。

到1980年代中期，深圳累计全社会房屋竣工建筑面积已经增加到608万平

① 微观层面的研究数据主要来源于深圳市城市规划设计研究院和同济大学城市规划系共同完成的研究报告《深圳经济特区密度分区研究》，由于“密度”在术语内涵方面可能引起误解(如建筑密度实质上指向建筑基底面积与基地用地面积的比值，而只有建筑面积密度才与通常所说的开发强度和容积率相当)，因此本书在引用数据时仍以开发强度称谓。

② 有关建筑情况的详细描述参见：《深圳经济特区总体规划》(1986.3)。

方米，以经济特区内的建成区面积 34 平方公里计（小于全市建成用地规模，导致开发强度过高），整体开发强度也已经上升到 0.18，较 1980 年有明显上升；对经济特区内微观层面的街坊容积率调查表明，尽管此时容积率小于 0.5 的低开发强度街坊在街坊数量和开发用地两个方面仍占据被调查街坊的 90%以上，但已经开始出现中低开发强度（容积率＞0.5～1.0，下同）和中等开发强度（容积率＞1.0～2.0，下同）的开发街坊；在开发强度迅速上升的同时，城市建筑高度也迅速增长。根据有关部门调查，到 1985 年 5 月，特区内 18 层以上高层建筑已经建成 17 幢，此外还有在建的 48 幢。在空间分布方面，较高开发强度的街坊明显地集中在罗湖地区，1985 年底在罗湖建成了当时的国内第一高楼——160.5 米的 50 层国贸大厦[①]。而此时中高开发强度（容积率＞2.0～3.0，下同）的街坊依次出现在蛇口和上埗地区。

1980 年代中后期，在建成空间继续迅速扩张的同时，城市空间的开放强度和三维空间高度也继续增长，除 1990 年，其他年份的全社会竣工建筑面积保持着稳定增长的趋势，1986 年到 1990 年累计全社会竣工面积已经达到 2 395.5 万平方米，而不完全统计数据表明同期特区内竣工建筑面积已经超过 1 400 万平方米，建立经济特区以来的累计竣工房屋建筑面积总量也已经超过 2 300 万平方米[②]；在微观层面上，经济特区内的低开发强度街坊数量和面积明显下降，中低和中等开发强度的街坊数量和面积明显增加；同期，仅统计在册的新增 18 层以上的高层建筑物就已经 3 倍于 1985 年之前，并且最高建筑物高度也已经上升到 165 米（位于罗湖的发展中心大厦）。在空间分布方面，罗湖区仍然在高强度开发方面占据着主导地位，其次依然为蛇口和上埗地区，同时，中高和高开发强度（容积率＞3.0）的街坊已经在罗湖和上埗出现，特别是罗湖地区的高强度开发趋势更加显著，这一时期新增的代表性高层建筑物也几乎全部位于罗湖地区。

到 1995 年，经济特区内的低开发强度（容积率≤0.5）街坊数量和面积显著下降，而中低和中等开发强度的街坊数量和面积则显著增加，中高和高开发强度的街坊数量和面积也有较为明显的增加；同期，具有代表意义的新增高层建筑物数量又较前 5 年明显增加，在数量上较之前的总和还多出两倍有余。在空间分布上，尽管此时建成空间已经在全市域范围内迅速扩张，但经验观察表明，空间的高开发强度和主要的代表性高层建筑物仍主要聚集在经济特区内部，特别是

① 文中数据主要来源为：深圳图书馆（网站）中的“深圳市名厦名楼”和《深圳经济特区总体规划》（1986.3）。

② 相关的原始统计数据来源为：《深圳市“七五”时期国民经济和社会统计资料（1986—1990）》。

在罗湖和上埗地区，而蛇口、南山地区次之。此外，深南大道沿线的罗湖—上埗—南头沿线的包括华侨城附近的较高开发强度街坊数量也有较为明显的增加。罗湖—上埗、蛇口、深南大道的两区一线较高开发强度聚集趋势日益显现；但同时，一些具有代表性的高层建筑物也已经开始在更为分散的空间范围，如蛇口、福田规划深圳中心区、罗湖以北的布吉和以东的沙头角等地区出现。

图 3-5　深圳罗湖地王大厦周边高层建筑群

注：2003 年拍摄。

自 1990 年代中期以后，深圳市的整体城市空间开发强度仍不断上升，到 2000 年，以累计竣工房屋建筑面积计量的全市域整体开发强度上升到 0.26，显著高于 1990 年代中期的 0.19；同时，经济特区内的中等开发强度街坊在数量和面积等方面已经超过被调查街坊的半数以上，而低开发强度的街坊已经下降到不足总量的 10%；一些新的代表性的高层建筑物仍在以更多数量的趋势不断出现。在空间分布上，罗湖—上埗地区依然是较高开发强度和代表性高层建筑物出现的核心地区，明显突出于其他地区，主楼高 324.75 米的深圳第一高楼——地王大厦也于 1996 年在此建成；其次是深圳规划市中心区地区及其附近，直至南头和蛇口等地区；此外，较高开发强度密集地区进一步向周边地区扩散，突出表现在两个方面，其一是较高开发强度的街坊空间在特区内迅速扩展，如福田中心区附近、沙头角附近和深南大道沿线等地区；其二是特区外已经出现较为明显的较高开发强度，具有代表性的高层建筑物也开始较多地在经济特区外的宝安中心城区和布吉镇出现或增加(图 3-6)。

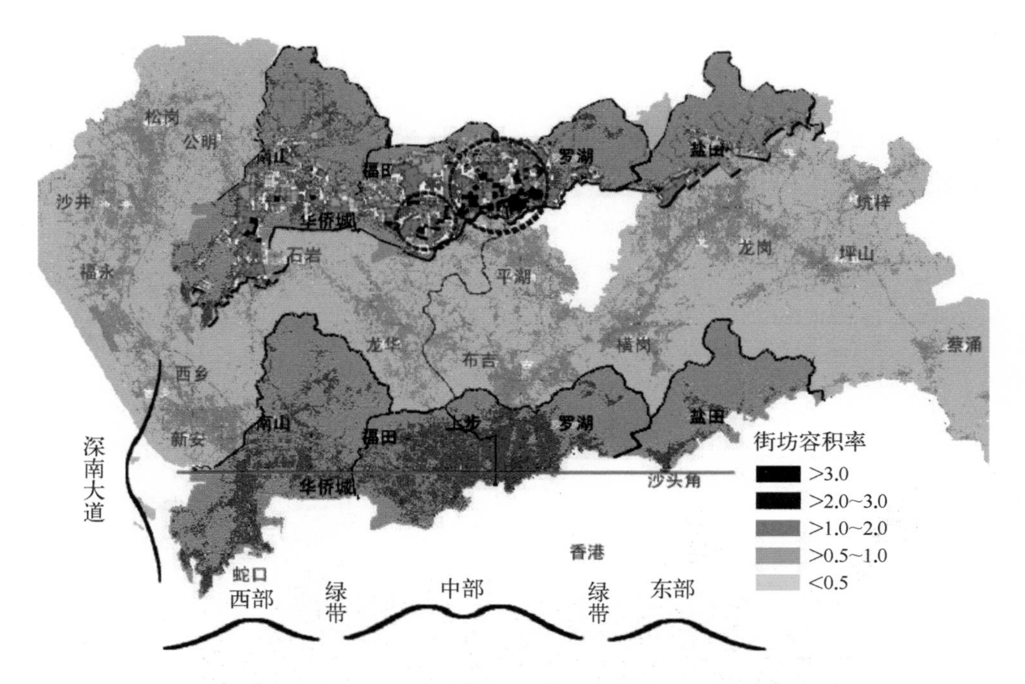

图 3－6 深圳经济特区开发强度分布示意

＊资料来源：主要根据《深圳经济特区密度分区研究》(2003)与本书分析指出的开发进程拟合。

2. 厦门的城市空间开发强度演变历程

在总体趋势方面，厦门这一时期的城市整体空间开发强度也处于上升趋势，但相比深圳又有显著区别，呈现明显的波动上升趋势特征。为此，结合城市空间规模和空间形廓的演变趋势予以分析，并且考虑到数据来源方面原因(表 3－7)，分析研究集中在一些显著特征方面。

表 3－7 厦门建筑面积总量与城市建成区面积比

年　度	1980	1985	1990	1995	2000
建成区用地面积(平方公里)	20.00	33.76	41.69	78.60	90.00
建成区用地面积年均增长率		11.0%	4.3%	13.5%	2.7%
建筑面积总量(百万平方米)	5.03	8.07	15.17	22.88	36.97
建筑面积总量年均增长率		9.9%	13.5%	8.6%	10.1%
开发强度参考值(毛容积率)	0.25	0.24	0.36	0.29	0.41

※　由于建成区用地面积未统计同安，故导致毛容积率较高；同时可能由于同安数据变动因素未被考虑，导致毛容积率数据准确率不能完全可靠，故此表仅做参考；

※　年末建筑面积总量来源于《厦门经济特区年鉴 2002》；建成区面积指标来源表 3－6，为数据连续，对 1990 年(含)之后数据采用调整数值。

根据相应的统计分析，1980—2000年间，厦门整体城市空间的开发强度出现显著增长趋势，特别是集中在1980年代和1990年代的末期，而前一个时期，正是建成空间规模主要增长地区仍集中在厦门岛，而岛内鹰厦铁路线西侧建成用地空间形廓已经全面展开之时，而后一时期，正是岛内开发建设明显跨越铁路线向东，以及岛外主要开发组团已经经历早期的初步开发阶段，岛内外正在进入新的全面扩张阶段之时。

从发展历程方面分析，1980年代前半段，尽管建筑面积总量年均增长速度达到近10%左右，但由于此时的建成区用地规模的年均增长速度相对更快，导致1985年的整体开发强度相对1980年较低；但到1980年代的后半段，建成用地规模增长速度明显下降，而建筑面积增长速度较此前显著提高，导致1990年整体开发强度急剧上升。1990年代，建成用地规模和建筑面积总量基本再次呈现了1980年代的演变趋势，并且建成用地的演变趋势变化更为显著。因此导致1980—2000年间厦门整体开发强度呈现出较为明显的周期性变化特征，因而与深圳的发展趋势形成明显差异。

对于整体开发强度和城市三维空间形态的分布和演变特征，根据2002年的现场调研表明①，首先，厦门岛内的整体开发强度明显较岛外高，并且在特定地段和区位形成了较高强度的开发建设，并导致了高层建筑的相对集中。其中，思明区沿海与鼓浪屿相向地带是厦门老城区所在地，同样也成为高密度开发的集中地，高层建筑呈明显的集聚状态；其次，在湖里中心地带以及新近开发的前埔一带也有若干相对较高密度开发的地段，但是最为集中和规模最大的高强度开发和高层建筑集中地带显然主要集中在开元区的厦禾路和湖滨南路沿线，并呈轴向布局状态。

其次，对近年来厦门市城市规划管理局批准的控制性详细规划②的资料整理也能够发现，厦门市域范围内规划用地的批准开发强度大致可以划分为三个层次：其一，位于厦门本岛东南的思明和开元两区的沿海、沿主要干道和沿重大交通设施地区附近，综合容积率一般在1.0以上，大多为1.2～1.4之间③；其

① 2002年由同济大学、上海大学和上海财经大学组成的联合课题组对厦门的城市发展与城市建设进行了初步调查，并编制了《厦门市城市发展概念规划研究：专题报告》。

② 尽管批准的控制性详细规划反映的开发强度是预计性和控制性的，与实际状况必然存在差异。但由于其实质上是在判断整体发展趋势的基础上的容量安排，并且特别是在已建成区范围内更多的是考虑现实状况与未来需要，能够在定性层面上反映所涉及用地的开发强度状况。相关的数据主要来源为：厦门规划通讯(1996—2002)。

③ 如中山路1.25、厦禾路旧城1.23、厦港1.04、后埔后坑1.44、连坂1.2、火车站—埔南1.35。

图 3-7　厦门筼筜湖/湖滨南路附近高层建筑群

注：2002 年拍摄。

二，主要在厦门本岛北部地区，综合容积率一般在 1.0 左右①；其三为岛外大陆地区，综合容积率一般在 1.0 以下，主要在 0.6～0.8 之间②。(图 3-8)

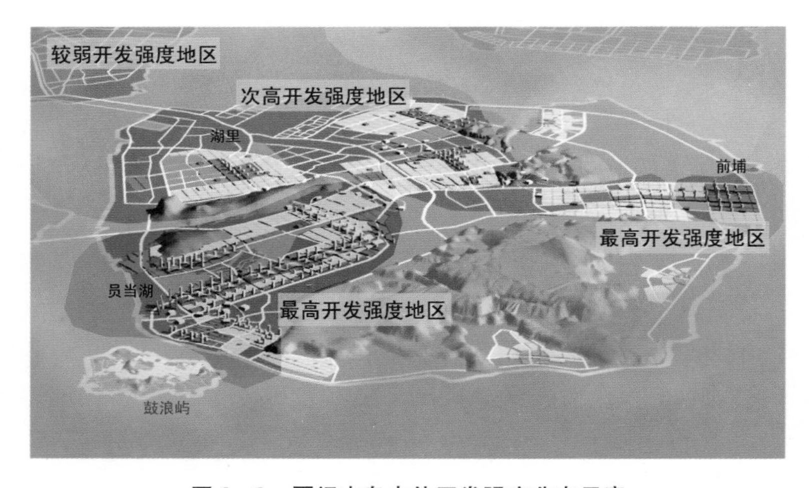

图 3-8　厦门本岛内外开发强度分布示意

* 资料来源：主要根据《厦门市城市发展概念规划研究》和本书调查资料处理。

① 如薛岭—虎头山南片的 0.98、航空城北片区(居住 0.9、公共服务 1.2、仓储 0.6)。
② 如同安城南 0.85、集美旧城 0.6。

3.2　城市主要功能空间的构成与分布演变特征

对于城市内部空间形态的研究，西方发达国家常用“经济—社会”的分析方法，并在经验研究的基础上总结或提出了大量城市空间形态的经典分异模式。但是这些研究无不是建立在特定社会经济环境和城市发展进程基础上的，而且也已经有研究表明，城市空间形态的分异和演变并没有唯一性的空间模式或阶段历程。因此，结合特定时代背景，寻找合适的城市空间分异特征并由此揭示其动态演变特征，成为城市内部空间形态演变的重要方法。

在国内的城市规划学界，依据功能属性研究城市内部空间的分异与演变特征是城市空间形态研究的重要方法，对于正处于城市空间形态急剧规模扩张和演变背景中的城市规划实践也有着重要的现实意义。为此，对于深圳和厦门的城市内部空间形态演变特征，本书将关注的焦点首先集中在城市内部的功能空间演变方面。基于国内城市规划专业的城市用地功能类型划分，本书归纳并确定了重点考察的三种主要城市功能空间，分别是居住、公共服务和工业仓储功能空间，同时根据城市的实际发展适当细分或将其他城市功能纳入研究视野，如对旅游和教育等功能的细分，以及对对外交通功能的关注等方面。研究的重点主要包括这些主要城市功能空间的用地构成和空间分布的演变特征方面。

3.2.1　深圳的主要功能空间演变特征

从历史发展的角度，深圳的城市发展和功能空间演变可以划分为三个主要阶段[①]，分别是 1970 年代末期到 1980 年代中期的创业起步阶段、1980 年代中期到 1990 年代初中期的扩张转型阶段和 1990 年代初中期之后的扩张重整阶段，随着城市整体空间规模的增长和空间形廓的扩张，城市主要功能空间的用地构成和空间分布都发生着较为显著的演变历程。

1. 城市功能空间演变的创业起步阶段

1970 年代末期，作为当时宝安县政府驻地的深圳镇，尽管长期以来都是大

① 部分内容参考《寻求快速而平衡的发展：深圳城市规划二十年的演进》。

陆连接香港并通向海外的重要陆路口岸，承担着大陆对香港农副产品输出的重要功能，以及在长期的发展过程中已经具备一定的综合功能[①]，但不仅面积狭小，并且作为地处边防的边陲小镇，现代城市功能尚未发育。

1970 年代末期和 1980 年代初期，是深圳建制发展形成的时期，同时也是经济特区从酝酿到设立的时期，而现代城市功能也正在此时，并略早于经济特区正式设立之前开始迅速出现和发展，并由此推动着深圳的现代城市功能进入了创业起步的第一个历史阶段。

早期的现代城市功能发展几乎同时在沙头角、蛇口和罗湖启动[②]。其一，在蛇口，功能开发由交通部香港招商局整体规划运作，明确定位为出口型的工业开发区，于 1979 年 7 月正式开始基础建设，1981 年正式港口开航，成为深圳最早建成的现代港口，同时也成为中国对外开放的一类口岸，在很长时期内成为中国对外开放的旗帜；其二，在沙头角，其作为边防禁区，则在 1979 年，由镇党委批准，直接从新界引进外资、设备和原材料办厂办场，大搞来料加工和来料养殖，并且不经过外贸和海关办手续，货物直接进出；同时又允许群众将农副产品直接运到新界销售，以及利用农闲和工余时间过境打工和拾捡废旧物资，极大地促进了镇经济发展和提高了群众生活水平，中英街同样在很长时间里也扬名国内。实际上，这种自发行为当时也存在于其他一些边境村镇中，并直至 1980 年底才得到了广东省政府的正面肯定；其三，在罗湖，其现代功能开发也早在 1978 年宝安县对外招商时就已经开始了。相比蛇口的企业运作和工业区定位，以及沙头角的自发组织和多种经济，罗湖从开发建设初始就注重综合功能定位和突出生产功能定位相结合。在 1979 年编制的第一个城市规划的指导下，罗湖的开发建设实质上从开始就主要集中在罗湖—上埗的大约 50 个平方公里的规划范围内全面展开。至此，现代城市功能空间开始在经济特区内迅速扩张。

到 1980 年代中期，经济特区内的城市功能空间布局已经初具框架。对应于这一时期的整体城市空间形态特征，城市功能空间布局也主要集中在经济特区内的三个地区：罗湖—上埗、蛇口—南头以及两地区之间(插图 1)。

在罗湖—上埗地区，主要用地功能包括办公商业、工业仓储和居住三部

① 早在 1960 年代，广东省曾有过将深圳建设成为“全省十大旅游区之一”的构想，也曾经推动过当时的罗湖地区建设，如 1960 年代建成的新安酒家、深圳戏院等旅游设施。资料来源：“深圳概览”网站“历史”篇中的历史沿革。

② 部分相关内容参阅：《中国经济特区的建立与发展：深圳卷》。

分，三部分功能用地规模占据该地区 50%左右用地。在空间分布方面，其一，已经初步形成从罗湖口岸向北到深南路和沿深南路的以办公和商业等为主的纵横公共服务功能轴线，其中商贸中心又主要集中在南北纵轴沿线；其二，建成地区的北和西方向已经基本建成了三个工业园区，上埗、八卦岭和水贝工业区。

在蛇口，最为突出的用地功能主要包括居住、工业仓储和港口，充分反映了该地区依托港口发展对外加工业的主要功能定位，其中工业仓储类用地更占据了经济特区内同类用地的 30%左右，反映出尽管该时期蛇口在整体建成区规模方面远远落后于罗湖—上埗地区，但在加工工业和对外港口运输方面已经在经济特区中占据了非常重要的地位。在空间分布方面，蛇口的港口布局在半岛南端，主要功能空间沿南北交通干道形成的发展轴线展开并已经开始超出蛇口工业区范围，西侧主要是工业生产功能，东侧主要是居住和商业服务等功能。

在罗湖—上埗到蛇口—南头间，最为突出的是分散布局的旅游设施用地，由东向西依次主要包括香密湖度假游乐、高尔夫、华侨城游乐景区等旅游企业布局。此外较为突出的还有教育和科研设施，主要是位于南山的深圳大学。

尽管沙头角也是特区城市建设中最早开发的地区之一，但相比其他地区，这一阶段的城市功能空间扩张明显落后，并且也未能成为深圳城市空间形态的主要扩张方位。

对 1970 年代末期直至 1980 年代中期的城市功能空间演变历程分析表明，仅经过五年多时间，深圳经济特区就已经初步形成了现代城市功能的空间框架。这一基本功能框架可以概括为：以生产、商贸和居住功能为突出特点的罗湖—上埗核心地区，以港口、生产功能主要的蛇口功能地区，以休闲旅游和科研教育为主要功能的中间地带，以及其他一些相对独立的功能点(如沙头角)。

表 3－8　1984 年末深圳经济特区内的主要功能用地规模(指数)与分布

	罗湖—上埗		蛇　口		中间地带		合　计	
	指数	内部比例	指数	内部比例	指数	内部比例	指数	比例
居住	310	57	66	36			376	37
办公商业	107	19	13	7	14	5	134	13
工业仓储	132	24	61	33			193	19
教育科研					59	22	59	6

续 表

	罗湖—上埗		蛇 口		中间地带		合 计	
	指数	内部比例	指数	内部比例	指数	内部比例	指数	比例
港口			45	24			45	5
旅游					193	73	193	19
分区域指数	549		185		266		1 000	

※ 根据1984年特区用地现状影像图指数化处理，以所统计用地投影像素总和为指数1 000计算所得(不包括全部已建设用地)；

※ 资料来源为：《深圳经济特区总体规划(1986.3)》。

2. 城市功能空间的扩张转型阶段

1980年代中期直至1990年代初中期，是城市建成空间在经济特区内拓展和充实，并向经济特区外扩张的历史时期，与之相对应的是城市功能空间在经济特区内外的迅速拓展和构成变化。

在经济特区内，在整体空间规模和各功能空间规模均显著扩张的同时，各主要功能空间在用地规模构成方面出现明显改变，其中居住、公共服务、工业仓储三大功能空间的用地规模比例关系到1992年已经达到45∶16∶39，与1984年的50∶25∶25有显著变化，突出反映在公共服务空间的结构性降低和工业仓储空间的结构性增长两方面。其中，公共服务空间的用地规模在三大主要功能空间用地总量中的构成比重从1984年的25%显著下降到1992年的16%，其在经济特区内部的全部建成用地规模中的构成比重为9.66%；而工业仓储功能空间的用地规模比重则从25%显著上升到39%。同时，此时的经济特区内部仅工业类用地就已经形成了规模不等的20余处集中开发工业区，此外还有若干零星开发的工业用地，工业和仓储类用地总面积在1992年达到15.6平方公里，在经济特区全部建成用地中的比例也已经达到了24.33%①。

在空间分布方面，工业仓储类用地经过了1980年代的急剧增长，已经在特区建成区范围内呈现较为分散的布局状态，在1980年代前期已经形成的少量工业区的基础上，工业区不仅在建成空间相对密集的罗湖—上埗、蛇口—南山呈较为密集的分散分布状态，在建成区相对分散的罗湖东部地区、福田东北和西南方位、中间地带的华侨城和沙河附近等靠近主要交通干线的区位也已经建成或在

① 公共服务类和工业仓储类用地占全特区建成区面积比例根据《深圳市城市总体规划(修编)纲要》(1993)中统计数据整理，其中公共服务类包括资料中商业和公共服务两类用地；特区内工业园区统计资料根据《深圳市工业布局规划汇报提纲》(1995)整理。

建着用地规模不等的工业园区用地，并且这些工业园区主要以轻工业为主；相比工业仓储类用地的急剧空间扩张趋势，这一时期的公共服务扩张明显相对滞后，公共服务布局的重点仍主要高度集中在罗湖人民路沿线附近；与公共服务的空间扩张趋势相反，这一时期的居住用地仍保持了快速的空间扩张趋势，除在1980年代中期已经基本形成的罗湖—上埗地区继续填充式扩张外，居住用地还主要在蛇口—南山有较快的空间扩张，由此促成蛇口到南山基本形成连续的建成空间，其次是在规划福田中心区附近和华侨城地区也基本形成了相对分散但规模较大的居住用地分布，此外在包括沙头角等相对空间独立的地区也有部分居住用地的空间扩张。

在经济特区内主要功能空间扩张的同时，市域空间层面上的建成空间形廓也逐渐形成两条南北发展轴线。伴随着建成空间在市域层面的扩张，到1990年代初期，经济特区外的功能空间也逐步开始进入快速规模扩张的初期阶段。相比经济特区内城市居住、公共服务、工业仓储三大主要功能空间相对均衡发展的趋势不同，经济特区外的功能空间开发从开始就突出表现在工业仓储功能空间的迅速扩张上。到1994年，特区外宝安和龙岗的工业用地规模均已经明显超过经济特区内(16平方公里)，达到了21平方公里和27平方公里，分别占全市工业用地总量的34%和44%。两区工业用地在各自辖区内建成区总用地规模中所占比例分别为22%和37.5%，显著高于经济特区内建成用地总量中工业仓储类的18%①。在空间分布方面，相比经济特区内相对规整的空间布局模式，经济特区外的功能空间布局仍主要分散在各城镇建成区范围，主要空间分布特征为：近接主要交通干线，并且已建成工业区普遍规模较小且分散在各行政村范围，形成小而分散的典型空间布局模式。

综合判断该时期的功能空间演变趋势可以发现，尽管各功能用地规模均经历了持续显著的增长历程，但在各主要功能空间的用地规模构成方面发生了显著的变化，并体现在不同空间范围内。从构成方面分析，居住空间的构成比例相对平稳，但在1990年代初期略有下降；工业仓储类空间的构成比例则经历了持续的增长历程，但在经济特区内部，在1992年到达其在三大功能用地总量中的结构比重最高水平39%之后，到1994年已经显著下降到仅为28%，甚至实际用地面积也出现了明显的下降，考虑到此时经济特区内的建成用地规模正在急剧增长的趋势，表明经济特区内的功能结构正在发生着显著的变化，工业生产功能

① 该段中数据主要来源于《深圳市工业布局规划汇报提纲》(1995.11)。

在经济特区内正在经历着实质性的萎缩阶段；但在特区外，工业生产类功能却已进入迅速发展阶段，表现在对应功能空间的急剧增长方面；公共服务空间的用地规模在经历了1980年代初期的快速增长后，在这一阶段出现明显的结构性萎缩，直至1990年代初期；但从1992年之后，公共服务类功能在经济特区内开始呈现显著地结构性增长趋势，到1994年在三大主要功能空间用地总量中的比重已经上升到23%，显著高于1992年的16%。此外，特区内的大型旅游设施空间自1980年代以来已经在空间布局方面基本到位。主要功能空间的这些演变历程表明，从1990年代初中期(较为突出的转折出现在1992—1994年间)之后，深圳的功能空间构成开始出现新的变革趋势。

表3-9　特征年份深圳特区内主要功能用地规模与比例关系

	1984		1992		1994	
	用地面积(平方公里)	比例	用地面积(平方公里)	比例	用地面积(平方公里)	比例
居　　住		50%	22.65	45%	30.63	49%
公共服务		25%	7.82	16%	14.19	23%
工业仓储		25%	15.64	39%	17.22	28%

※　1984年数据根据表3-9中数据整理，公共服务用地包括表中办公商业和教育科研两类用地；

※　1992年数据根据《深圳市城市总体规划(修编)纲要》(1993)中相关数据整理，该资料中特区内主要旅游设施用地均归为绿地用地类别中；

※　1994年数据根据《深圳市城市总体规划(1996—2010)：文本说明》(送审稿)整理，公共服务用地包括该文件中的政府/团体/社区用地(G/IC)和商业用地(C)。

3. 城市功能空间的扩张重整阶段

自1990年代初中期后，经济特区内城市建成空间规模的扩张速度明显下降，而经济特区外的建成空间扩张速度大大超过了经济特区内。到2000年经济特区外的建成用地规模已经是经济特区内的2.5倍左右，明显超过1994年的1.96倍左右。与之相对应的则是功能空间在市域空间范围内的急剧扩张趋势。城市主要功能空间在继续迅速扩张的同时，也出现了明显的整合调整特征，特别是在经济特区内部。

在经济特区内，自1990年代初中期，公共服务用地进入急剧增长时期，1994—1999年间年均用地规模增长3.75平方公里，年均增长速度达到了18.3%，在增长速度与年均增量方面均明显超过了同期的居住功能用地(4.7%和1.57平方公里)和工业仓储用地(8.4%和1.71平方公里)；同期的工业仓储类用地也改变了1990年代初中期停滞甚至数量下降的发展时期，再次出现了相对较快的增长速度和增量；同期的居住用地增长趋势出现较为明显的下降趋势，在增量和增长速度两个方面首次处于三大功能空间的末位。由于该时期三大功能空间显著区别于前期的增长趋势，到1999年底，经济特区内的居住、公共服务和工业仓储类的功能用地间的比例关系调整为40：34：26。其中居住用地尽管占建成区总用地比例仍然达到29.2％，高于1992年的28.0％，但在三大功能用地总量中的比例指数已经下降到最低点；公共服务类用地则延续着自1992年的上升趋势并在建成区面积总量中的比例达到了25％，而在三大功能用地总量中的比例也同时达到了历史最高点；工业仓储类用地尽管在建成区总用地量中的比例(19.6％)较1994年有所上升，并略高于1992年(19.3％)，但在三大功能用地总量中的比例(26％)却延续了自1992年以来的持续下降趋势，并接近于1984年的构成指标(25％)。

在空间分布上，公共服务类的功能空间开始在全特区范围内显著扩张，并已经开始对其他主要功能空间，特别是对部分区位的旧居住空间和工业仓储类空间表现出较强的替代特征。从空间扩张的历程分析，公共服务空间扩张的区位特征主要有两个方面，其一是沿深南大道从罗湖直至南山形成的基本连续的公共服务轴线，其二是沿深南大道形成的若干新的公共服务中心。其中沿深南大道主要分布着商业性办公和金融办公等功能；在罗湖，除在1980年代已经基本形成的商业办公中心，经过1990年代的建设，金融办公中心在深南路和广深铁路交点附近初具形态，而随着1990年代后期的物质与功能更新，1980年代就已形成的商业中心则进一步扩张，在人民路和东门[①]附近形成连续的东门商业中心；在上埗地区，随着1990年代工业生产功能的逐步衰退，自1990年代初中期，商业零售功能在该地区的华强北路附近迅速入侵并急剧扩张，到1990年代末已经成为市级的华强北商业中心；在福田地区的规划深圳市中心区，此时已进入全面启动建设阶段，除居住类功能的开发建设，大量公益性公共服务和部分政府办公、商业办公功能开始在此形成。除以上较为集中的开发建设，在包括华侨城、南山、蛇口等地区公共服务空间也都有明显的扩张。

特区内工业仓储类功能空间拓展主要包括三方面的新特征，其一是相当多的传统“三来一补”[②]和轻工业主导的工业区逐渐衰退并为商业或居住等功能的

① 仅东门改造后就彻底改变了这一有着历史意义的老街区，并增加商业建筑面积达100万平方米左右。资料来源：《深圳城市更新改造中经济和社会问题的思辨》。

② 所谓“三来一补”指来料加工、来件装配、来样加工和补偿贸易，是改革开放初期出现的新的工业和贸易发展形式。

入侵而导致空间功能属性的转变;其二是一些由高新技术企业主导的新工业仓储类功能空间的出现;其三是由于高新技术企业侵入导致传统工业区向高新技术工业区的演变。这其中,1980 年代形成并发展的生产和储运等功能的衰退成为特区内传统工业仓储空间所面临的共同趋势,大多传统工业区不同程度地进入改造和调整时期①,并同时成为深圳这座仅建成十余年的新城市所面临的"旧城改造"的主要内容(陈伟新,1998;谭维宁,1998);在传统工业仓储类功能衰退的同时,部分位于城市建设重点地区的工业仓储类功能空间迅速向居住或商业等其他功能转变②;几乎在传统工业仓储类功能空间衰退的同时,部分高新技术性的工业或储运功能空间出现,其中高新技术工业功能空间在特区内的发展有两个趋向,即部分出现在政府规划的位于南山区的高新技术园区内,主要表现为新增功能空间,约占全市高新技术企业数量的 22%,但大多高新技术企业分布在传统工业园区内,其中 42%的高新技术企业布局在城市重点建设区域内的如上埗、八卦岭、车工庙等工业园区内(陈伟新,吴晓莉,2002),成为这些传统工业园区功能变革的一个重要方向,并进一步表明了工业生产功能在经济特区内的向高新技术转型趋势的实际状况远突出于工业生产类功能用地的转变趋势。

同期的经济特区内居住空间重点在蛇口、南山、福田等未建成地区迅速扩展,推动了居住空间的大规模扩张,同时在一些建成区内(主要在罗湖—上埗地区)的零星空地上,以及部分传统工业区和旧村基础上以功能调整方式的小规模扩张。

与经济特区内建成区扩张趋缓形成明显对比的是经济特区外建成用地的继续迅速规模扩张。相比经济特区内,经济特区外不同功能空间的扩张趋势失衡现象显著,即一方面是工业仓储类用地规模的急剧增长,一方面是居住类用地规模相对明显缓慢的增长趋势。由此导致 1999 年的经济特区外工业仓储功能用地占经济特区外总建成用地比例高达 52.1%,而居住类用地面积则仅为 14.7%,均较为明显地偏离了一般城市功能用地面积构成关系③。特区外 1999 年居住、公共服务和工业仓储三大功能空间的比例关系则为 18∶17∶65,显著区别于经

① 如位于上埗的八卦岭和位于罗湖的莲塘工业区(集中建成区以东)等早在 1996 年左右就已经开始出现相当比例的工业厂房空置(陈伟新,1998)。

② 如上埗工业区到 1996 年涉及改变功能的厂房总建筑面积就已经达到总量的 65%左右(资料来源:《上埗工业区调整规划(送审稿)》(1998.9))。

③ 根据《城市用地分类与规划建设用地标准》,一般情况下的城市总用地内,居住用地比例应为 20%~32%,工业用地约为 15%~25%。

济特区内 40∶34∶26 的相对均衡的比例关系。从经济特区内外的对比关系分析(表 3-10 及其推算),在用地规模方面,经济特区内居住和公共服务的用地规模仍明显高于经济特区外,经济特区内的两类用地规模分别占全市总量的 58%和 56%左右;但特区外的工业仓储类用地规模显著超过了经济特区内,占到全市总量的 79%左右,并且仅特区外的工业仓储类用地规模就已经超过特区内三大功能空间的用地规模总量。

表 3-10　1999 年深圳全市及分区主要功能用地规模及比例关系

	全　市			特区内			特区外		
	面积（km^2）	比例指数	占建成区比例	面积（km^2）	比例指数	占建成区比例	面积（km^2）	比例指数	占建成区比例
居　　住	66.14	26	20.7%	38.47	40	29.2%	27.67	18	14.7%
公共服务	58.77	24	18.4%	32.94	34	25.0%	25.83	17	13.8%
工业仓储	123.65	50	38.7%	25.79	26	19.6%	97.86	65	52.1%

※　基础数据来源于《深圳房地产年鉴 2000》。

在空间分布方面,尽管用地规模增量方面已经表明,该时期的深圳城市建设重点已经转移到经济特区外的市域空间范围,但经济特区外的城市建设不仅在功能开发上明显失衡,在空间分布上也仍处于典型的粗放分布阶段,除在两区中心城区和部分建制镇范围内的功能空间相对集中开发外,在市域空间范围内还是普遍存在着以村为依托的功能空间拓展情况,特别是工业类用地的拓展,导致经济特区外形成了大大小小的 500 多个工业区和开发区(陈伟新,吴晓莉,2002),正是工业仓储类功能空间的小规模分散布局状况,导致了以工业仓储功能空间为主导的经济特区外建成区拓展的分散和粗放模式。

由于 1990 年代初中期以来的经济特区内外不同功能空间扩张的显著差异趋势,全市层面到 1999 年,工业仓储类用地规模占全市域建成区总用地规模的比例达到了 38.7%,几乎与居住和公共服务用地总和持平。而全市范围内的居住用地比例明显偏低,仅为 20.7%。

3.2.2　厦门的主要功能空间演变特征

从历史发展的角度分析,厦门改革开放之后至 2000 年的城市发展主要经历了两个历史阶段,第一个阶段贯穿整个 1980 年代直至 1990 年代初期,突出的特征表现为城市建设主要集中在岛内,以及整体层面上居住功能空间的迅速结构性扩张;第二时期则从 1990 年代初期直至研究期末的 2000 年左右,一方面是城市建设空间在岛内外的迅速扩张,另一方面则是居住功能空间的结构性扩张趋势停滞,以及工业仓储类功能空间在经历了早期的显著结构性下降后开始逐渐上升。

1. 改革开放之前的城市功能空间特征

厦门在经历了此前较长历史时期的缓慢城市建设后,到 1980 年代初特区建立以前,城市建成区分别集中布局在本岛和鼓浪屿、岛外的集美和杏林两地区,其中 85%的建成用地位于本岛,并主要集中在老市区附近(表 3-5)。到 1980 年,全市层面的居住、公共服务和工业仓储三大功能空间用地规模比例构成为 26∶21∶53(表 3-11),工业仓储在功能空间规模方面占据着明显的主导地位,而居住功能空间的结构比例明显最低;在功能空间的分布方面,岛内外的居住、公共服务和工业仓储三大类主要功能用地分布比分别为 9∶1、3.5∶1 和 3.7∶1。此时的显著特征表现在:其一,厦门城市三大功能均主要由本岛承担;其二,全市层面上工业仓储类的功能空间占据了主导地位,而居住功能空间受到了极大压缩;其三,相比工业仓储和公共服务,居住功能空间在岛内的高度集聚显著高于其他功能空间(表 3-12,表 3-14)。

表 3-11 特征年份厦门主要功能空间用地规模与构成比例关系(面积单位:平方公里)

		1980		1985		1990		1995		2000	
		用地面积	比例指数	用地面积	比例指数	用地面积	比例指数	用地面积	比例指数	用地面积	比例指数
居住		3.55	26	7.38	34	12.33	45	21.53	43	29.9	44
公共服务		2.79	21	3.95	18	4.86	18	9.54	19	10.9	16
工业仓储		7.14	53	10.38	48	10.34	37	18.60	38	27.2	40
以上地区	合计	13.48	100	21.71	100	27.53	100	49.67	100	68	100
	占全市		67.4		63.2		69.7		63.2		76.0
全市建成区		20.00	100	34.37	100	39.52	100	78.57	100	90	100

※ 1980 年数据来源:《厦门市城市总体规划说明书(1981—2000 年)》,1985 年数据来源:《厦门市城市建设总体规划调整说明书(1986—2000)》,1990 年数据来源:《厦门市总体规划文本》(1993 年 12 月),1995 年数据来源:《厦门市城市总体规划文本(1995—2010)》;2000 年为综合 2000 年厦门建成区影像图(总量),并参考厦门城市规划设计研究院 2003 年调查数据校核所得,非准确统计数据,可能有偏差。

※ 1995 年较以前年份统计范围增加刘五店,但由于该地基本处于未开发状态,基本不影响数据比对的准确性。

表 3－12　特征年份厦门分区城市主要功能空间用地规模(平方公里)

		1980			1990			2000		
		居住	公共服务	工业仓储	居住	公共服务	工业仓储	居住	公共服务	工业仓储
岛　外		0.35	0.63	1.53	1.25	1.10	2.39	6.43	3.61	13.28
其中	集美	0.16	0.51	0.07	0.58	0.78	0.05	1.09	2.17	1.43
	杏林	0.19	0.12	1.46	0.67	0.32	2.34	3.50	0.66	5.12
	海沧							1.84	0.78	6.73
本　岛		3.20	2.17	5.62	11.08	3.76	7.95	23.50	7.13	14.04
合　计		3.55	2.80	7.15	12.33	4.86	10.34	29.93	10.75	27.32

※　资料来源同表 3－11，本表中的海沧包括新阳地区，以下表 3－13 和表 3－14 同本表。

对岛内外分区内部的主要功能空间构成比重的考察表明(表 3－13)，在岛外，集美和杏林的主导功能特征显著，其中杏林显著偏重于工业仓储功能，而集美显著偏重于公共服务，这显然与它们工业和教育的功能组团定位契合。但由于杏林整体建成空间的规模几乎 2 倍于集美，1980 年代岛外三大功能空间的结构关系表现出工业仓储功能空间显著突出、公共服务功能空间突出，而居住功能空间被极大压缩(在三功能空间用地规模总量中仅为 13.9%)；相比岛外，岛内的功能空间相对较为均衡，但工业仓储类功能空间的用地规模比重依然明显偏多，但由于居住功能空间的在岛内高度聚集，使得岛内居住功能空间在比例构成上有相对均衡的地位。

表 3－13　特征年份厦门分区内部主要功能用地的规模构成比例

		1980			1990			2000		
		居住	公共服务	工业仓储	居住	公共服务	工业仓储	居住	公共服务	工业仓储
岛　外		13.9	25.1	61.0	26.4	23.2	50.4	19.3	10.8	69.9
其中	集美	21.6	68.9	9.5	41.1	55.3	3.5	23.3	46.3	30.4
	杏林	10.7	6.8	82.5	20.1	9.6	70.3	37.7	7.2	55.2
	海沧							19.6	8.4	72.0
本　岛		29.1	19.7	51.1	48.6	16.5	34.9	52.6	16.0	31.4
全　市		26.3	20.7	53.0	44.8	17.7	37.6	44.0	15.8	40.2

2. 岛内聚集与居住功能空间结构性主导阶段

1980 年 10 月，中央批准在本岛湖里 2.5 平方公里范围设立特区，由此推动了厦门自 1980 年代以来的快速城市空间形廓扩张，厦门的城市功能空间扩张由此进入直至 1990 年代初期的第一历史发展阶段时期。

这一时期，厦门的城市空间扩张主要集中在本岛鹰厦铁路线以西的空间范围内。这一时期，全市层面的功能空间扩张典型特征为，在几乎所有功能空间均处于迅速规模扩张的同时，居住功能空间的用地构成比例持续上升，从 1980 年的 26%上升到 1985 年的 34%，再上升到 1990 年历史最高水平的 45%；同期工业仓储功能空间的用地构成比例则持续下降，从 1980 年的 53%下降到 1985 年的 48%，再到 1990 年历史最低水平的 37%；公共服务在从 1980 年的 21%下降到 1985 年的 18%后，保持了稳定的构成比重特征。

从空间分布的状况分析，自 1980 年湖里设立特区后到 1980 年代中期，岛内的城市开发活动迅速在鹰厦铁路线以西的仙岳山南北两侧同时展开，其中北侧主要以湖里 2.5 平方公里的特区范围为核心展开，除工业仓储类用地，居住和公共服务等功能用地也同时在该地区开发并迅速扩张；在仙岳山南侧，则以筼筜湖南北两侧的新市区建设为主，开发功能主要集中为居住，同时也有部分公共服务功能得以开发建设；与此同时，是包括东渡等海港、高崎机场、厦门火车站等一系列重大基础设施在岛内建成或改造完成。经过特区设立后近 5 年的开发建设，居住功能的用地构成因此显著上升，年均增量和增长速度（0.77 平方公里和 15.8%）均显著超过了公共服务（0.23 平方公里和 7.2%）和工业仓储（0.65 平方公里和 7.8%）类功能空间（根据表 3 - 13 计算）。经过 1980 年代初期的快速功能空间扩张，岛内鹰厦铁路以西的功能空间框架初步形成，包括仙岳山以北以工业仓储为主导的综合功能区、仙岳山与筼筜湖间新市区、筼筜湖以南旧市区的基本功能空间格局。

到 1980 年代中后期，厦门的城市建成空间扩张速度显著降低，城市功能空间的扩张也继续在 1980 年代初期形成的空间框架中进行。居住、公共服务和工业仓储三大功能空间在共同经历规模增长的同时，规模的构成关系发生了显著变化，居住功能空间的用地规模构成首次超过了工业仓储，表明居住类功能空间的相对最为显著的扩张趋势（5 年的年均增量和增长速度为 0.99 平方公里和 10.8%），尽管速度有所下降，但年均增量继续上升；同期的公共服务功能用地的年均增量和年均增长率为 0.18 平方公里和 4.2%，较前期都明显下降；而工业仓储功能空间的用地规模几乎没有变化，到 1990 年，居住、公共服务和工业仓储三大功能空间在全市层面上的比重构成关系为 45∶18∶37。在空间分布方面，在岛内，功能空间的扩张仍主要在仙岳山南北两侧展开。其中居住用地在仙岳山南北两侧均有显著的规模扩张历程，仙岳山北侧以湖里工业区为核心并主要在其南侧规模扩张，仙岳山南侧则主要集中在筼筜湖北侧和东侧江头地区的新市区范围内扩张并基本形成较为连续建成空间；工业仓储除在湖里的继续小规模扩张，还在筼筜湖北侧和鹰厦铁路沿线附近等地区出现较具规模的建设用地；同时，旧城区内改造进程逐步加快，区内工业企业开始逐步外迁，除部分迁往岛外，仍有相当部分在岛内重新布局①，导致岛内旧城区工业仓储用地规模较为明显下降的同时，零星工业用地却在岛内有较为明显的增加；岛内公共服务功能用地在新城区和旧城区均有较为明显的规模扩张，主要包括两种方式，分别为在湖里和筼筜湖两侧的集中规模扩张，以及在新、旧城区范围内较为普遍的沿主要道路线形规模扩张。

在岛外，特别是到 1980 年代中后期，集美和杏林的功能空间也开始出现相对以往较快的规模扩张趋势，到 1990 年，三大功能用地规模相对 1980 年增长近 90%，其中居住功能用地规模扩张接近 3.6 倍，在三大功能空间中的构成比例也由 14.0%上升到 26.3%左右；而同期的工业仓储功能用地规模尽管仍有近 55.8%的增长，但构成比重却由 60.8%下降到 49.7%左右。公共服务功能用地规模构成比重仍基本保持着既有水平。在空间分布上，居住功能用地在集美和杏林具有相

表 3-14　特征年份厦门主要功能用地规模的分区构成比重

		1980			1990			2000		
		居住	公共服务	工业仓储	居住	公共服务	工业仓储	居住	公共服务	工业仓储
岛　外		9.9	22.5	21.4	10.1	22.6	23.1	21.5	33.7	48.6
其中	集美	45.7	81.0	4.6	46.4	70.9	2.1	17.0	60.0	10.7
	杏林	54.3	19.0	95.4	53.6	29.1	97.9	54.4	18.3	38.6
	海沧	0.0	0.0	0.0	0.0	0.0	0.0	28.6	21.6	50.7
本　岛		90.1	77.5	78.6	89.9	77.4	76.9	78.5	66.3	51.4

① 根据《厦门市城市建设总体规划调整说明书(1986—2000)》(1986 年 7 月)，该时期涉及调整的工业企业数量前后累计近 50 家，主要位于旧城区和新城区内，调整去向包括三个方向，即部分取消，部分迁往岛外，部分在岛内重新布局。

对均衡的增长趋势；公共服务功能和工业仓储功能的增长分布却有显著差异，其中公共服务功能用地增长主要集中在集美地区，而杏林地区则取得了更快的增长速度（初期用地规模很小）；公共仓储空间仍几乎全部集中在杏林地区发展。经过1980年代的功能开发，集美和杏林两地区的居住功能用地规模构成均有较为明显的上升，三大功能用地规模构成均有明显向相对均衡状态发展的趋势。

3. 岛内外扩张与工业仓储功能空间结构性扩张阶段

1990年代是厦门城市空间扩展的新阶段，随着建成区扩张重点在全市层面上开始从岛内向岛外转移，以及在岛内开始突破鹰厦铁路线向东部地区拓展。城市功能空间的扩张也开始出现新趋势。

在全市层面上，居住、公共服务、工业仓储三大主要功能空间的用地规模继续增长。但与1980年代显著不同的是工业仓储功能用地在三大功能用地中的比重开始上升，而同期的居住和公共服务功能用地比重开始在相对平稳中略有下降。到2000年，居住、公共服务和工业仓储功能用地的规模构成比重达到44∶16∶40，居住功能空间虽然仍占据主导地位，但已经与工业仓储功能空间在用地规模方面出现大致相当的情况。在空间分布上，岛内外的三大主要功能用地规模比重由1990年的17∶83演变为2000年的34∶66，表明岛外在城市三大主要功能发展中开始承当起更为重要的地位。相比1990年，2000年的岛内外居住功能用地规模比重由10∶90上升到21.5∶78.5，同期的公共服务功能用地规模比重也由23∶77上升到34∶66，而工业仓储功能用地规模则由23∶77上升到49∶51，在三大主要功能用地同时在岛外的结构性增长同时，工业仓储功能空间的扩张趋势显然更为显著。

在本岛，由于1980年代直至1990年代的持续高速规模扩张，鹰厦铁路线以西可建设用地规模迅速减少，城市建成空间在继续填充铁路西部地区的同时，一方面开始沿主要交通干道形成的发展轴线迅速向铁路线以东地区迅速扩张，一方面则是推动旧城区进入更为快速的改造时期。从功能用地规模增长分析，这期间的居住功能用地规模的年均增量和增长速度分别达到1.77平方公里和11.3%，明显高于公共服务功能用地的0.48平方公里和9.6%，以及工业仓储功能用地的0.87平方公里和8.5%的增长趋势。三大功能空间的用地规模结构比例因此由1990年的49∶16∶35演变为2000年的53∶16∶31。在空间分布上，居住功能用地除继续在鹰厦铁路线以西扩张，还迅速沿主要道路形成的发展轴线向铁路线以东地区进行规模扩张；公共服务功能用地最为显著的扩张主要在东部沿海的前埔展开，已经发展成为岛内重要的公共服务功能空间聚集中心之一；岛内工业仓储功能用地在旧城区迅速减少的同时，开始以更为分散的方式在岛内扩张，并且有相当数量的小规模工业开发用地出现在岛内的东部地区。

在岛外，三大功能空间在用地规模的增长速度方面均明显高于岛内，其中工业仓储功能空间的用地规模的年均增长速度甚至达到 38.5%，大大高于其他功能用地的增长速度，并且年均用地增量也显著高于岛内外其他功能空间的用地规模增长。随着岛外三大功能空间的迅速扩张，特别是工业仓储功能空间的显著扩张，2000 年三大功能空间的用地规模构成由 1990 年的 26∶23∶50 演变为 19∶11∶70。也就是说，尽管其他功能空间也有较快的增长趋势，但由于工业仓储功能空间的显著增长，岛外的三大功能空间的结构关系再次出现明显地向工业仓储功能偏斜，而公共服务功能空间的用地规模，无论与 1990 年代初，还是 1980 年代初相比，都明显地处于结构性压缩趋势。2000 年三大功能空间总用地规模中 10.8%的比重，实质上标志着曾经占据岛外两大主导功能之一的公共教育功能空间的严重压缩。在空间分布方面，该时期的工业仓储功能空间扩张开始在岛外全面展开，不仅在传统的杏林地区有相对前一时期较快的发展，还在集美和海沧（包括新阳）等地区迅速扩张。集美的工业仓储功能用地的年均增量和增长速度已经分别达到 0.66 平方公里和 91.4%，年均增量甚至已经与岛内接近，而海沧的工业仓储功能用地的年均增量已经达到了 1.34 平方公里，占全市工业仓储用地年均增量的 55%，占据了主导地位，到 2000 年代初期已经在海沧，特别是新阳地区形成了全市最为重要的工业仓储功能聚集地区。

随着功能空间在岛外的迅速扩张，岛外不同建成空间单元内主要功能空间的用地规模构成关系也开始出现明显变化趋势，反映出该时期各地区在承担新增城市功能空间中的角色差异。在杏林，尽管曾一贯作为厦门岛外的工业生产基地，该时期的工业仓储功能的用地规模也仍有相对较快增长，但其在三大功能空间用地中的比重却仍有明显下降，而居住功能用地比重则明显上升，由 1990 年的 20.1%上升到 37.7%，反映出杏林逐步趋向综合的地区功能属性，但其同期的公共服务功能用地比重却相对下降，表明该地区公共服务功能相对滞后的发展趋势；在集美，尽管曾一直作为文教基地，但这一时期最为显著的却是工业仓储功能用地规模的显著增长，并因此推动工业仓储用地比重由 1990 年的 3.5%上升到 30.4%，其构成比重甚至基本与岛内相当。同时，尽管公共服务功能空间的用地规模构成比重有较为明显的下降，但其比重仍高达 46.3%，表明文教等公共服务功能仍然占据了集美的主导功能地位，但同时，工业生产功能也已经取得了非常重要的地位；在海沧，尽管自 1990 年代才开始发展，但已经迅速成长为岛外最为重要的工业生产功能增长地区，并迅速地开始替代杏林曾经在厦门全市所承担的生产功能基地的作用，其内部的工业仓储功能用地比重也达到了72%。

3.3 城市人口与居住空间分异的主要演变特征

国内对于城市社会空间分异和演变趋势的研究主要开始于1980年代（冯健，2004）。尽管普遍缺乏详尽的连续普查资料支持，研究者们还是从不同的角度在不同空间层面上进行了相关研究，并取得了一定的进展。研究表明，至少在1990年代初期的住房改革之前，中国城市的社会空间分异与西方国家有着显著的差异（吴缚龙，1992；许学强，等，1997）。

相比国内一般城市，本书中的两个案例城市，社会层面最为显著的特征应当就是人口规模的短时期爆炸性增长趋势，其中又以深圳更为突出。以机械迁移显著主导的巨大规模人口增长，以及伴随其间的整体特征变迁，对于整体层面上的城市社会特性的形成和发展因此有着极为重要的影响；而不同特性人群在城市不同空间范围的分布与变迁则是城市社会空间分异研究中的重要方面；此外，在准确详尽统计资料缺乏的前提下，基于不同特征的居住小区分布推测城市社会空间分异特征也已经是国内较为常见的替代研究方法。

3.3.1 深圳的人口与居住空间分异的主要演变特征

自改革开放以来，深圳不仅经历了人口的急剧规模扩张，城市人口从业结构和空间分布等方面都发生着显著的变化，而综合比较分析则清晰反映出城市人口空间分布变化趋势与居住空间扩张趋势的显著差异。同时，在短暂的历史发展进程中，深圳已经在变革中逐渐形成了多途径的居住房屋供给方式，其中又以商品房市场为主要渠道，商品房屋售价的不同空间分布则反映出较高经济收入地位人群在经济特区内部聚集的典型特征。

1. 人口增长与主要特征变化

自1979年特区开发建设以来，深圳市的城市人口保持了持续的急剧规模扩张，1980—2000年常住人口总量的年均增长率为13.7%。2000年全市常住人口已经达到432.9万人，是1980年的13倍，同期的全市常住人口的辖区密度达到了 2 222 人/平方公里。而 2000 年第 5 次人口普查结果显示①,全市的实际登记人口已经达到了 700.88 万人。

以常住人口的增长趋势分析(图 3-9),全市人口在 1980—1985 年间达到了最快增长速度,年均增长率为 21.5%,此后五年计的年均增长速度出现显著下降,到 1995—2001 年间已经下降到 4.6%;同期户籍人口增长趋势与常住人口有显著差异,早期的户籍人口增长率远远落后于常住人口,直至 2000 年两者才取得大致相同的增长率。由于增长趋势的显著差异,常住人口与户籍人口总量差距日益扩大,1995 年比值为 3.48∶1,2002 年则上升到 3.62∶1,均远远超过了 1980 年的 1.06∶1。而这样的比值差还不包括数量庞大的非常住人口,如 2000 年的普查表明当年的非常住人口已经达到了 270 万左右,与常住人口比值也已经达到了 0.62∶1。

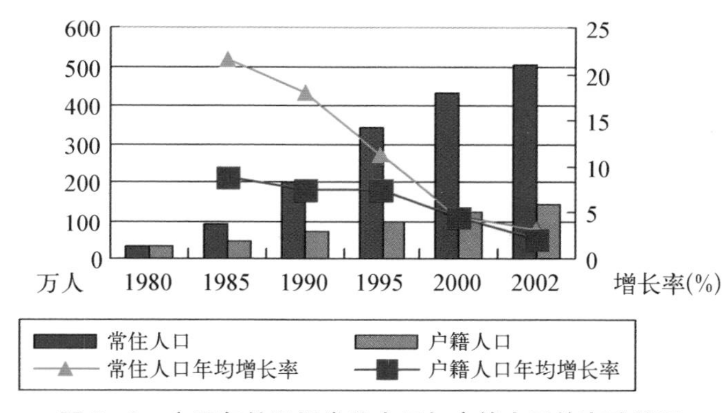

图 3-9　主要年份深圳常住人口与户籍人口的变动状况

* 资料来源:《深圳人口发展战略与人口发展政策》。

在二十多年的城市人口急剧规模扩张中,迁移性的机械人口增长占据着绝对重要的地位,由此带来深圳城市人口结构有别于其他一般城市的鲜明特征。根据第 5 次人口普查,深圳市人口年龄中位数为 25.37 岁,中青年人口比例非常高,15—46 岁人口比重达到 90.29%,比广东省高出 20.51 个百分点,特别是 15—39 岁人口比重达到 80%左右,突出反映出深圳市所拥有的非常丰富的劳动力资源,而与之相对应的则是未成年人和老年人的比重非常低。

由此,在人口规模持续高速增长的同时,全市从业劳动者数量亦同步急剧增长(图 3-10)。1980—2000 年的社会劳动者数量年均增长率达到了 16.3%②,

① 有关深圳第五次普查人口资料,如无特别注明均来自:《深圳人口发展战略与人口发展政策》。
② 根据《深圳统计年鉴 2002》数据整理。

明显高于同期 13.7%的常住人口年均增长趋势。从增长趋势分析，全市劳动者数量增长速度最快的时期出现在 1985—1990 年间，年均增长速度达到了 27.3%，而这一时期全市常住人口年均增长率仅为 18%，两者有较为明显的差距；1995—2001 年间的劳动者数量增长速度最慢，年均增长率仅为 5.2%，同期的常住人口规模增长速度也处于最低阶段，并且年均增长率同样为 5.2%。此外，除 1980—1985 年间，劳动者增长速度均快于常住人口增长速度，从这一趋势中能够推测，显然是所谓的非常住人口增长发挥了重要的作用。

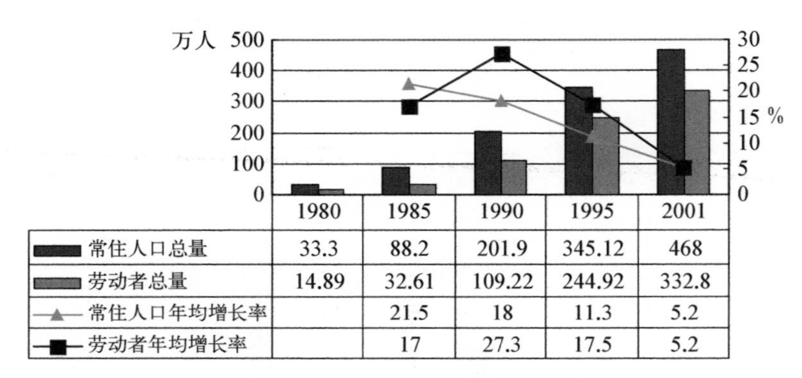

图 3 - 10　主要年份深圳常住人口与劳动者变动状况

＊资料来源：《深圳统计年鉴 2002》。

在劳动者数量持续急剧规模扩张的同时，劳动者的三产分布状况同时出现显著调整(表 3 - 15)。1990 年全市第二产业劳动者数量构成比重显著，达到了约 64%，而此时的第三产业劳动者比重仅为 22%。此后，第一产业劳动者数量不断下降，构成比重迅速下降到 2%以下；第二产业劳动者数量尽管在 1995 年前仍有较快增长，但在 1995 年后增长趋势明显下降，构成比重在 1995 年达到最高的 66%左右后，到 2001 年已经下降到 56%左右；同期的第三产业在劳动者数量和构成比重方面都有显著增长，总量从 1990 年的 24.1 万增加到 2001 年的 143.8 万，增长近 5 倍，而构成比重也从 1990 年的 22.07%上升到 2001 年的 43.21%，几乎每 5 年左右上升 10 个百分点。

表 3 - 15　特征年份深圳全市从业劳动者行业分布概况

		1980	1985	1990	1995	2001
全市	数量(万人)	14.89	32.61	109.22	244.92	332.80
	年均增长率		17%	27.3%	17.5%	5.2%

续　表

		1980	1985	1990	1995	2001
第一产业	数量(万人)			6.10	4.36	3.48
	年均增长率				−6.5%	−3.7%
	构成比重			*5.59%*	*1.78%*	*1.05%*
第二产业	数量(万人)			69.80	161.67	185.51
	年均增长率				18.3%	2.3%
	构成比重			*63.91%*	*66.01%*	*55.74%*
第三产业	数量(万人)			24.10	78.90	143.81
	年均增长率				26.8%	10.5%
	构成比重			*22.07%*	*32.21%*	*43.21%*

※　资料来源为《深圳统计年鉴 2002》。

从人口受教育程度分析，第五次人口普查登记的 700.9 万人中，初中以下文化程度人口比重为 75%；而本科以上文化程度人口占总受教育人口比重仅为 8.38%，相对北京、上海、天津、广州等城市明显偏低(这些城市均在 10%以上)；同期的高级技能人才在全社会劳动力中的比重也仅为 1.45%，低于 3%的全国平均水平；在受教育人口的产业分布方面，深圳全市大学以上学历人口主要集中在第三产业，占从业人员的 19.3%，而第二产业中的比重仅为 5.2%。

随着城市经济的不断发展，建市后的城市居民生活水平不断快速增长(表 3－16)，2000 年全市职工年均货币工资达到 23 039 元，约为 1980 年的 23.5 倍，年均增长率达到 17.1%。从收入增长趋势分析，1980—1985 年和 1990—1995 年两个阶段是职工年均货币工资增长最为迅速的阶段；城市居民可支配收入的增长与职工年均货币工资增长趋势基本相似，但 1980—1995 年间的居民可支配收入增长速度较高于职工年均货币工资，而 1995—2000 年则相反；在市民居住方面，特区人均居住面积从 1980 年的 6.6 平方米上升到 2000 年的 14.1 平方米，增长一倍以上。人均收入的显著提高和居住面积的显著增长反映出建市 20 多年来深圳市民生活水平和居住条件的显著改善。

2. 城市人口的空间分布特性变化

城市人口在数量激增和性质显著变化的同时，空间分布也发生着显著的变化。对常住人口的分布演变趋势的分析表明，1980 年，初创时期经济特区内的常

表 3-16 特征年份深圳市民的收入与居住状况

年度		1980	1985	1990	1995	2000	累计
职工年均货币工资	数量(元)	979	2 418	4 304	12 276	23 039	
	年均增长率		19.8%	12.2%	23.3%	13.4%	17.1%
城市居民可支配收入	数量(元)		1915	4 127	12 771	21 626	
	年均增长率			16.6%	25.3%	11.1%	17.5%
特区人均居住面积	数量(平方米)	6.60	7.86	10.36	12.80	14.14	
	年均增长率		3.6%	5.7%	4.3%	2.0%	3.9%

※ 资料来源为《深圳统计年鉴 2002》。

住人口比重约为 28.3%，辖区人口密度约为经济特区外的 1.6 倍(表 3-17，表 3-18)；仅经过五年时间，经济特区内的常住人口比重就已经上升到 53.3%，达到历史最高水平，辖区的人口密度也已经 4.5 倍于经济特区外。从 1985 年直至 1995 年，经济特区内的常住人口比重呈逐步下降趋势，1995 年为 43.8%，辖区人口密度比值也下降到 1994 年的仅为 3.12 倍；但 1995 年后，经济特区内的常住人口比重再次缓慢上升，到 2000 年上升到 47.4%。

表 3-17 深圳的常住人口增长与空间分布

<table>
<tr><th colspan="3"></th><th>1980</th><th>1985</th><th>1987</th><th>1990</th><th>1995</th><th>2000</th><th>累计</th></tr>
<tr><td rowspan="3" colspan="2">合计</td><td>人口数量(万人)</td><td>33.29</td><td>88.15</td><td>115.44</td><td>201.94</td><td>345.12</td><td>432.94</td><td></td></tr>
<tr><td rowspan="2">年均增长速度</td><td rowspan="2"></td><td rowspan="2">21.5%</td><td>14.4%</td><td>20.5%</td><td rowspan="2">11.3%</td><td rowspan="2">4.6%</td><td rowspan="2">13.7%</td></tr>
<tr><td colspan="2">18.0%</td></tr>
<tr><td rowspan="4" colspan="2">特区内</td><td>人口数量(万人)</td><td>9.41</td><td>46.98</td><td>59.96</td><td>100.98</td><td>151.18</td><td>205.3</td><td></td></tr>
<tr><td rowspan="2">年均增长速度</td><td rowspan="2"></td><td rowspan="2">37.9%</td><td>13.0%</td><td>19.0%</td><td rowspan="2">8.4%</td><td rowspan="2">6.3%</td><td rowspan="2">16.7%</td></tr>
<tr><td colspan="2">16.5%</td></tr>
<tr><td>占全市比重</td><td>28.3%</td><td>53.3%</td><td>51.9%</td><td>50.0%</td><td>43.8%</td><td>47.4%</td><td></td></tr>
<tr><td rowspan="6">其中</td><td rowspan="3">罗湖区</td><td>人口数量(万人)</td><td></td><td></td><td>29.66</td><td>47.19</td><td>58.63</td><td>76.41</td><td></td></tr>
<tr><td>年均增长速度</td><td></td><td></td><td></td><td>16.7%</td><td>4.4%</td><td>5.4%</td><td>7.6%</td></tr>
<tr><td>占特区比重</td><td></td><td></td><td>49.5%</td><td>46.7%</td><td>38.8%</td><td>37.2%</td><td></td></tr>
<tr><td rowspan="3">福田区</td><td>人口数量(万人)</td><td></td><td></td><td>18.88</td><td>31.37</td><td>55.9</td><td>78.43</td><td></td></tr>
<tr><td>年均增长速度</td><td></td><td></td><td></td><td>18.4%</td><td>12.2%</td><td>7.0%</td><td>11.6%</td></tr>
<tr><td>占特区比重</td><td></td><td></td><td>31.5%</td><td>31.3%</td><td>37.0%</td><td>38.2%</td><td></td></tr>
</table>

续　表

<table>
<tr><th colspan="3"></th><th>1980</th><th>1985</th><th>1987</th><th>1990</th><th>1995</th><th>2000</th><th>累计</th></tr>
<tr><td rowspan="3">其中</td><td rowspan="3">南山区</td><td>人口数量(万人)</td><td></td><td></td><td>11.42</td><td>22.42</td><td>36.66</td><td>50.46</td><td></td></tr>
<tr><td>年均增长速度</td><td></td><td></td><td></td><td>25.2%</td><td>10.3%</td><td>6.6%</td><td>12.1%</td></tr>
<tr><td>占特区比重</td><td></td><td></td><td>19.0%</td><td>22.2%</td><td>24.2%</td><td>24.6%</td><td></td></tr>
<tr><td colspan="2" rowspan="4">特区外</td><td>人口数量(万人)</td><td>23.88</td><td>41.17</td><td>55.48</td><td>100.97</td><td>193.64</td><td>239.3</td><td></td></tr>
<tr><td rowspan="2">年均增长速度</td><td rowspan="2"></td><td rowspan="2">11.5%</td><td>16.1%</td><td>22.1%</td><td rowspan="2">13.9%</td><td rowspan="2">4.3%</td><td rowspan="2">12.2%</td></tr>
<tr><td colspan="2">19.7%</td></tr>
<tr><td>占全市比重</td><td>71.7%</td><td>46.7%</td><td>48.1%</td><td>50.0%</td><td>56.1%</td><td>55.3%</td><td></td></tr>
</table>

※　2000 年罗湖数据实际包括罗湖和盐田两区；表中人口包括户籍人口和暂住人口两部分；表中用于计算人口密度的用地面积均采用 2001 年当年数据；

※　数据来源：《深圳经济特区总体规划(1986.3)》,《深圳市“七五”时期国民经济和社会统计资料(1986—1990)》,《深圳经济特区总体规划(修编)纲要(汇报稿,1993.10)》,《深圳市城市总体规划(1996—2010)(送审稿)》,《“深圳市城市总体规划检讨与对策”主题报告：深圳 2005 拓展与整合》。

在经济特区内外人口分布变化的同时，内部各辖区的人口分布状况也发生着改变。1987 年，经济特区内的常住人口总量达到了 59.96 万人，占全市比重的 51.9%。同期，在经济特区内部，罗湖(包括此后的盐田区①)区人口总量近 30 万，占经济特区人口比重的 49.5%，反映出这一阶段深圳常住人口在罗湖的高度集聚状况。此后，在经济特区内部，罗湖区的人口增长速度都落后于福田和南山两区，并且直至 1995 年，其增长速度都低于全市平均增长水平；南山区的人口在 1987—1990 年间出现急剧增长趋势，年均增长率达到 25.2%；但是自 1990 年后，福田区的人口增长始终保持着经济特区内的最高年增长率，并且在 2000 年成为经济特区内人口最多的行政辖区。从辖区人口密度的角度对比，经济特区内的人口密度远远超过了经济特区外，尽管自 1987—1995 年间的经济特区外人口增长速度始终高于经济特区内。

除了对辖区人口数量和人口密度的考察，对建成区人口密度变化的考察更为重要(表 3－18)，能够直接反映出不同辖区建成空间内的人口密集程度。1994 年，全市建成区常住人口密度超过了 1.12 万人/平方公里，同期经济特区内为 1.46 万人/平方公里，而经济特区外为 0.95 万人/平方公里，表明经济特区内人口密集程度超过了经济特区外。在经济特区内部，罗湖盐田的人口密度高达近

①　由于盐田区真正的大规模开发要在 1990 年代末期，此时人口实质上大多集中在现在的罗湖区范围内。

2 万人/平方公里，远远超过了福田和南山的 1.42 万人/平方公里和 1.01 万人/平方公里，表现出人口高度密集的状况。而经济特区外部，宝安区的建成区人口密度达到了 1 万人/平方公里左右，略低于经济特区内的南山行政区，龙岗区指标为 0.89 万人/平方公里。但是到了 2000 年，建成区人口密度发生了较为明显的变化，全市指标下降为 0.93 万人/平方公里，有较为明显的下降趋势。但同期经济特区内部的建成区人口密度指标仍有上升，达到了 1.54 万人/平方公里，除南山区人口密度略有下降，罗湖盐田和福田都有较为明显地上升。经济特区外的建成区人口密度则明显下降，到 2000 年仅为 0.72 万人/平方公里，其中又以宝安行政区的下降最为明显，从 1 万人/平方公里下降到 0.68 万人/平方公里。

表 3-18　特征年份的分区人口密度(单位：人/平方公里)

		全市	特区内	其　中			特区外	其　中	
				罗湖盐田	福田	南山		宝安	龙岗
1980	辖区	171	240				153		
1985	辖区	452	1 199				264		
1987	辖区	592	1 531	1 986	2 419	695	356		
1994	辖区	1 722	3 766	4 339	6 194	2 093	1 207	1 438	1 012
	建成区	*11 221*	*14 607*	*19 639*	*14 218*	*10 112*	*9 494*	*10 052*	*8 901*
2000	辖区	2 222	5 241	5 115	10 050	3 071	1 462	1 848	1 136
	建成区	*9 271*	*15 436*	*21 224*	*17 429*	*9 704*	*7 165*	*6 755*	*6 900*

※　人口数据采用常住人口数量；各辖区统一采用 2001 年用地面积标准；

1987 年人口数据来源为：《深圳市“七五”时期国民经济和社会统计资料(1986—1990)》；1994 年人口数据来源为：《深圳统计年鉴 1995》；2000 年人口数据和统一采用的辖区用地面积数据来源为：《深圳统计年鉴 2002》；1994 年和 2000 年建成区用地面积数据来源为《深圳 2005 拓展与整合》。

综合考察人口分布和居住空间用地的演变趋势，能够更为清晰地反映不同区域范围居民的整体居住情况。在居住功能空间的分布演变趋势方面(表 3-8，表 3-10)，到 1980 年代中期，深圳城市建成区内的居住空间主要分布在罗湖—上埗、蛇口、沙头角三个地区，其中又以罗湖—上埗地区最为集中，超过 50%以上的居住用地集中在该地区；此后，随着城市空间的扩张，居住空间也随之在经济特区内外扩张，但相比工业仓储类用地，直至 1990 年代末期，全市居住用地仍主要集中在经济特区内(58.2%)，而此时经济特区内的建成用地规模仅为全市的 28.5%。据此可以清晰地发现，居住用地的空间扩张趋势与全市常住人口的空间扩张趋势存在着显著的差异。综合多方面的特征表明，城市居民在经济特区内部具有显著较高的集聚程度，并且尽管从建成空间方面考虑的总体生活空间相对拥挤（相对密度较高），但是在密切关系生活质量的居住功能空间规模方面却相比经济特区外更为宽敞（相对密度较低）。

此外还有不容忽视的数量庞大的非常住人口。2000年的人口普查数据表明其总人口接近270万，与常住人口的比例超过了0.6。对2001年的外来人口（包括常住和非常住人口中的暂住人口）研究表明（张宙敏、黄伟，2004），非常住人口的三产比例达到了1.6％、53.5％、27.2％，与2000年人口普查的全市构成比重（1.6％、69.1％和29.3％）接近。如果计算以上未经统计的非常住人口（表3－19），则经济特区外居住用地的人口密度将会更高（提高到1.6倍，但实际上有很多人口未居住在所谓的居住用地中），并且宝安区的非常住人口比例相对最高，与常住人口比达到了0.8∶1，而同期龙岗区仅为0.3∶1，经济特区内则为0.4∶1。该报告对不同辖区的外来人口①性质研究表明，非常住人口在经济特区内从事行业主要为：生产和运输行业39.4％，商业和服务业29％；在宝安区主要为：经商者39.8％，务工者39.3％，建筑业13.7％；在龙岗区主要为：务工者达到77.3％，经商者9.5％。显然，大量务工者已经随着产业的空间布局结构变迁趋势迁移到了经济特区之外，而经济特区内部更多地聚集了第三产业劳动者。

表3－19　2001年末深圳人口分布简况(单位：万人)

		全市	经济特区					经济特区外		
			合计	福田	南山	罗湖	盐田	合计	宝安	龙岗
常住人口	合计	468.76	221.68	84.43	55.07	68.67	13.51	247.08	144.11	102.96
	户籍	132.04	83.23	33.27	17.64	29.61	2.71	48.81	27.55	21.26
	暂住	336.72	138.45	51.16	37.43	39.06	10.80	198.27	116.56	81.70
非常住人口		239.79	90.86					148.93	115.98	32.95
合　计		708.55	312.54					396.01	260.09	135.91

※　资料来源：非常住人口数据来源为《对深圳“外来人口”问题的重新认识及对策建议》，原数据为已经办理暂住证人数，经计算（减掉常住人口中的暂住人口数量）得出表中数据，该文中数据系根据暂住证统计所得，复核证明与人口普查数据有高度一致性，并且由于2003年前公安机关流动人口办证率约为90％，数据可靠性较高；其他数据来源为《深圳统计年鉴2002》。

① 为区别该研究中暂住人口（包括非常住人口中的暂住人口）与本书暂住人口的概念，对该研究中的暂住人口采用流动人口表述。

3. 居住空间的主要类型与分布特征

在城市人口及其空间分布特征变迁的同时，不同类型的居住空间对于社会人群的空间分布也具有重要的影响作用。从供给方面考虑，在城市的发展历程中，深圳的住房供给形成了多种途径。在改革开放初期，深圳的住房供给主要包括 3 种途径，其一，占主导地位的仍然是由政府机关和企事业投资兴建并分配单位员工的福利用房，如罗湖区“新秀小区”[①]等就是这种类型的典型代表，这类居住小区相对集中布局在罗湖—上埗、蛇口等地区；其二，早期主要面向海外的高档居住小区，如 1982 年开始建设的“怡景花园”和 1986 年开始建设的“东方花园[②]”，这类小区在特区范围内呈相对分散布局的方式；其三，由原农村社员、海外人士、部分城市居民兴建的自用住房，这些住房主要集中在原有村庄用地范围内[③]。

自 1980 年代中后期直至 1990 年代初期，深圳市制定了一系列的住房制度改革措施，由此推动城市居住房屋供给途径的根本性变革：其一，房地产开发在全社会住宅供给中的地位迅速上升，并很快占据了主导地位（表 3 - 20）。到 1990 年，房地产开发在全社会住宅投资和当年竣工建筑面积中所占比重就分别达到了 30.8%和 34.3%，到 2001 年更是达到了 84.0%和 67.2%，占据了绝对主导地位；其二，经过住房制度改革，政府直接投资或统筹投资建设住宅类型包括福利商品房和微利商品房[④]两部分，其中福利房由市房屋局（后为住宅局）投资建设，提供给党政机关、事业单位职工居住，土地由政府供给，减免地价；微利商品房是一种介于福利商品房和市场商品房之间的低利润商品住房，主要提供给需要扶植的企业和特殊困难户居住。回收资金和盈利可作为建房基金，由房屋局统筹安排，用于扩大住房建设。但是这一途径不仅面向特定群体，而且所占比重迅速下降；主要由村民，以及其他形式的居住房屋供给形式仍占据一定地位。特别是在城市内的所谓“都市里的村庄[⑤]”，不仅提供的房屋业态有着鲜明

① 该小区为 1987 年建成的多层住宅小区，主要用于安置深圳建设兵团转业职工建设。资料来源为：《中国城市的时空间结构》。

② 资料来源为：《深圳城市规划》。

③ 当时特区内存在着农村社员未经审批任意占地建房现象，为此深圳市政府自 1982 年直至 1985 年陆续出台了若干相关规定对村民和市民建房进行规范，这些文件反映出当时如下现象：其一是存在较为突出的未经审批建设现象，参与人员主要包括正文中涉及对象。其二，政府规范允许村民和部分海外人士在经批准的情况下在一定范围内根据一定标准自建住房。相关政府文件资料来源为：《深圳市规划国土房地产规范性文件汇编》。

④ 资料来源：《深圳经济特区居屋发展纲要》等政府文件，见：《深圳市规划国土房地产规范性文件汇编》。

⑤ 资料来源：重要根据《罗湖区原农村私人建房调查报告》、《福田区农村城市化地域改造发展对策研究》。

特征，相当多的开发建设几乎处于失控状态，并且在面向人群方面也更为复杂；此外，在经济特区开发的早期，主要由政府出面主导，还建设了一定数量规模的“安置区”类型的临时居住小区，为较低收入人群提供了居住房屋。除了这些反映到功能用地层面上的居住房屋供给，实质还包括相当一部分以“宿舍”形式存在的居住房屋供给，特别是在一些工业小区内部，或者一些工业企业内部。

表3-20　特征年份深圳全社会住宅投资(亿元)与竣工建筑面积(万平方米)

		合计	基本建设		更新改造		房地产开发		集体经济		私人建房	
		总量	总量	比例	总量	比例	总量	比例	总量	比例	总量	比例
投资	1990	16.45	9.24	56.2	0.00	0.0	5.06	30.8	0.17	1.0	1.99	12.1
	2001	234.17	22.07	9.4	0.63	0.3	196.71	84.0	6.96	3.0	6.76	2.9
面积	1990	183.24	55.77	30.4	0.03	0.0	62.87	34.3	7.35	4.0	57.22	31.2
	2001	852.58	120.57	14.1	0.93	0.0	573.21	67.2	61.74	7.2	81.39	9.5

※　资料来源：《深圳统计年鉴2002》。

随着商品房开发逐渐在居住空间拓展中占据绝对主导地位，收入水平逐渐替代职业身份成为居住空间分异的重要指标①。通过商品房价格的考察，研究期间，罗湖区保持着相对较高收入者居住聚集区域的地位，而福田区近年来的房价也明显上升，成为仅次于罗湖区的较高收入群体聚集区域。对于微观层面的较高房价居住小区分布的变迁研究表明，总体上，经济特区内外的房价整体差距依然十分显著；但在经济特区内，较高售价商品住房在空间分布方面出现较为明显的扁平化趋势②③，多重因素决定了不同价位的商品房分布特征，如：其一，经

① 这种变异主要有两种途径，其一是已经由于职业原因获得居住房屋的居民通过购买市场商品房参与到以收入水平为特征的居住空间分异过程；其二是新购房者直接参与这一过程，由于深圳居民增长占绝对主导地位的是迁移性的机械增长，第二种过程在居住空间分异中发挥重要作用。

② 1996年罗湖区的较高房价主要出现在怡景别墅区(18 000元/平方米)和文锦路的海丽大厦(HK$8 000/平方米)、福田区主要在台湾花园(HK$8 500/平方米)和海滨广场(HK$7 238/平方米)、南山区则主要集中在华侨城地区，分别是海景花园(HK$6 000平方米)和东方别墅(13 900元/平方米)。资料来源：《深圳房地产年鉴1997》。

③ 2003年，较高房价住宅在罗湖区主要集中在罗湖口岸(9 000元/平方米)和东门片区(8 500元/平方米)，福田区主要集中在福田中心区、环中心公园片区、华强片区(8 500元/平方米)以及香密湖和上埗片区(8 000元/平方米)；在南山区则主要集中在华侨城片区(8 500元/平方米)和沙河高尔夫片区(7 500元/平方米)；盐田片区最高价为梅沙片区(6 500元/平方米)，但经过迅速上升也已经出现了超过8 000元/平方米或更高售价的商品住房；经济特区外较高售价商品住房则主要集中在特区检查站附近的布吉片区(3 800元/平方米)和龙岗中心城区(3 600元/平方米)(未考虑极高档商品住房的分布)。主要资料来源：搜房(网站)2003年11月份数据。

济特区内外的大区位影响；其二，拥有特定资源的空间区位，如传统高档住宅所在地区、紧邻城市主要商务和商业中心、优良的人文和生态环境、便利的交通设施等方面；其三，开发商的品牌信誉等方面(图 3-11)。

表 3-21　2003 年深圳全市分区商品房均价(单位：元/平方米)

	罗湖	盐田	福田	南山	宝安	龙岗
1996	5 725		5 423	4 850	4 229	3 923
2003	8 100	3 500	7 300	5 200	3 300	3 600

※　1996 年房价数据根据《深圳房地产年鉴 1997》统计的各区八层以上和八层以下商品住宅全年综合房价中的平均值。

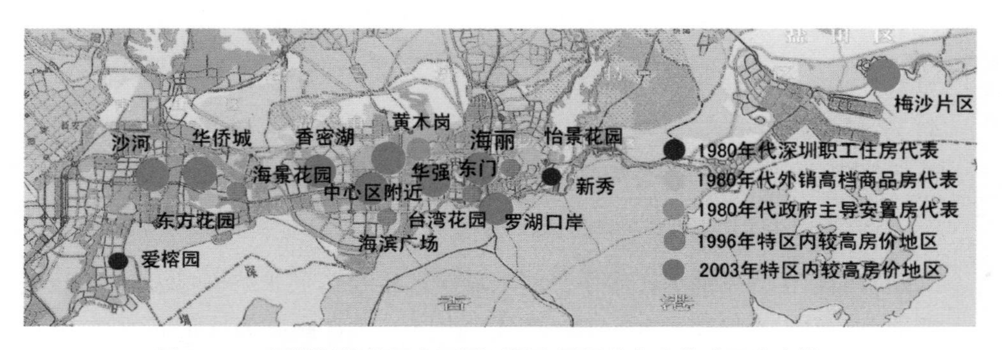

图 3-11　深圳经济特区内不同时期房屋及较高房价地区分布情况

资料来源：主要《深圳房地产年鉴 1997》、搜房(网站)2003 年 11 月数据、《深圳城市规划》。

※　2003 年房价来源为 http://newhouse. sz. soufun. com/asp/trans/BuyNewHouse/MapSearch_Shenzhen. asp，系搜房网 2003 年 11 月统计数据。

3.3.2　厦门的人口与居住空间分异的主要演变特征

自改革开放以来，厦门同样经历了显著的人口规模增长趋势，城市人口从业结构和空间分布等方面都发生着显著的变化，但与深圳趋势又有较为明显的不同，包括规模增长速度相对较弱，仍然有相当规模第一产业人口规模等多个方面；同时，在人口分布方面，同样有显著的向厦门本岛聚集的特征，但岛外整体居住空间(人均规模)改善趋势明显快于岛内，因此又与深圳形成显著区别；此外，厦门在发展过程中也形成了与深圳类似的多途径居住房屋供给方式，其中又以商品房市场为主要渠道，商品房屋售价的不同空间分布则反映出较高经济收入地位人群在经济特区内部聚集的典型特征。

1. 人口增长与主要特征变化

1980 年厦门人口 49.2 万人，辖区人口密度为 883 人/平方公里。到 2000

年，人口增长到147.3万人，接近于1980年人口总量的三倍，年均增长率达到5.6%，同时人口密度也上升为2 646人/平方公里。从增长历程分析，1990—2000年人口增量81万，年均增长率8.3%，人口增量约为前十年17.1万人的4.7倍，年均增长率也约为前十年3.0%的2.8倍，反映出1990—2000年间是厦门城市人口增长最为显著的时期①。

在厦门城市人口规模急剧扩展趋势中，大量的外来迁入人口占据着显著的主导地位，并且自1980年以来的外来人口规模（含同安）呈逐年增长趋势。1979—1983年间人口机械净增长为2.9万人，年均增长0.59万人；1985—1990年间达到9.4万人，年均增长1.89万人；根据第5次人口普查资料②，2000年厦门常住人口中的外来人口已经达到75万人。改革开放以来由此成为厦门外来人口迁入历史上规模最大和时间最长的时期③。

大量外来人口在推动厦门城市人口规模扩张的同时，也推动了城市人口结构的变迁。第5次人口普查结果显示，全市层面，外来人口相对原居住人口具有显著的五个方面的特征，其一，外来人口更年轻，其中40岁以下的占80.6%，而60岁以上的仅为4.0%；其二，外来人口的文化程度明显低于原住人口；其三，外来人口中农业户籍者比例为59.9%，远高于原住人口中农业户籍人口11.4%的比例结构；其四，74.1%的外来人口原职业在民营企业和个体户，大大高于原住人口的43.6%；其五，外来人口从事行业最多的是服务业（主要是餐饮、宾馆、旅游等），占43.6%，显著高于原住人口中的15.5%的结构比例。

到2000年，包括同安在内的全市全社会劳动从业人员达到103.8万人，三次产业分布比例依次为23.6%、42.6%、33.8%④（表3-22），相比深圳第一产业从业比重明显较高，而第二、第三产业比重则都相对较低。从发展历程分析，第一产业1985年的从业者比例高达46.8%，到2000年下降23.2个百分点，其中在1990—1995年间累计下降12.4个百分点，是下降最为显著的阶段；第二产业1985—2000年间的从业者比例累计增长15.6个百分点，其中增长最为显著的阶段同样出现在1990—1995年间，该阶段第二产业从业者比例增长11.5

① 1980年人口数量来源为《厦门市城市建设总体规划说明书1981—2000》。

② 厦门人口普查资料无特别注明均来自：《厦门市第五次人口普查手工快速汇总资料汇编》。

③ 资料来源为：《厦门城市与社会发展综合背景研究》，见《厦门市城市发展概念规划研究专题报告》。

④ 从业者总量和行业分布均以统计数据为准，由于农业人口主要分布在同安区内，在研究区范围内的第二和第三产业从业者数量和比例实际应当高于本书表中数据，本书因此主要分析三次产业从业者间比例及其发展关系。

个百分点，远远高于其他时间的增长趋势；第三产业 1985—2000 年间的从业者比例累计上升了 7.6 个百分点，其中 1990—1995 年间是从业者比例增长最为缓慢的阶段，仅上升 0.9 个百分点。从三次产业从业者间比例关系的发展历程分析，1985 年三次产业从业者数量依次为一、二、三次产业，到 1990 年演变为一、三、二的结构关系，而从 1995 年直至 2000 年，从业者比例关系一直稳定在二、三、一的结构关系中。在 1985—2000 年间，三次产业从业者比例演变最为显著的时段均出现在 1990—1995 年间，表现在第一产业从业者比例的急剧下降、第二产业从业者比例的急剧上升和第三产业从业者比例上升趋势的相对停滞。

表 3-22　特征年份厦门全社会从业劳动者行业分布概况(%)

年　度	1985	1990	1995	2000
第一产业	46.8	41.4	29.0	23.6
第二产业	27.0	28.9	40.4	42.6
第三产业	26.2	29.7	30.6	33.8

※　资料来源为：《深圳统计年鉴 2002》。

根据人口普查资料统计分析表明，厦门市(含同安)1990—2000 年间的受教育程度在大学、高中、初中以上的人口比重均有明显上升，而市属企事业单位专业技术人员中中级以上职称人员比重也有显著上升，表明城市人口的整体受教育程度提高。相比同为深圳等其他经济特区，厦门全市大专教育程度以上的万人指标(837 人)在 4 个经济特区城市中具有较为明显的优势(深圳为 806 人，珠海为 750 人，汕头为 222 人)。但在专业技术人才拥有量方面，厦门无论在总量规模(16.19 万人)还是在万人指标(1 255 人/万人)方面都与深圳有较为明显的差距(62 万人和 1 530 人/万人)[①]。

1980—2000 年间，厦门城市居民生活水平显著上升(表 3-23)，在岗职工年均货币工资的年均增长率达到 16.5%，货币工资数量从 1980 年的 718 元上升到 2000 年的 15 279 元，上升约 21 倍。其中 1990—1995 年间的增长速度最为显著，年均增长率为 24.1%；而 1990—2000 年间的增长速度相对最慢，年均增长率为 10.5%；同期城镇居民人均可支配收入从 450.7 元上升到 10 497 元，上升约 23 倍，年均增长率达到 17.0%。其中 1985—1995 年间的增长速度最为显

① 资料来源：厦门市人才资源发展“十五”规划，转引自：《厦门市城市发展概念规划研究》。

著，年均增长率达到了22%以上，而1995—2000年间的增长速度较为缓慢，年均增长速度进位8.0%；在收入增长的同时，城市居民的居住条件也不断改善，市区人均居住面积从1980年的4.35平方米上升到2000年的14.52平方米，上升约3.3倍。从增长趋势分析，1995—2000年间的增长最为显著，人均居住面积增长5.12米，年均增长率达到9.1%。从面积增量和年均增长率两个方面分析，1985—1990年间是增长趋势最为缓慢的阶段，面积增量和年均增长率分别为1.38平方米和4.0%。

表3-23 特征年份厦门市民的收入与居住状况

年度		1980	1985	1990	1995	2000	累计
在岗职工年均货币工资	数量(元)	718	1 337	3 155	9 282	15 279	
	年均增长率		13.2%	18.7%	24.1%	10.5%	16.5%
城镇居民人均可支配收入	数量(元)	450.72	962.88	2 608.16	7 135.08	10 497	
	年均增长率		16.4%	22.1%	22.3%	8.0%	17.0%
市区人均居住面积	数量(平方米)	4.35	6.32	7.70	9.40	14.52	
	年均增长率		7.8%	4.0%	4.1%	9.1%	6.2%

※ 资料来源为：《厦门经济特区年鉴2002》。

2. 城市人口的空间分布特性变化

自1980年之后，随着城市整体空间规模和空间形廓的不断扩张，厦门的人口和居住空间分布都出现新的演变特征。

在人口的空间分布方面(表3-24)，1980年本岛人口总量为31万，比重为63.0%，此后二十年间的岛内人口年均增长速度(6.5%)明显超过了岛外近郊(3.7%)，到2000年本岛人口总量达到109.7万人，比重也上升到74.5%，相比1980年上升11.5个百分点。从增长历程分析，1980—1990年间本岛内外的人口增长速度均明显低于1990年代，其中1980年代本岛内的人口年均增长率为3.6%，高出岛外1.7个百分点，1990年本岛人口构成比重因此上升3.8个百分点，达到66.8%，人口总量也上升为44.3万人；到1990年代，本岛人口年均增长率达到9.5%，高出岛外4个百分点，表明人口在岛内的聚集速度相比1980年代加快，并因此推动着岛内人口总量和比重的继续上升。随着厦门城市人口在岛内的不断集聚，本岛人口密度也迅速上升(表3-25)，并与岛外人口密度差距日益显著。1980年岛内人口密度为2 306人/平方公里，岛外为431人/平方公里，两者相差5.4倍。然而到2000年，岛内人口密度已经达到8 159人/平方公里，相比岛外的891人/平方公里差距拉大到9.2倍。

表3-24　厦门的人口增长与空间分布

	合计		本岛及鼓浪屿			岛外近郊		
	数量（万人）	年均增长率	数量（万人）	年均增长率	比例	数量（万人）	年均增长率	比例
1980	49.2		31.0		63.0%	18.2		37.0%
1990	66.3	3.0%	44.3	3.6%	66.8%	22.0	1.9%	33.2%
2000	147.3	8.3%	109.7	9.5%	74.5%	37.6	5.5%	25.5%
累积		5.6%		6.5%			3.7%	

※　岛外近郊包括集美和杏林两行政区。
※　1980年人口原始数据来源为：《厦门市城市建设规划说明书1981—2000》。
※　1990年和2000年的人口原始资料来源为：《厦门市第五次人口普查手工快速汇总资料汇编》。

表3-25　特征年份的厦门辖区人口密度（单位：人/平方公里）

	合计	本岛	其中				岛外	其中	
			鼓浪屿	思明区	开元区	湖里区		杏林区	集美区
1980年	883	2 306					431		
1990年	1 191	3 295	12 828	5 867	4 519	1 309	521	966	437
2000年	2 646	8 159	10 283	7 207	10 100	6 728	891	1 086	698
1990年代年均增长率	8.31	9.49	−2.19	2.08	8.37	17.79	5.51	1.18	4.79

※　1990年和2000年人口数据为人口普查数据，土地面积数据为2001年统计数据；与此前功能空间讨论中不同，杏林此处为行政辖区，包括此前地海沧、新阳等地。
※　原始数据来源：《厦门城市与社会发展综合背景研究》（见：厦门市城市发展概念规划研究——专题报告）、《厦门经济特区年鉴2002》。

在分区空间层面上①，本岛各区人口密度均显著高于岛外。在岛内，鼓浪屿区人口密度尽管有明显下降，到2000年达到10 283人/平方公里，但仍是城市人口密度最大地区，其中1990年人口密度更是远远高于其他各区。从人口密度的增长速度分析，1990年代湖里区人口密度增长速度最为显著，年均增长率达到17.8%，尽管到2000年其人口密度仍然在岛内最低，但人口密度已经从1990年的1 309

① 此处采用行政辖区概念，岛外杏林包括了功能空间分析中的海沧和新阳等地区。

人/平方公里上升到2000年的6 728人/平方公里；从增长幅度分析，开元区的增幅最为显著，从1990年的4 519人/平方公里上升到2000年的10 100人/平方公里，显著超过思明区，成为人口密度仅次于鼓浪屿的行政辖区；在岛外，尽管杏林区的人口密度仍显著高于集美区，但年均增长率(1.2%)却明显低于集美(4.79%)。以上分析表明，尽管1990年代厦门的建成空间已经迅速向岛外扩张，并因此极大地推动了岛外的建成空间规模，但城市人口仍继续向本岛高度聚集。

在厦门人口数量空间分布演变同时，不同空间范围的人口性质也有着显著差异或变化。2000年第5次人口普查表明，其一，在人才空间分布方面，本岛集中了厦门全市(含同安)83.9%的专业技术人员，考虑到同安还分流了部分岛外的专业技术人员，本书中的本岛内、外专员技术人员的实际差距还将进一步拉大，表明岛内居住人口的技术层次明显高于岛外，并且这一特征在高级人才分布上更为突出；其二，在受教育水平方面，本岛各区的人均受教育年限普遍在9年以上(湖里区为8.95年)，明显高于岛外近郊(杏林区8.11年，集美区8.48年)。同时在每10万人拥有小学以上文化程度人数比较中，本岛各区在大专和高中两个项目上也普遍明显超过岛外各区。从行政辖区的角度分析，本岛内的人口受教育程度以湖里区明显较低，而思明区相对水平最高，而岛外则是集美区的人口受教育程度又明显优于杏林。

对应城市人口在不同空间范围的不断增长，厦门的城市居住用地也迅速在不同行政辖区内规模扩张。在整体空间层面上，居住用地在20年间的年均增长率达到了11.2%(表3-12计算)，其中1980年代的年均增长率为13.26%，明显高于1990年代的9.26%，显然，居住用地的增长速度与人口的增长速度在时间上形成了明显的反差。而厦门居住用地在1980年代前5年的年均增长速度为15.76%，又明显高于1980年代的年均增长速度。

在空间分布方面，1980年本岛居住用地约3.2平方公里，占城市居住用地总量的90.1%，并且这些建成居住用地主要集中在思明老城区范围内；到1990年，本岛居住用地达到11.1平方公里左右，在城市居住用地总量中比重约为89.9%，基本相同于1980年的构成比例，而同期的人口聚集则明显呈向岛内更快集聚的特征。在1990年代，尽管岛内居住用地增长仍达到了7.8%的年均增长率，但已经明显低于岛外同期17.8%的年均增长率，2000年居住用地在岛内的比重也下降到了78.52%，明显低于1990年。然而1990年代的人口增长趋势却仍呈现高速向岛内聚集的过程，两者背离趋势更加明显。如果从人口总量与居住用地规模比例在不同空间范围的演变趋势分析[①](表3-14,表3-24),本岛在经历了1990年的指数明显下降(从1980年的9.69万人/平方公里下降到1990年的4.00万人/平方公里)后,到2000年又出现明显的反弹(到4.67万人/平方公里),表明岛内在1990年经历了明显的人口密集趋势;而岛外均为明显下降,虽然到2000年岛外指标(5.85万人/平方公里)仍明显高于岛内,但连续的明显下降趋势表明,随着居住空间扩张重心逐渐向岛外转移,岛外居住空间趋势相比岛内正日趋宽松改善。

3. *居住空间的主要类型与分布特征*

从居住房屋的主要提供途径分析,厦门与深圳有着相似的情况。自1980年代末期直至1990年代初期实施住房制度改革[②]后,厦门的住房提供主要包括3种途径,其一,完全市场化的商品住房,从实际的销售趋势分析[③],早期的商品住房主要由非户籍人口购买,高峰时期曾达到70%的比重,而近年来户籍人口购买比重正在上升;其二,主要由政府主导或者参与的房屋供给途径,又包括多种类型,涉及不同城市人群,如面向政府和事业单位群体的公有住房、面向本岛户籍人口的经济适用房,占据了主要地位。此外还有面向贫困家庭的解困房、廉租房,临时用途的周转房,满足外来人群的所谓外口(即外来人口)房。如同厦门城市居住用地的建设发展趋势,早期这些政府主导途径的住房,特别是占主流的公有住房、经济适用房、解困房等主要都集中在岛内,直至近年来才出现向岛外发展的趋势[④]。此外,相比深圳面向包括暂住人口在内的常住人口人群,厦门政府主导途径面向更为特定人群,如经济适用房指向的岛内户籍人口;其三,因城市迅速发展而纳入建成区内或位于边缘地区的所谓城中村,其住房属于原村民,但在城市继续发展中更多地容纳了外来的流动人口,特别是收入相对较低的那些外来人口。杨春(2003)对于厦门莲坂城中村的调查表明,这里的外来流动人口(2万人)约为原居民(4 500人)的4倍有余,并且无论是职业、文化程度、来源和

---

① 由于人口数量包括了非城市内居住居民,必然导致早期数据偏高(因为偏差人口数量规模较大),而随着时间发展这种相对偏高将逐渐降低。

② 有关文件资料来源:《房地产与住房制度改革》,见 http://www.fjcns.com/fjgl/bmxz/cxjs_fj_10.htm、《厦门市住房制度改革实施方案》,见 http://www.yfzs.gov.cn/gb/info/LawData/difang/FuJian/2003-04/01/1712179429.html。

③ 资料来源为:《厦门商品房购房人群变化解读(上)》,2004年7月。厦门市建设信息网(网站)建设动态中相关内容:http://www.xmcic.com.cn/jsdt/index.asp。

④ 相关资料主要参阅《廉租房制度酝酿改革》《外口居住区圈出9块地》《厦门解困房9年盖了3万套》《厦门房地产业:岛内热,岛外冷》《800套经济适用房年内发售》等相关内容,资料来源为:厦门市建设信息网(网站)建设动态中相关内容:http://www.xmcic.com.cn/jsdt/index.asp。

收入等各方面都非常混杂，呈现典型的杂质特征。

随着市场化的发展历程，商品房市场途径已经在发挥着日益重要的作用(表3-28)。因此，透过商品房屋售价同样是观察厦门社会空间分布的重要途径。从不同房价的空间分布特征分析，相似于深圳市的主要影响因素，其一，是本岛内外商品房售价有着显著的差距，10年内房龄的二手房售价在2003年普遍差距在1 000元/平方米以上①。其二，在岛内，筼筜湖附近、南部沿海一线、新建成的前埔地区等都已经成为本岛内房价相对较高的地区，其中位于本岛东部的前埔表现最为突出，仅经历几年开发时间，就已经成为厦门较高售价的地区②(可主要参考图3-8，与开放强度分布一致)。而这些地区无不集中着良好的景观资源和便利的日常生活资源。

表3-26　特征年份厦门全社会固定投资情况

	合计	基本建设		更新改造		房地产开发		集体经济		私人投资	
	总量	总量	比例	总量	比例	总量	比例	总量	比例	总量	比例
1980	12 176	9 208	75.6	2 532	20.8	—	—	436	3.6	—	—
1990	175 567	71 450	40.1	29 227	16.6	43 169	24.6	7 347	4.2	15 100	8.6
2000	1 750 172	604 899	—	229 646	13.1	621 211	35.5	23 402	1.3	32 271	1.8

※　资料来源：《厦门经济特区年鉴2002》。

3.4　深圳和厦门城市空间形态演变主要特征总结

此前，本书在两个层面上回顾分析了深圳和厦门自改革开放设立经济特区以来的城市空间形态演变的主要特征，包括在整体空间形态层面上，对城市空间形廓、空间规模和开发强度三个方面的主要演变特征分析；以及在城市内部空间形态层面上，对城市功能空间、人口和居住空间两个方面的主要演变特征分析。实质上，这些不同层面的城市空间形态演变特征是在同一城市空间范畴内和经历共同历史发展形成的，它们在演变发展过程中是相互影响和相互作用的过程。

① 资料来源：厦门之家(网站)http://www.xmhome.com.cn。
② 资料来源：《厦门日报——商业导刊·房产》2002年3月21日第11版。

为此，以下将首先分别综合概括深圳和厦门两个城市的各自空间形态演变特征，并在此基础上进行必要对比和分析。

3.4.1 深圳的城市空间形态演变主要特征

在深圳，1980—2000年间的城市空间形态演变经历了三个主要历史阶段，依时间大约为1980年代中期之前、1990年代初中期之前，以及2000年前，简述如下。

(1) 1980年代中期之前

该阶段是深圳功能空间框架初步创立和形成的阶段。1970年代末期，现代城市功能和城市空间形态首先在经济特区内部，以不同方式在三个主要地点分别发育：其一，沙头角自发的“三来一补”，以及人员和物资的过境往来；其二，蛇口由交通部香港招商局经国务院批准设立蛇口工业区，建设港口和工业等现代功能。此后又有南油的开发建设，逐渐展开了蛇口—南头的地区开发建设；其三，罗湖原宝安县政府驻地的深圳镇，由经济特区政府先10平方公里，后马上在罗湖—上埗共50平方公里范围内大规模建设包括工业仓储、贸易等现代城市功能。此外，在罗湖—上埗，直至南南头—蛇口之间，则主要由一些企业分散进行与旅游功能密切相关的功能设施。

到1980年代中期，以上城市功能框架基本形成，但沙头角的扩张远远落后其他地区；罗湖—上埗相比其他地区发展最为迅速，城市人口和建设强度的集聚程度也最高；蛇口也有较快发展，并与南头出现连接发展趋势；此外，经济特区内部的罗湖—上埗到蛇口—南头之间轴状分散着零星的开发空间；而经济特区外，在罗湖—龙岗沿线略有零星开发建设，并相对快于西部后来的宝安区范围内。但在整体上，空间规模增长的重心明显集中在罗湖—上埗地区，这一地区的城市人口和空间开发强度的集聚程度也最为显著。

经过这一时期的发展，深圳经济特区内的空能空间和空间形态框架初步形成，而公共服务和工业仓储的功能空间发展较为突出。

(2) 1980年代中期—1990年代初中期

这一阶段是深圳城市功能空间和整体空间形态扩张转型时期。首先是整体城市空间形态的扩张迅速在全市域展开。在经济特区内建成空间高速发展，并基本形成了罗湖—上埗、蛇口—南头，及其中间轴带密集发展的同时，从经济特区分别向龙岗和宝安延伸出两条建成空间形态集中扩张的轴带。并且经过这一时期的发展，整体城市空间形态的扩张重心从经济特区内部转向外围，并显著从龙岗的东部轴带转向西部宝安一侧。并且，相对分散的那些镇、村也各自显著发展，深圳市域空间范围内的中、西部地区已经形成了建成空间的密集地区，为此后网络形态的初步形成奠定了基础。同期的开发强度在经济特区内部继续显著上升，特别是在罗湖地区。

与此同时，工业仓储功能空间已经在经济特区内部经历了急剧的规模扩张，并呈现出分散布局的特征，同时，扩张的重心也已经开始向经济特区外部转移；而此时，人口仍然主要表现为在经济特区内部的高度集聚。

(3) 1990 年代初中期—2000 年

这一时期是深圳城市功能空间和整体空间形态的扩张重整阶段。城市整体空间形廓的扩张重点在经济特区外部，在市域范围内东西两侧轴带依然快速扩张同时，中部地区的空间扩张速度显著，并因此在市域中、西部地区初步形成了网络型的城市空间形态趋势。经济特区内部在经历了这一时期的发展后，罗湖—南头(蛇口)沿线更加密集，而罗湖东部也有明显沿边沿海发展趋势；并且整体城市空间的开发强度仍然明显上升，特别是在经济特区内部的罗湖—蛇口带型内，同时，经济特区外部邻近的布吉等地密集发展趋势也已经出现。

功能空间的重整趋势明显，特别是在经济特区内部。在经历了初期工业仓储功能空间的数量减少后，又出现新的发展；而公共服务功能空间扩张趋势显著，并且已经对一些早期的工业仓储功能空间形成了入侵和部分改造。居住空间在经济特区内部的发展趋势明显优于经济特区外，由此尽管经济特区内人口聚集趋势仍然明显，但居住空间相对经济特区外更加趋于相对宽松状态。而经济特区外部，尽管已经成为人口分布的重心所在，但居住功能空间和公共服务功能空间的发展相比工业仓储空间明显滞后，并且实质上形成了结构型的扭曲。经济特区外的建成用地不仅集约程度明显低于经济特区内部，而且由于镇村发展模式导致特别是工业仓储用地分布的分散和凌乱。同时，在经济特区内部，尽管多种居住房屋提供途径并存，但商品房市场占据了绝对主导地位，由此经济收入水平成为居住空间分异的主导，高档居住空间的分布既与人文的如商业、旅游、交通、传统等地区密切相关，也与生态环境、开发商品牌相关，散布在经济特区内部，而经济特区内部的较高价格商品房的整体空间分布方面已经开始出现扁平化趋势。

3.4.2　厦门的城市空间形态演变主要特征

在厦门，城市空间形态的演变主要经历了两个历史阶段，分别是 1990 年代初期前的本岛扩张阶段和1990年代初期后的岛内外共同扩张阶段。

(1) 本岛扩张阶段

1990年代之前的厦门城市空间形态扩张主要表现为在本岛的高度集聚扩张特征，扩张主要集中在本岛的西侧老市区东北和湖里经济特区。岛外尽管也有扩张，但仍集中在改革开放之前已经形成的杏林和集美片区基础上小规模扩张。城市整体开发强度在此期间也经历了早期的下降和后期的上升波动。

这一时期，厦门城市空间形态扩张中最为突出的表现为居住功能空间的扩张，并高度集中在岛内，而岛外也是居住功能空间的扩张占据主要地位。与这一趋势对应的是城市人口在岛内的高度集聚。

(2) 岛内外共同扩张阶段

1990年代初期之后，是厦门城市空间形态在岛内外共同扩张的时期，并且经过这一时期后，岛外的空间形态扩张趋势更为显著，并且形成新的空间形态扩张地区，如新阳和海沧片区。尽管尚未完全成型，但星座型的岛内外整体空间形态形成雏形。而城市整体空间形态的开发强度同样经历了先降后升的波动过程。

这一阶段的工业仓储功能空间的扩张趋势显著，并在岛外主导了新阳和海沧片区的发展，改变了集美集中于文教的主导功能，而传统的工业生产片区杏林则出现综合化发展的新趋势。与空间扩张趋势相反，人口继续向岛内集聚。同样，岛内居住房屋也包括多种途径，相比深圳，政府的支持措施更多偏向于岛内的户籍人口，而高档商品房同样出现在高品质资源，特别是环境资源的附近。

3.4.3 两个城市空间形态演变的主要特征比较

同样作为最早设立的经济特区城市，并且厦门具有相对较早的城市建设基础。深圳和厦门自改革开放以来的城市空间形态扩张既有着相同的趋势，更有着显著的差异。

在共同的演变特征方面，两个城市都经历了前所未有的城市整体空间规模和形廓的扩张历程，并且逐渐走向分散化的空间形廓特征，但城市的整体开发强度在总体趋势上都呈现上升趋势，人口也保持着持续的增长趋势，但两个城市在人口集聚与空间形态扩张方面都出现明显的背离趋势现象；城市功能空间扩张中都经历了共同的工业仓储功能空间的扩张阶段，并迅速由核心地区向周边地区扩散，而核心地区已经出现公共服务占据主导地位的趋势；居住人口都经历了向核心地区显著集聚的过程，而核心地区的居住空间质量发展趋势也明显高于外围地区,居住空间扩张趋势和人口聚集趋势的背离决定了不同人群居住环境差距的日益显著,经济收入水平在分异居住空间中发挥着越来越重要的作用必然进一步加剧这一过程;城市人口集聚表现为典型的机械迁移主导,人口的劳动力高度集中特征明显,并且主要集聚在第二产业,户籍、常住、流动人口已经出现明显的倒置现象,人口的整体素质相对国内一些传统特大城市偏低;城市的发展已经明显地提高了城市居民的平均生活水平。

但是也有明显的不同特征。深圳的城市空间形态扩张趋势和进程明显超前于厦门;城市整体开发强度的上升趋势保持着稳定并因此区别于厦门的波动趋势;城市的功能空间扩张进程同样先于厦门的发展趋势,城市周边扩散的趋势明显;深圳的城市空间形态和功能空间在急剧外推扩张的同时,还带有显著的村镇分散发展趋势,厦门尽管也有这方面的特征,但相比深圳更有秩序;两者的先发特征有显著差异,厦门早期居住功能空间的扩张占据主导地位,而深圳则更多地表现为公共服务和工业仓储功能空间为主导;深圳已经经历着人口集聚重心先经济特区后经济特区外围的过程,而厦门城市人口集聚仍主要表现为岛内集聚趋势;与此相对应的是两个城市各不相同的城市人口集聚与空间形态扩张的明显背离趋势:在深圳,城市人口规模重心已经逐渐向经济特区外转移,但城市居住空间依然高度向经济特区内聚集;在厦门,尽管岛外的居住空间人均规模条件相比岛内迅速改善,但城市人口仍然显著向厦门岛内聚集。

第4章 城市空间形态演变的结构性因素研究

在本书已经初步建构的成因机制解释性研究的两层面概念框架中，结构性因素居于第一层面，包括制序性因素、经济性因素、文化性因素、技术性因素和空间性因素五个方面。这些结构性因素既是城市社会系统存在和发展的限制性因素，又为其提供了机会。它们的演变从不同方面影响到同样参与其中的城市空间形态演变趋势；同时，它们既为城市社会系统的发展提供了约束和机会，又在能动者的社会行动与互动影响下发生演变，并由此反映出社会能动者层面的演变特征。结构性因素也因此又承担起解释性研究的中介作用。

基于以上认知，本章将对影响深圳和厦门的结构性因素分别予以阐述，涉及它们的主要特征及其演变趋势等方面。

4.1 制序性因素的演变特征

就影响城市空间形态而言，本书在概念框架的讨论中已经指出，制序性因素既反映并约束着社会不同能动者掌控城市空间形态所必须资源的权力关系，又直接影响到它们与之相关的社会行动与互动。国内自1970年代末期开始的改革开放进程，在其本质上正是涉及不同层面和范畴的显著制序性因素演变进程①，并且这一进程又与同期国际层面的显著发展演变趋势有着深刻的紧密联系。作为国内改革开放以来最早设立的经济特区城市，深圳和厦门的城市发展也因此与国内外制序性因素的显著演变趋势发生了紧密联系，为此从以下三个

① 林尚立(2003)的研究指出，中国改革中的一个核心问题就是权力关系的调整问题，其所说的这种涉及社会多个范畴的权力关系问题，正对应于本书的制序性因素的核心内涵。

方面分别阐述。

4.1.1　国际层面的主要演变趋势

从 1960 年代，特别是 1970 年代末期以后，国际层面经历了显著的发展演变进程，不仅涉及全球性的国际关系趋势，同时也涉及世界发展的政治、经济、文化和社会等不同范畴。伴随着改革开放的进程，国内发展在与国际发展形成日益紧密地互动影响关系同时，也日益深刻地感受到国际层面的这一显著演变趋势影响。

（1）冷战结束后的国际关系趋势

冷战曾是第二次世界大战后国际关系中最为突出的典型特征（梅振民，1993）。以超级大国为首的涉及世界众多国家的冷战导致了国际关系中的全面对抗，涉及政治、经济、文化和意识形态等不同范畴。然而自 1970 年代末，冷战格局开始从看似均衡状态向"西攻东守"转变。1980 年代末直至 1990 年代初，随着东欧国家的政权瓦解和前苏联的解体，冷战结束。

冷战的结束在迅速改变着过去的国际关系同时，也显著影响到世界范围的政治、经济和文化等不同范畴的发展演变趋势。在国际关系方面，无论是此前直接形成对抗的东方或西方国家体系，还是包括中国在内的众多处于中间地位的国家，都在正处于显著演变进程中的国际关系和秩序中寻找新定位。同时，随着冷战的结束，国际关系中的经济和科技竞争日益激烈，国家和政府也开始更为积极地参与到这些不同范畴的竞争中去；在世界发展趋势方面，随着冷战以西方体系的胜利告终，源于西方体系的政治、经济和文化等不同方面的制序性因素及其演变趋势也同样以胜利和先进者的姿态，在新的国际关系和国际交往中迅速向世界范围传播，并因此在世界发展的不同范畴中开始占据主流和主导地位。

（2）全球化进程及其影响

随着冷战结束，以及西方制序开始在世界发展趋势中占据主流和主导地位，全球化的进程犹如不可阻挡的时代潮流在世界范围内急剧扩张，促使"整个世界越来越紧密地联系在一起（人民日报，2003 年 2 月 25 日第十二版）"，并因此影响到世界主流发展趋势的不同范畴：

首先，全球化进程的核心是经济的全球化，其实质是资本的全球化（张庭伟，2003），并因此坚定地要求那些参与其中的国家和地方的经济发展融入全球经济发展体系，也就是西方发达国家主导的全球资本体系中，并因此要求其共同遵守西方经济体系的制序性约束。

其次，全球化对于世界发展的影响显然并不仅仅限于经济范畴。作为所谓的“逐步把世界纳入到一个全人类认同的基本价值和行为规则的体系中来的过程(赵诚，2003)”，全球化的影响已经渗透到世界发展的不同范畴，并且这种渗透固然与经济全球化的发展推动密切相关，更与西方发达国家的强力推行密不可分。在资本全球化的扩张需求推动下，西方发达国家的政府普遍采取了在全球范围内推行西方宏观经济管理规则(即新经济自由主义)和放松政府管制为核心的政治措施，要求发展中国家(包括前苏联集团国家)开放市场和参与全球经济(庞中英，2000)。而美国政府更是直接推动了这一全球化趋势，并利用其优势和影响力传播甚至强行推行其理念、价值观和政治制度(俞正梁，2000)。全球化的进程因此更多地涉及政治、文化和价值观，甚至包括艺术等不同范畴。

再次，随着全球化的不断范围扩大和深入发展，更多的国家和地区参与其间，并由此形成更为复杂的国家和地区之间，以及不同范畴间的互动关系。全球化进程因此在西方发达国家及其所倡导的制序占据主导地位同时，依然处于一体化与多元化并存的局面(李慎之，1998)。

4.1.2 国内层面的改革开放进程

历史发展的实践已经证明，中国自 1970 年代末到 1980 年代初开始实施的改革开放政策，既是积极加强与世界交往的过程，也是推动国内显著制序性因素的演变过程。这一演变过程不仅体现在社会的不同范畴，还体现在不同空间层面，其中又以得到国家强制力保障的国家体制的显著演变的影响和表现更为显著。

1. 体制改革的逐渐扩大与深入

中国的改革开放是一个在社会稳定基础上的渐进过程，并因此被认为是创造了世界的奇迹。总体而言，改革开放前，中国实行的是严格的计划管理，中央的高度集权贯穿于社会发展的各个范畴。改革开放以来，中国采取了权威主义的发展模式(邹建锋，2003，赵一红，2004)，也就是在中央的主导下逐渐推动了经济、行政和政治等不同范畴的国家重大体制的演变进程。

在经济体制方面，1978 年中央首先提出工作重点转移到以经济建设为中心；1984 年，中央又提出了社会主义经济是在公有制基础上的有计划的商品经济，并因此动摇了传统计划经济的基础；1987 年，中央进一步阐述了新的经济运行机制总体上应当是“国家调节市场，市场引导企业”的机制，并由此形成了计划和市场的双轨制；1992 年中央正式提出中国经济体制改革的目标是建立社会主义市场经济体制，并于 1993 年 3 月写进了修改后的《中华人民共和国宪法》，至此，经济体制改革的目标得以率先明确。此后，社会主义市场经济体制进入了不断完善和发展时期(余文烈，2003)。

行政管理体制在实质上是政治体制的有机组成部分，是政府(行政机关)的机构设置和运行机制。但在中国渐进式改革进程中，行政体制被作为相对独立的部分，并在国家的改革战略系统中更多地承担起连接政治和经济两大体制改革的纽带作用(胡伟、王世雄，1999；邹建锋，2003)。在相对狭义的概念范畴内①，中国的行政体制改革主要是以效率为目标的政府体制内的功能调整，其实质就是政府内部行政权力机制的重构，包括行政体系内部的纵向和横向的权力机制调整，以及行政体系与外部环境之间的权力机制理顺(胡伟、王世雄，1999)。从整体发展历程分析，改革初期直至 1990 年代初期，行政体制改革仍处于转轨的摸索和积累经验阶段；直至 1992 年建设社会主义市场经济体制的目标确立，行政体制改革进入实质性推动阶段(周志忍，1996)，并在 1998 年的新一轮改革中取得了明显进展(薄贵利，2003)：政府职能开始走向法制化的轨道，依法治国和依法行政已经成为政府运作的基本要求，一系列基本制度得以建立并逐步受到重视；行政体系内部经过了大规模的精简与调整以适应市场经济的发展需要；行政体系内部尽管条条的力量依然很强，但块块的力量越来越得到了强化(毛寿龙，2003)。

政治体制的改革涉及中国政治体制的民主化和法治化内容(徐湘林，2000)。改革的成就主要可以概括为三个方面：分别是人民代表大会制度的完善、党和国家的政权关系调整、政府的体制外功能调整等(佟玉华，2002)。从发展历程分析，1980 年代较为突出的发展出现于 1987 年后，主要表现为党政关系在实践过程中的调整，特别是与行政体制关系密切的权力过分集中现象的改革，但这一进程随后由于特殊的社会原因陷入基本停滞状态；直至 1992 年后，新一轮的政治体制改革得以继续展开，并且与 1980 年代相比有较大调整，从过去矛头直指权力过分集中弊病的全面体制改革，到对原有体制优势部分进行强化完善的改革。政治体制开始从传统的中央集权模式向适应社会主义市场经济发展的权威模式过渡。人民代表大会制度进一步完善，其地位和职能也不断得到强化；党的执政方式发生变化，提出了依法治国方略，党政关系进一步规范；法制建设和基层民

---

① 学术界在这方面存在争议，相当一部分学者将政府的改革——包括体制内、外的功能改革均归为行政体制的改革范畴。对此，胡伟和王世雄(1999)的研究认为两者存在明显区别，政府的"体制外功能"所产生的"民主导向的外在目标"实际上远远超出了行政体制改革的范畴，而恰恰是经济体制改革特别是政治体制改革的内容。因此，本文论述过程中将行政体制改革主要限定在政府体制内功能的改革方面，而将政府体制外功能的改革主要归为政治体制改革方面。

主建设得到了加强(佟玉华,2002)。

以上国家重大体制的改革历程表明,尽管不同范畴的重大制序性因素的演变进程有所不同,但以1992年为标志的1990年代初中期已经成为中国体制改革的重要时期,国家层面的经济、行政、政治等重大体制由此进入了新的实质性演变进程。而贯穿20多年改革进程中的,则是不同范畴制序性因素的局部和阶段性演变进程。

2. 改革开放的空间范围扩大

中国的渐进式改革开放不仅体现在不同范畴方面,还体现在不同空间层面的逐渐扩大方面。经过1970年代末期的调查研究,中央于1980年正式提出在深圳、珠海、汕头和厦门设立经济特区,并由此推动了改革开放进程在空间层面上的逐渐扩大过程①;1984年和1985年,中央确定了14个对外开放的沿海港口城市和7个经济开放区②,与经济特区在中国的东部沿海地区共同构成了对外开放的前沿地带;1980年代末期直至1990年代初期,中国显著加快了对外开放进程,1988年设立海南经济特区,1990年开发开放上海浦东新区,同时进一步开放了一批长江沿岸城市,形成了以浦东为龙头的长江开放带;此后,中国又进一步对外开放了一批边疆城市和内陆所有的省会、自治区首府城市。在陆续扩大对外开放的城市和地区同时,国内还相应设立了主导功能明确的共计7种类型的国家级园区③并实施特殊政策。中国由此形成了沿海、沿江、沿边、内陆地区相结合的全方位、多层次、宽领域的对外开放格局。

4.1.3 改革开放进程中的制序变迁

对外开放的逐渐深入不断加强了国内外的交流与相互影响,而改革则在体制层面上改变着不同范畴的社会的权力关系,这些都深刻地影响着国内不同范畴和层面的制序演变进程;而改革开放在空间上的渐进过程又直接影响到不同地区在发展进程中的相互关系演变。

1. 体制改革推动下的权力关系变迁趋势

国家体制的核心内涵就是由国家强制力保障的不同范畴的社会权力关系,

---

① 相关内容参阅本书的附录1、2中的有关内容。

② 这14个城市由北向南依次为:大连、秦皇岛、天津、烟台、青岛、连云港、南通、上海、宁波、温州、福州、广州、湛江和北海;这7个经济开放区为:长江三角洲、珠江三角洲、闽南三角地区、山东半岛、辽东半岛、河北、广西。资料来源:转引自:中国国情网(网站)中的"对外开放"。

③ 国家级的园区类型有:经济技术开发区、高新技术产业开发区、保税区、边境经济合作区、出口加工区、台商投资区、旅游度假区等。参阅:中国招商引资网(网站)。

改革开放以来国内重要范畴内的改革进程因此在实质上显著改变并反映了不同范畴内的社会权力关系演变；而与改革紧密相随的开放进程又提示我们必须在更为宽广的时代背景中理解国内的这一社会权力关系变迁进程。

改革开放前，国内权力关系的基本特征就是以强体制控制为基础的中央权力高度集中制。国家全面主导了经济和社会的发展，社会高度政治化，政治的强制原则贯穿于政治、经济和社会生活之中，政治权力、经济权力和社会权力全都集中于政治领域（康晓光，2000），而这些权力又高度集中在中央。社会发展，城市建设的资源和进程的调控权力也因此集中在政治领域和中央层面。

随着改革开放的逐渐深入，权力关系变迁的新趋势逐渐在多个范畴和层面上展开。直至 1980 年代，国内权力关系的变迁趋势突出地表现为中央向地方政府的放权进程，特别是在经济管理范畴，同时也包括在经济范畴内的政治或行政干预逐步减少。但总体上，这一时期的权力关系变迁仍主要是在体制内的行政放权过程。但这一方式从 1980 年代末期开始面临着严重挑战①，特别是在遭遇特殊社会原因后，国家选择了确立新权威②并强行推动权力关系的有序化和规范化，因此形成了国内短暂的“治理整顿”时期。1992 年后，邓小平南巡讲话以后，中国的改革开放进程显著加快，权力关系的演变进程也因此进入了全新发展时期。此后的权力关系变迁动力已经不再简单基于体制内的放权，而是在更大程度上基于对市场经济所培育出的新权力因素的肯定和容纳，这些新因素更多地属于“体制外”因素（林尚立，2003；康晓光，2000），而国际层面的制序因素也因此更快地反映到国内层面。

随着 1990 年代政府权威在体制内外的分权进程，此前主要集中在中央层面的多范畴管辖权限出现“分权泛化”的主要演变特征（林尚立，2003），具体表现为多层面和多范畴的分权进程。多层面的分权特征主要包括：国家向社会、中央向地方、上级地方政府向下级地方政府、政府向企业、组织向个人等不同分权方式；而多范畴的分权则主要包括：党向政、立法向行政、政治向经济、行政向行业

---

① 林尚立（2003）的分析指出 1980 年代末期的中国权力关系变迁出现的主要问题包括：一是分权受阻，这主要与旧体制及其所保护的旧利益作祟有关；二是权力腐败，这一方面与旧体制的权力寻租有关，另一方面与新体制不健全，存在体制漏洞有关；三是权力结构失衡，最典型的表现就是中央与地方权力关系的失衡，财政包干的获利和预算外资金的急剧扩大使地方财政在整个国家财政的比例急剧上升，形成“穷中央、富地方”的格局，直接影响到中央的权威和直接影响国家的能力；四是权力的政治约束失效，出现了比较强的地方本位主义倾向，影响了党内权力的高度统一。

② 林尚立（2003）分析指出还有一种可能的选择就是深化体制改革，以整体性的体制变革来寻求新的稳定和秩序；但是由于当时的改革还没有形成明确的市场经济取向，而且在社会并不稳定的条件下进行整体性的体制改革风险较大，国家由此选择了确立新权威的方式。

协会和中介组织、城市向农村(允许农民在城市有自主就业的权利)、意识形态建设向文化建设(允许文化有更加多元、更加自主的表现形式和发展形式)等方面的分权进程。

这种多层面和多范畴的泛化分权进程导致了权力关系的发展新趋势(康晓光,2000):在经济范畴,经济权力(即支配经济领域的权力)从政治范畴越来越多地向经济范畴大规模转移,经济范畴因此从政治范畴那里瓜分了越来越多的经济权力,在共同分割经济权力的局面中的作用越来越突出;在社会范畴,个人的权利获得了相对更大的发展,但社团的发展仍明显落后于前者,社会范畴的新计划管理体制已经建立,政府在社会范畴内仍处于绝对的主导地位;在文化范畴,出版和公众阅读所受到的控制逐渐下降,社会公众获得了越来越多的发言权,尽管行使权力的基础和手段大不相同,政府和读者共同支配的局面已经开始出现;在政治范畴,在保持稳定的同时,公民与政府间的经常性沟通也正在逐步扩大和深化,"依法治国"被确立为基本原则,政府的合法性基础也因此正在发生着深刻变化。

总之,在从高度中央集权向权威主义管理模式的转变过程中,一方面是中央政府向地方政府的逐渐放权和分权过程,一方面是政治范畴向经济和社会等其他范畴的逐渐分权过程,它们共同推动并反映着不同范畴的权力关系演变新趋势,也就是社会发展进程中的主要能动者及其相互关系,以及它们间的社会行动与互动方式的显著演变趋势。

2. 深圳和厦门制序变迁历程的特殊性

在遵循着国内制序性因素演变的总体趋势同时,作为承担着探索促进经济发展的新经济体制,以及改革开放的试验场和窗口历史使命①的经济特区城市,深圳和厦门又在实际的演变进程中与国内一般地区有着显著差异。

尽管主要目标是进行经济体制的改革和对外开放探索,经济特区在实际的改革开放进程中就已经最早触及不同范畴和层面的国家传统制序,这其中又以深圳经济特区的表现更为突出。总体上,1980年代成为经济特区城市的改革开放先行时期。这一时期,以深圳为主要标志的经济特区城市在改革开放的进程中,最早触及并改变着传统的经济、行政等重要体制,实施了包括土地使用、政府和人事管理等一系列突破性的改革措施,在引发国内广泛争论的同时,实际上为

① 有关详细内容可参阅附录:经济特区创建的历史背景与决策过程;以及《邓小平文选(第三卷)》中的"办好经济特区,增加对外开放城市"、"特区经济要从内向转到外向"等内容。

经济特区城市的发展争取到了相对国内其他地区更为突出的优先地位。但是自1990年代初期之后，深圳和厦门等经济特区城市在国家体制改革和对外开放战略中的先行地位已经显著消失。经济特区城市在改革开放进程中的这一特殊历程同样直接影响城市发展进程中的主要能动者及其关系，以及它们的社会行动与互动方式。

4.2 经济性因素的演变特征

经济性因素指向人类社会必需的人造物质资源，它们的生产与固化为城市空间形态及其演变提供了重要的物质基础。城市空间形态及其演变也因此与人类社会的生产活动建立起紧密联系。在日益开放的国家发展背景中，深圳和厦门的城市经济在与国内外的宏观背景建立起了紧密的联系；两个城市的急剧城市经济增长，以及伴随其间的阶段与周期变迁、资本投入及其来源变迁，都以不同方式最终显著影响着城市空间形态的演变趋势。

4.2.1 经济全球化进程中的宏观经济环境变迁

“全球化”可以说是中国改革开放以来全球经济范畴中最为突出的趋势特征，而世界范围的产业布局调整和国际资本流动则是经济全球化进程中的核心组成内容。随着改革开放的不断深入，中国的经济增长已经与世界产业布局调整和国际资本流动间发生着密切的联系，并因此改变着深圳和厦门城市经济增长历程中的宏观经济背景。

1. 经济全球化进程中的世界产业布局调整和国际资本流动趋势

自1960年代始，一方面，随着西方发达国家的产业结构升级，劳动密集型产业开始向发展中国家转移；另一方面，东亚部分国家和地区开始实施出口替代战略和相对宽松的外国直接投资政策。香港、新加坡、台湾和韩国等亚洲“四小龙”因此获得了扩大劳动密集型产品加工与出口的良机，一跃成为新兴工业国家或地区(Oman & Wignaraja, 1991；张国、林善浪，2001)，由此揭开了亚洲的工业化进程(Krugman, 1999)；到1980年代，继“四小龙”之后，以泰国、马来西亚、菲律宾和印尼等“四小虎”为代表的东南亚地区，以及中国大陆也陆续进入了快速的工业化时期；直至1990年代，世界产业布局调整趋势主要表现为：发达国家着力发展技术和信息密集型服务业，新兴工业国家或地区重点发展技术密集型产业，而发展中国家则主要从事劳动密集型或一般技术性产业(张国、林善浪,2001)。

与全球化背景下的亚洲工业化进程密切联系的,则是国际流动资本的显著集聚和转移过程,这也是经济全球化的本质所在;同时相随的则是1960年代以来亚洲工业化国家和地区的急剧经济增长历程。对于包括马来西亚、新加坡、韩国和台湾等国家和地区经济增长的经验研究表明(Krugman,1999;Dani,1999),急剧增长的流动资本投入对其经济的持续显著增长发挥了主要作用。然而,一个不容回避的事实是,在全球化的背景下,无论是世界产业布局的调整,还是国际资本的流动,其根本动因显然并不在于推动特定地区或国家的经济发展,而是国际资本为降低成本和追求更高利润在全球寻找机会的过程(张庭伟,2003)。

2. 城市经济增长进程中的宏观经济环境变迁

研究表明(陈宗胜,2000),自改革开放以来,中国经济增长中的贡献主要来自资本投入。从发展历程分析,自“六五”之后,经济增长中的资本投入贡献率就已经开始显著上升并明显超过了劳动投入和科技进步贡献率;在工业增长中,经过1980年代的持续显著增长,资本投入贡献率首先在1980年代中期超过了科技进步贡献率,又在1990年代明显超过了劳动投入贡献率,在劳动投入、资本投入和技术进步三要素中居于明显领先地位。

结合国内的改革开放进程和经济增长特征,以及国际层面经济全球化进程中的产业布局调整和资本流动趋势,深圳和厦门城市经济增长范畴的宏观环境可以1990年代初期为标志划分为两个主要阶段:

第一阶段,在经历了1960—1970年代的高速经济增长和生产成本上升之后,率先实现经济起飞的亚洲新兴工业国家面临着新的产业结构调整和工业结构升级要求①。作为因改革开放而建立的经济特区城市,此时的深圳和厦门一方面相比这些先发国家或地区具有显著的成本优势②,一方面相比国内其他大多地区又具有改革开放的先行优势,因此在接受国际流动资本及产业转移方面具有明显优势。它们此时所面临的主要压力,一方面主要是来自泰国和马来西亚等第二批亚洲工业化国家的竞争,一方面主要是国际层面普遍对国内整体发展趋势的观望态度。正是在这样的特殊时代背景下,深圳和厦门等经济特区城

① 研究表明,自1960年代直至1990年代,亚洲四小龙国家或地区在经历产业结构升级的同时,工业结构也以大约每10年为周期的转型历程,分别是1960年代的劳动密集型为主,1970年代的资本密集型为主,1980年代的技术密集型为主,以及1990年代的高新技术产业等类型(郭金龙,2000)。

② 譬如,根据有关案例资料,1980年代初深圳最早收取的土地使用费合每平方米4 500港币,而同期香港中介地租每平方英尺就已经达到了15 000港币,两者间的差距达到了数十倍(杜导正、廖盖隆,1998)。

市参与到了全球化的进程中；

第二阶段，尽管自 1980 年代中期开始，中国已经逐步扩大了对外开放的地区和空间，但只有在进入 1990 年代之后，一方面是国内大多地区普遍进入了全面的改革开放时期，以及国家层面实施的开发开放重点战略的转移（如对以浦东为龙头的长江三角洲和长江流域的重点开发）；一方面则是国际资本和产业进入新一轮的转移和升级阶段（郭金龙，2000）。由此，相比改革开放初期，深圳和厦门开始面临着更为激烈的国内外竞争格局，同时面临着继续吸引国际流动资本和产业转移，以及城市内部产业结构升级与布局调整的双重压力。

由此，经济全球化和国内改革开放进程的双重时代背景显著影响着深圳和厦门的城市经济增长，既体现在城市经济增长的历程及其相应的产业结构升级与布局调整等方面，也体现在推动城市经济增长的流动资本投入等方面。

4.2.2　城市经济增长的历程与产业结构调整[①]

在宏观经济背景变迁中，深圳和厦门经历了急剧的经济增长历程，其中又以深圳的城市经济增长最为显著；与之相伴随的是产业结构的升级调整趋势。对于资本和劳动力投入，以及规模扩张仍然占据重要主导地位的经济增长体（陈宗胜，2000），城市经济总量的增长，特别是产业结构的调整，无疑与城市整体空间规模的扩张和内部功能空间的调整有着十分紧密的联系。

1. 城市经济的增长历程

设立经济特区以来，深圳和厦门的经济总量均经历了持续的急剧增长历程。以当年价格计算，1979—2001 年间，厦门国内生产总值增长约 105 倍，从 5.32 亿元上升到 558.33 亿元；同期，深圳国内生产总值的增长达到 1 000 倍有余，从 1.96 亿元上升到 1 954.65 亿元，期间以可比价格计算的年均增长率也高达近 30%。经过 20 余年的高速增长，深圳国内生产总值由不及厦门的 40%上升到约 3.5 倍；并且自 1983 年深圳城市经济总量超过厦门后，两者间的差距逐年显著扩大（表 4－1）。

深圳和厦门的国内生产总值在持续高速增长同时，都经历了显著的波动历程（表 4－2），又以深圳更为突出。作为共同的特点，其一，1980 年代中期至 1990 年代初中期是两城市共同经历的趋势相似的城市经济较高增长阶段；其二，1990 年代初中期后则是两城市经济增长趋势高度相似的平稳阶段；其三，自 1980 年

① 以下未经注释的数据来源均为相应年份的深圳或厦门统计年鉴（包括图、表中的数据来源）。

表 4－1　深圳和厦门的历年国内生产总值(亿元)

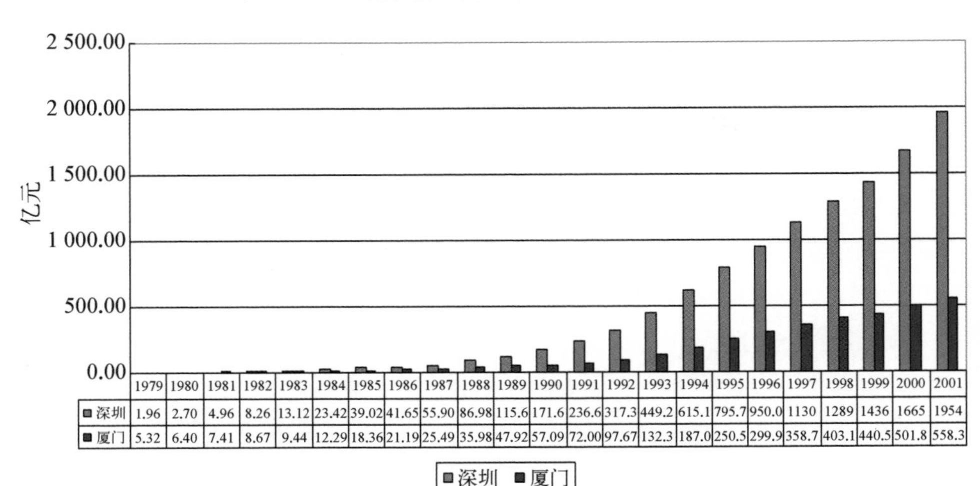

	1979	1980	1981	1982	1983	1984	1985	1986	1987	1988	1989	1990	1991	1992	1993	1994	1995	1996	1997	1998	1999	2000	2001
深圳	1.96	2.70	4.96	8.26	13.12	23.42	39.02	41.65	55.90	86.98	115.6	171.6	236.6	317.3	449.2	615.1	795.7	950.0	1130	1289	1436	1665	1954
厦门	5.32	6.40	7.41	8.67	9.44	12.29	18.36	21.19	25.49	35.98	47.92	57.09	72.00	97.67	132.3	187.0	250.5	299.9	358.7	403.1	440.5	501.8	558.3

表 4－2　深圳和厦门的历年国内生产总值增长率(%)

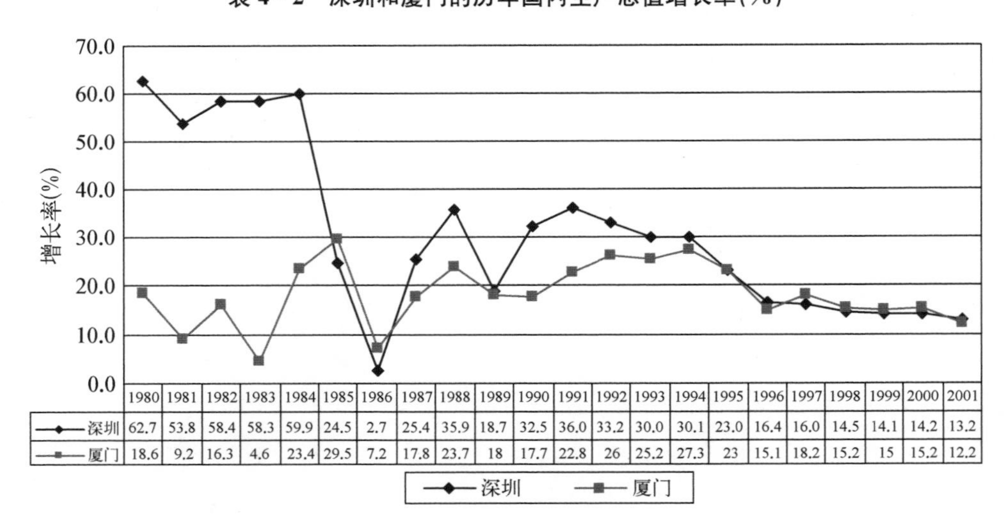

	1980	1981	1982	1983	1984	1985	1986	1987	1988	1989	1990	1991	1992	1993	1994	1995	1996	1997	1998	1999	2000	2001
深圳	62.7	53.8	58.4	58.3	59.9	24.5	2.7	25.4	35.9	18.7	32.5	36.0	33.2	30.0	30.1	23.0	16.4	16.0	14.5	14.1	14.2	13.2
厦门	18.6	9.2	16.3	4.6	23.4	29.5	7.2	17.8	23.7	18	17.7	22.8	26	25.2	27.3	23	15.1	18.2	15.2	15	15.2	12.2

代中期以来，两城市的经济增长周期大致相似，1986 年和 1980 年代末期共同出现显著增长低谷，1990 年代上半段则是平缓调整时期。

除以上共同趋势特征，深圳和厦门的城市经济增长历程还存在着明显差异。其一，厦门经济增长趋势在整体上表现为中期较高、两头较低的显著特征，而深圳整体上表现为下降趋势，最高增长阶段出现在改革开放初期，并且正是此期间连续数年的近 60%高速增长使深圳的城市经济总量迅速超越了厦门；其二，深圳城市经济增长的波动性显著高于厦门，并在 1986 年出现了经济增长的显著历

史最低点，而厦门的历史最低点出现于 1983 年。

对建成区的地均产出计算表明，1980—2000 年间深圳增长不足 1 倍，特别是 1980 年代增长更为缓慢，1990 年代初期相比 1980 年仅上升为 1.1 倍左右，1980 年代中期甚至相比 1980 年明显下降①。尽管受制于数据来源和简易计算的局限，以上数据不宜作为精确比较的依据，但仍清晰反映出研究期间的城市经济增长与土地的粗放投入间的紧密相关，特别是在 1980 年代。同时也将城市空间形态的规模扩张趋势与城市经济总量的增长趋势间建立起紧密联系。

2. 城市经济增长中的产业结构调整

在城市经济高速增长的同时，深圳和厦门的产业结构也经历着显著的调整趋势，体现在三次产业结构关系和产业内部调整两个层面上。

在三次产业的结构关系调整方面（表 4 - 3，表 4 - 4），1979—2001 年间深圳和厦门的共同显著特征表现为：其一，第一产业增加值尽管总量仍有上升②，但在国内生产总值中的比重均显著下降，其中深圳的下降程度和趋势更为明显，到

表 4 - 3　深圳的历年国内生产总值三产构成特征

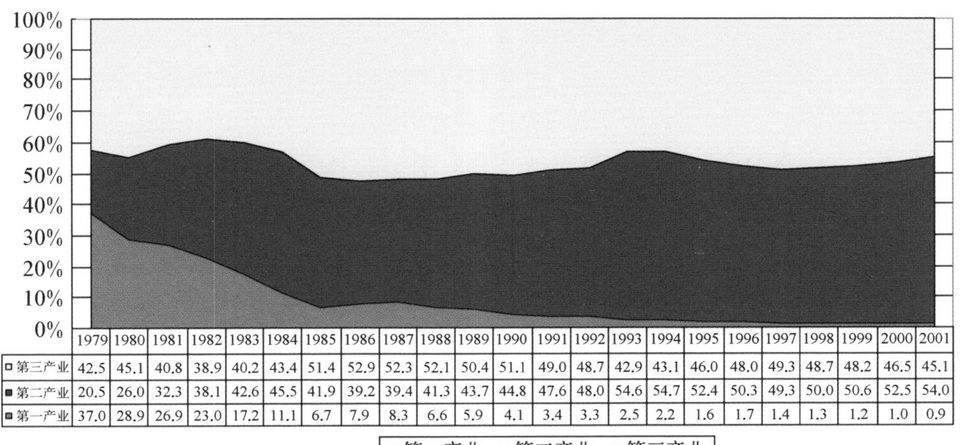

	1979	1980	1981	1982	1983	1984	1985	1986	1987	1988	1989	1990	1991	1992	1993	1994	1995	1996	1997	1998	1999	2000	2001
第三产业	42.5	45.1	40.8	38.9	40.2	43.4	51.4	52.9	52.3	52.1	50.4	51.1	49.0	48.7	42.9	43.1	46.0	48.0	49.3	48.7	48.2	46.5	45.1
第二产业	20.5	26.0	32.3	38.1	42.6	45.5	41.9	39.2	39.4	41.3	43.7	44.8	47.6	48.0	54.6	54.7	52.4	50.3	49.3	50.0	50.6	52.5	54.0
第一产业	37.0	28.9	26.9	23.0	17.2	11.1	6.7	7.9	8.3	6.6	5.9	4.1	3.4	3.3	2.5	2.2	1.6	1.7	1.4	1.3	1.2	1.0	0.9

① 采用的建成区用地面积指标来源于相关的城市总体规划资料，其中 1980 年和 1984 年为经济特区内的建成区用地面积——根据对建成区扩展的分析，这时期深圳的城市建成区主要集中在经济特区内，因此以其大致替代全市建成区面积，1980 年、1984 年、1994 年、2000 年四年建成区面积分别为 3.8 平方公里、34 平方公里、299 平方公里和 467 平方公里，产出值为当年的第二和第三产业增加值，并参考 1979 年可比价格折算为可比数据。由此计算的地均产出指数为，1980 年 100，1984 年 86.3，1994 年 113.2，2000 年 181.9。

② 根据 2002 年深圳统计年鉴，深圳市 2001 年相比 1979 年以可比价格计算的第一产业增加值增加至 377.7%。

表 4－4　厦门的历年国内生产总值三产构成特征

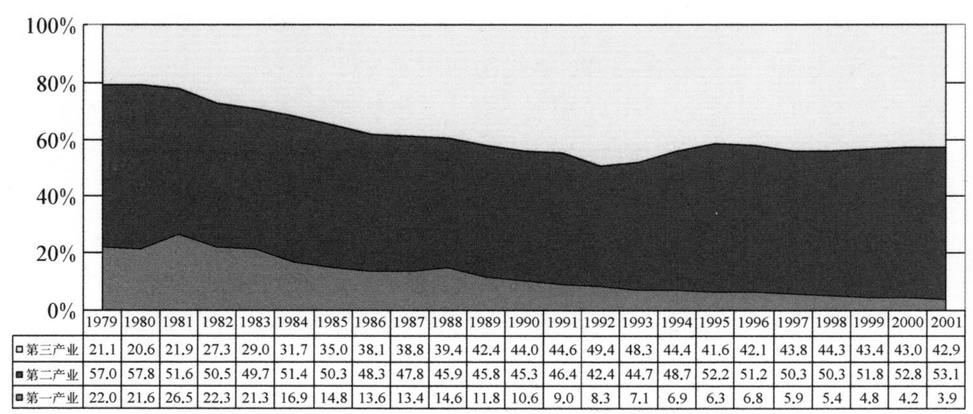

	1979	1980	1981	1982	1983	1984	1985	1986	1987	1988	1989
□第三产业	21.1	20.6	21.9	27.3	29.0	31.7	35.0	38.1	38.8	39.4	42.4
■第二产业	57.0	57.8	51.6	50.5	49.7	51.4	50.3	48.3	47.8	45.9	45.8
■第一产业	22.0	21.6	26.5	22.3	21.3	16.9	14.8	13.6	13.4	14.6	11.8

	1990	1991	1992	1993	1994	1995	1996	1997	1998	1999	2000	2001
□第三产业	44.0	44.6	49.4	48.3	44.4	41.6	42.1	43.8	44.3	43.4	43.0	42.9
■第二产业	45.3	46.4	42.4	44.7	48.7	52.2	51.2	50.3	50.3	51.8	52.8	53.1
■第一产业	10.6	9.0	8.3	7.1	6.9	6.3	6.8	5.9	5.4	4.8	4.2	3.9

2001 年仅为 0.9%；其二，2001 年两城市都呈现出高度相似的“第二产业突出，二、三产业并重”的产业结构特征。

同时，深圳和厦门的三次产业结构调整历程又有着显著区别：其一，改革开放初期，深圳为“三产突出，二产滞后”的“三、一、二”产业结构特征，而厦门为“二产突出，一、三相当”的“二、一、三”产业结构特征；其二，从调整历程分析，深圳在此期间的第二产业比重经历了持续的急剧上升趋势，上升超过 1 倍达到约 24 个百分点，而同期的第三产业比重保持了基本稳定的趋势，但其第一产业比重显著下降；在厦门，第二产业比重相对稳定，但第三产业比重上升超过 1 倍最高达到约 28 个百分点；其三，与厦门相对平稳的产业结构关系调整趋势相比，深圳的阶段性特征更为突出，直至 1980 年代初中期是第一产业比重显著下降、第二产业比重急剧上升、第三产业比重显著波动时期；而 1990 年代初中期的第二产业比重出现历史最高值。

从三次产业增加值的增长趋势比较（表 4－5，表 4－6）中可以发现，在深圳，三次产业在与国内生产总值增长趋势总体相似同时，又有着显著差异，主要出现在 1980 年代初中期，第二产业增长速度曾经出现显著下降，而此时的第三产业显著增长。此外，在整体上，第二产业对于深圳城市经济增长的拉动作用更为明显，第三产业则与城市经济增长趋势基本一致；在厦门，1980 年代和 1990 年代早期的第三产业经济增长的拉动作用更为明显，而 1980 年代中后期与 1990 年代初期之后的第二产业拉动作用更为明显，两者间的拉动作用有着较为明显的时间差。

表 4－5　深圳历年国内生产总值的三次产业增长趋势(%)

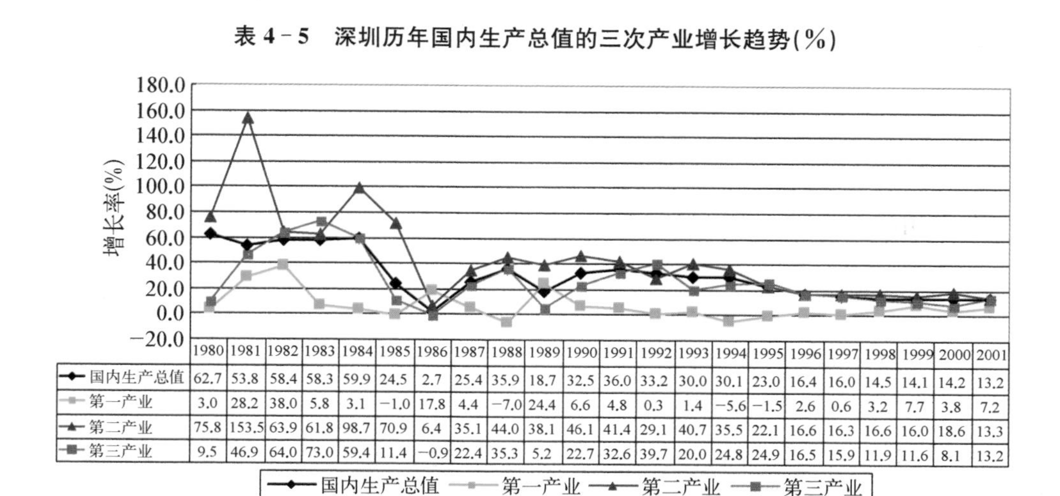

	1980	1981	1982	1983	1984	1985	1986	1987	1988	1989	1990	1991	1992	1993	1994	1995	1996	1997	1998	1999	2000	2001
国内生产总值	62.7	53.8	58.4	58.3	59.9	24.5	2.7	25.4	35.9	18.7	32.5	36.0	33.2	30.0	30.1	23.0	16.4	16.0	14.5	14.1	14.2	13.2
第一产业	3.0	28.2	38.0	5.8	3.1	−1.0	17.8	4.4	−7.0	24.4	6.6	4.8	0.3	1.4	−5.6	−1.5	2.6	0.6	3.2	7.7	3.8	7.2
第二产业	75.8	153.5	63.9	61.8	98.7	70.9	6.4	35.1	44.0	38.1	46.1	41.4	29.1	40.7	35.5	22.1	16.6	16.3	16.6	16.0	18.6	13.3
第三产业	9.5	46.9	64.0	73.0	59.4	11.4	−0.9	22.4	35.3	5.2	22.7	32.6	39.7	20.0	24.8	24.9	16.5	15.9	11.9	11.6	8.1	13.2

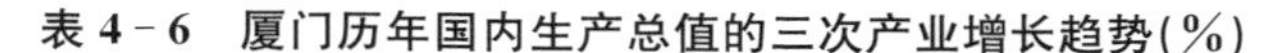

表 4－6　厦门历年国内生产总值的三次产业增长趋势(%)

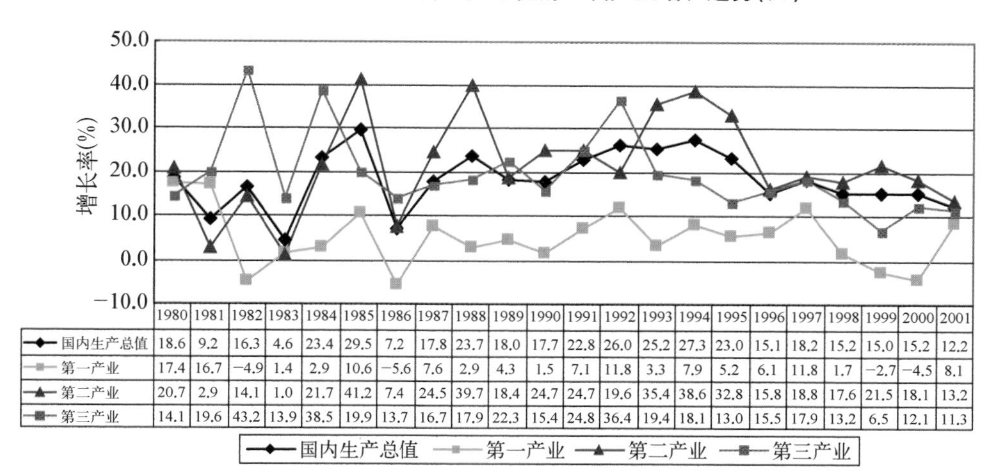

	1980	1981	1982	1983	1984	1985	1986	1987	1988	1989	1990	1991	1992	1993	1994	1995	1996	1997	1998	1999	2000	2001
国内生产总值	18.6	9.2	16.3	4.6	23.4	29.5	7.2	17.8	23.7	18.0	17.7	22.8	26.0	25.2	27.3	23.0	15.1	18.2	15.2	15.0	15.2	12.2
第一产业	17.4	16.7	−4.9	1.4	2.9	10.6	−5.6	7.6	2.9	4.3	1.5	7.1	11.8	3.3	7.9	5.2	6.1	11.8	1.7	−2.7	−4.5	8.1
第二产业	20.7	2.9	14.1	1.0	21.7	41.2	7.4	24.5	39.7	18.4	24.7	24.7	19.6	35.4	38.6	32.8	15.8	18.8	17.6	21.5	18.1	13.2
第三产业	14.1	19.6	43.2	13.9	38.5	19.9	13.7	16.7	17.9	22.3	15.4	24.8	36.4	19.4	18.1	13.0	15.5	17.9	13.2	6.5	12.1	11.3

在三次产业结构显著调整同时，深圳和厦门的三次产业内部也经历了显著调整历程。

在深圳，第二产业的调整主要经历了三个阶段(王关义，2004)，第一阶段从经济特区建立直至 1980 年代中期，在“三来一补①”加工业的推动下，初步形成了劳动密集型和资源消耗型为主的出口加工业和轻型制造业主导的第二产业特征，推动了第二产业的早期显著增长；第二阶段从 1980 年代中期直至 1990 年代

① 三来一补是 4 种利用外资形式的总称：分别为来料加工、来样加工、来件装配和补偿贸易。

初期，前一时期那些设备简陋、生产水平和产品技术含量都较低的劳动密集型企业逐渐向经济特区外迁移，而相对较高资本和技术密集型的三资企业开始逐渐增多；第三阶段，从1990年代初中期开始，高新技术企业开始逐步占据重要地位，并且从1992年起以每年55%的速度迅速增长，到2000年已经有超过50%的工业总产值来自电子信息产业①。在第三产业发展方面，1980年代初期深圳出现了转手贸易显著增长的阶段；此后直至1990年代，运输邮电仓储业稳定上升，批发零售餐饮业和房地产业尽管历年增加值不断上升，但在第三产业中的比重逐年下降，而金融保险业自1990年代中后期始终占据着第三产业中的最高比重，由此表明深圳第三产业的内部结构不断上升优化趋势。

在厦门，并未出现如深圳般的显著“三来一补”产业主导时期，第二产业内部经历了从以轻工和纺织等轻型加工业为主，向以电子、化学和机械等重工业为主的转型，并在1990年代前半段的“八五”期间经历了飞速发展时期②；第三产业，运输邮电仓储业比重持续上升，从1980年代中期的不到10%上升到1990年代末期的23%左右，房地产业经过波动增长到1990年代末期也相比1980年代略有上升，金融保险业比重则在1990年左右达到历史最高的35%左右后显著下降，到2000年已经下降到不足15%。

对于深圳和厦门三次产业结构及其内部关系调整与城市空间形态演变趋势的对应分析表明它们间的紧密关系。在深圳，早期集中于经济特区内部以“三来一补”方式推动的工业化进程和迅速发展的转手贸易，以及随之而来的居住需求强有力地推动了城市空间形态的迅速规模扩张，以及内部城市功能空间形态的构成变迁趋势；而随后的持续工业化进程，以及伴随而来的第二产业内部结构优化，特别是“三来一补”企业从经济特区内部的向外迁移，强有力地推动了城市空间形廓向经济特区外的迅速蔓延扩张，而第三产业的同期迅速发展则共同推动经济特区内部的功能空间重构；随着城市产业结构的继续调整优化，经济特区内部产业发展继续高端化聚集，伴随而来的则是经济特区内部功能空间的继续调整与优化，以及高收入人群的聚集及其互动形成的居住空间高端化。在厦门，早期并未出现如深圳般的低水平工业化进程以及第三产业的相对显著发展推动了城市功能空间结构偏重于非工业仓储类的发展，但随后而来相对较高水平的工业化进程则带来的功能空间结构的继续调整和空间形廓的进一步扩张；此后，特

---

① 以上资料来源：“深圳市城市总体规划检讨与对策”之专题报告：《深圳市产业发展历程》。
② 资料来源：2002厦门经济特区年鉴。

别是 1990 年代，第三产业以及偏重的工业化进程进一步推动了城市空间规模的继续扩张和功能空间的调整，也同时推动了空间形廓的岛外扩张趋势。

4.2.3　城市经济增长进程中的资本投入与来源

除了城市经济总量以及产业结构调整阶段的影响作用，对于仍然主要以资本和土地新增投入为动力的经济增长体，资本投入，特别是不同类型的固定资产投资无疑同样与城市整体和内部功能空间形态的扩张与演变间有着紧密的联系，而资本来源则显示出经济范畴内不同能动主体的关系变迁。

1. 城市经济增长中的资本投入

杨昌斌(2000)的研究指出，资本投入在深圳 1980 年代前期和 1990 年代初中期的两次经济增长高峰期都发挥了重要作用。对于城市经济增长历程的分析也表明，自改革开放以来，深圳和厦门的历年国内生产总值与全社会固定资产投资总额(以下简称：固定投资)间具有很高相关性[①]，深圳 1979—2001 年间的相关系数达到了 0.997，厦门 1980—2001 年间的相关系数也达到 0.978。

从增长历程分析，在深圳(表 4-7)，以当年价格计算的固定投资增长率在整体上经历了波动下降趋势，并在 1994 年后进入较为平稳的下降趋势，其中 1985 年前和 1992 年是固定投资增长率最为突出的时期，又以 1985 年前为持续

表 4-7　深圳历年国内生产总值(GDP)与全社会固定资产投资(TIFA)年增长率(%)

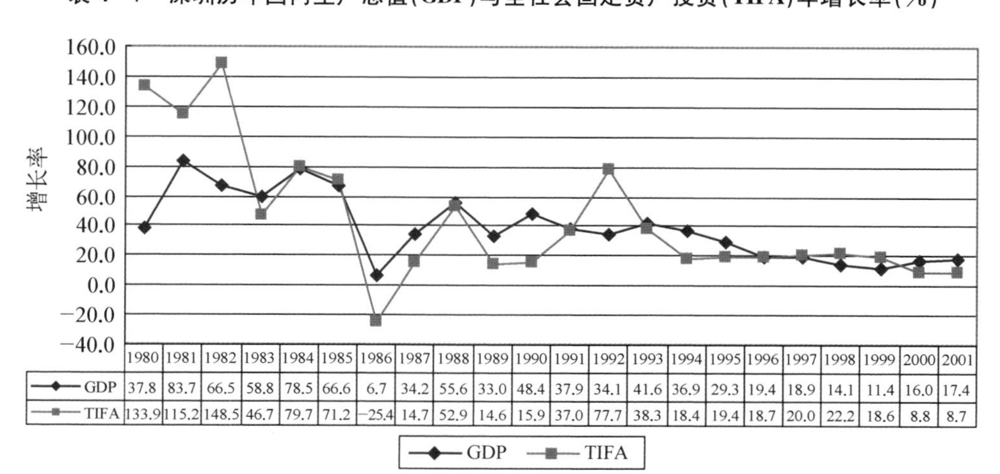

	1980	1981	1982	1983	1984	1985	1986	1987	1988	1989	1990	1991	1992	1993	1994	1995	1996	1997	1998	1999	2000	2001
GDP	37.8	83.7	66.5	58.8	78.5	66.6	6.7	34.2	55.6	33.0	48.4	37.9	34.1	41.6	36.9	29.3	19.4	18.9	14.1	11.4	16.0	17.4
TIFA	133.9	115.2	148.5	46.7	79.7	71.2	−25.4	14.7	52.9	14.6	15.9	37.0	77.7	38.3	18.4	19.4	18.7	20.0	22.2	18.6	8.8	8.7

① 两城市统计数据来源分别为《2002 深圳统计年鉴》和《2002 厦门经济特区年鉴》，相关性分析采用 SPSS 分析软件所得。

表 4-8 厦门历年国内生产总值(GDP)与全社会固定资产投资(TIFA)年增长率(%)

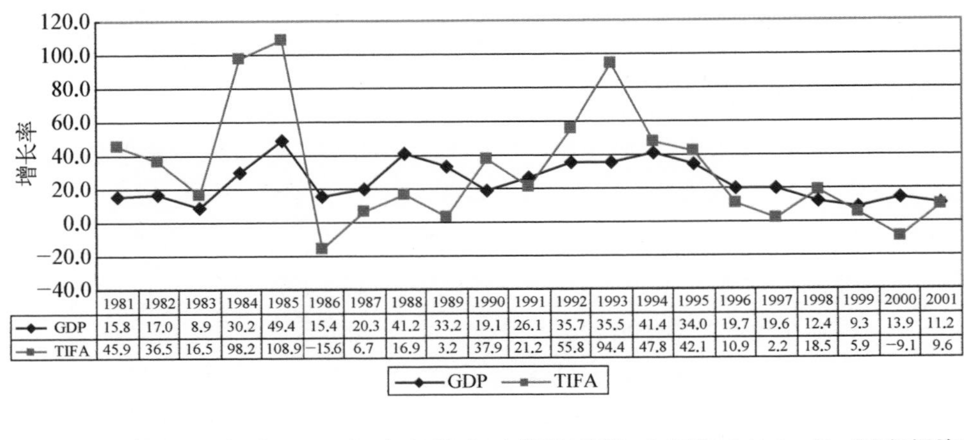

	1981	1982	1983	1984	1985	1986	1987	1988	1989	1990	1991	1992	1993	1994	1995	1996	1997	1998	1999	2000	2001
GDP	15.8	17.0	8.9	30.2	49.4	15.4	20.3	41.2	33.2	19.1	26.1	35.7	35.5	41.4	34.0	19.7	19.6	12.4	9.3	13.9	11.2
TIFA	45.9	36.5	16.5	98.2	108.9	−15.6	6.7	16.9	3.2	37.9	21.2	55.8	94.4	47.8	42.1	10.9	2.2	18.5	5.9	−9.1	9.6

的高增长率阶段，仅在 1986 年出现最为显著的下降；在厦门(表 4-8)，固定投资增长高峰同样出现了 1985 年前和 1992 年，但 1985 年前的增长高峰在时间和强度方面又与深圳有较为明显的区别。

作为共同特征，深圳和厦门两城市的固定资产投资增长在趋势上与经济增长具有一定相似性的同时，波动特征则更为突出；对于固定投资与经济增长间(以下简称：固定投资率)的比较分析表明(表 4-9)，在深圳，1980 年代的历年固定投资率几乎都高于 50%，其中又以 1982—1985 年间甚至超过了 80%，显示出这一阶段固定投资对于经济增长的显著拉动作用；在厦门，尽管 1980 年代中期也曾出现过较高固定投资率时期，但持续时间明显短暂，并且明显落后于同期

表 4-9 深圳和厦门的历年固定资产投资总额与国内生产总值比值

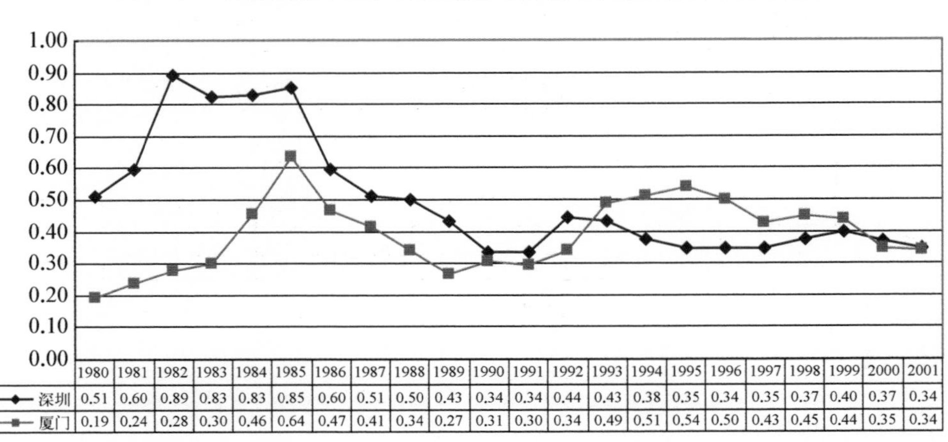

	1980	1981	1982	1983	1984	1985	1986	1987	1988	1989	1990	1991	1992	1993	1994	1995	1996	1997	1998	1999	2000	2001
深圳	0.51	0.60	0.89	0.83	0.83	0.85	0.60	0.51	0.50	0.43	0.34	0.34	0.44	0.43	0.38	0.35	0.34	0.35	0.37	0.40	0.37	0.34
厦门	0.19	0.24	0.28	0.30	0.46	0.64	0.47	0.41	0.34	0.27	0.31	0.30	0.34	0.49	0.51	0.54	0.50	0.43	0.45	0.44	0.35	0.34

的深圳，而其 1990 年代进入了相对较高的固定投资率时期，1990 年代中期甚至明显超过深圳。

由此，在推断两个城市的固定资产投资与经济增长间，并进而延伸到城市空间形态演变间的紧密关系基础上，固定投资率的变动趋势则进一步揭示了它们间的关系变迁。在深圳，1980 年代的城市经济增长与城市空间形态演变相比 1990 年代与固定资产投资间有着更为紧密的关系，而厦门的紧密关系则更为显著地表现在 1980 年代中期和 1990 年代初期后。

对于历年来全社会固定资产投资的构成变迁分析表明(表 4－10，表 4－11)，深圳 1980 年代的高固定资产投资率与这一时期的显著高基本建设投资有着紧密的关系，反映出这一时期基础设施建设和生产为主要导向的固定投资特征；而进入 1990 年代房地产投资比重的显著上升则揭示出这一时期消费导向固定资产投资作用的日益重要性[①]；在厦门，1980 年代基本建设同样占据主导地位的同时，更新改造投资相比 1990 年代和同期深圳占据着更为重要的地位；而 1990 年代消费性的房地产投资比重显著上升，特别是在 1990 年代中期。由此也揭示出深圳和厦门进入 1990 年代后居住功能空间扩展对于城市经济增长的作用显著上升，对于城市空间形态演变的推动作用也显著加强。

表 4－10　深圳历年全社会固定资产投资构成情况(%)

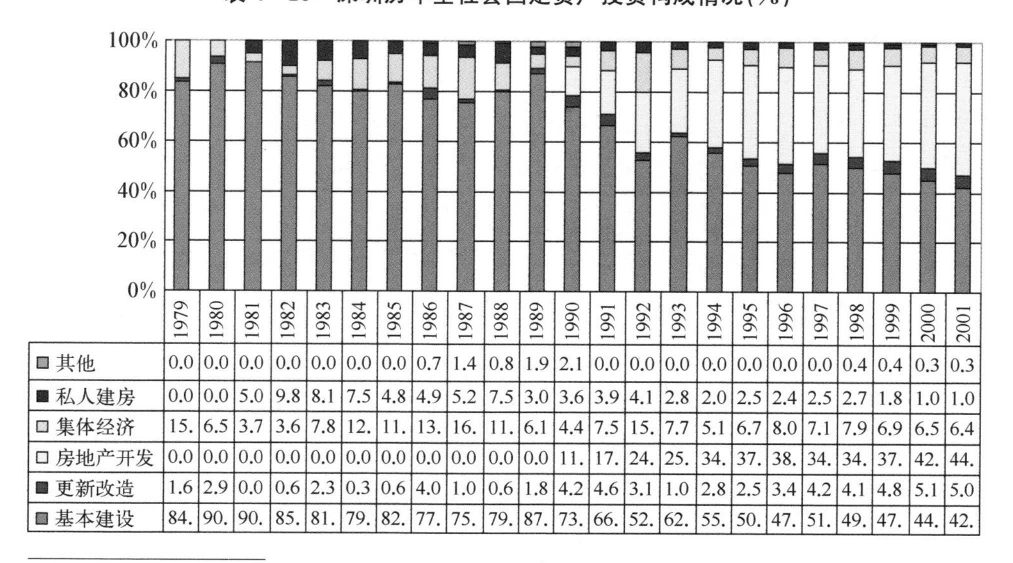

	1979	1980	1981	1982	1983	1984	1985	1986	1987	1988	1989	1990
其他	0.0	0.0	0.0	0.0	0.0	0.0	0.0	0.7	1.4	0.8	1.9	2.1
私人建房	0.0	0.0	5.0	9.8	8.1	7.5	4.8	4.9	5.2	7.5	3.0	3.6
集体经济	15.	6.5	3.7	3.6	7.8	12.	11.	13.	16.	11.	6.1	4.4
房地产开发	0.0	0.0	0.0	0.0	0.0	0.0	0.0	0.0	0.0	0.0	0.0	11.
更新改造	1.6	2.9	0.0	0.6	2.3	0.3	0.6	4.0	1.0	0.6	1.8	4.2
基本建设	84.	90.	90.	85.	81.	79.	82.	77.	75.	79.	87.	73.

	1991	1992	1993	1994	1995	1996	1997	1998	1999	2000	2001
其他	0.0	0.0	0.0	0.0	0.0	0.0	0.0	0.4	0.4	0.3	0.3
私人建房	3.9	4.1	2.8	2.0	2.5	2.4	2.5	2.7	1.8	1.0	1.0
集体经济	7.5	15.	7.7	5.1	6.7	8.0	7.1	7.9	6.9	6.5	6.4
房地产开发	17.	24.	25.	34.	37.	38.	34.	34.	37.	42.	44.
更新改造	4.6	3.1	1.0	2.8	2.5	3.4	4.2	4.1	4.8	5.1	5.0
基本建设	66.	52.	62.	55.	50.	47.	51.	49.	47.	44.	42.

① 由于房地产投资项为 1990 年房地产开发后新独立出现的统计类别，因此对深圳和厦门的固定投资变迁分为 1980 年代和 1990 年代两个阶段分别分析。

表 4-11　厦门历年全社会固定资产投资构成情况(%)

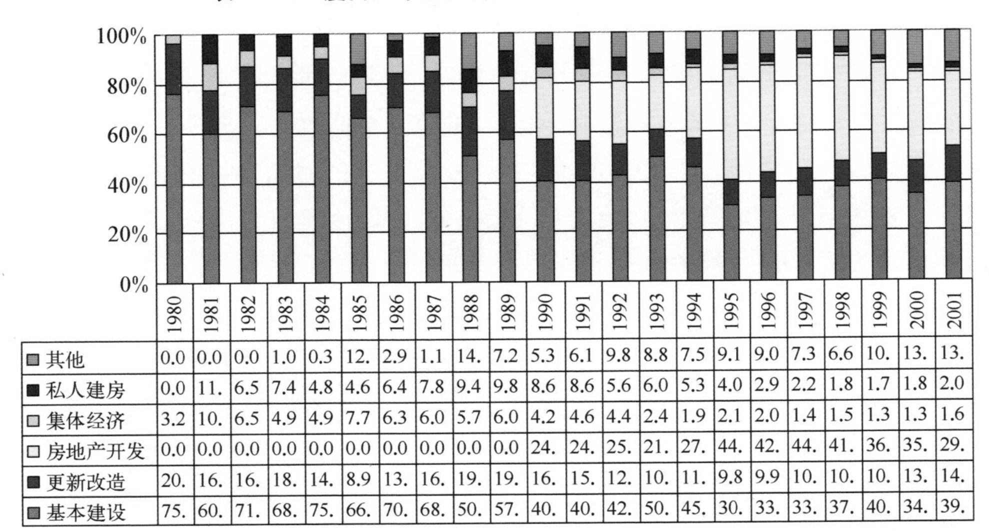

	1980	1981	1982	1983	1984	1985	1986	1987	1988	1989	1990	1991	1992	1993	1994	1995	1996	1997	1998	1999	2000	2001
其他	0.0	0.0	0.0	1.0	0.3	12.	2.9	1.1	14.	7.2	5.3	6.1	9.8	8.8	7.5	9.1	9.0	7.3	6.6	10.	13.	13.
私人建房	0.0	11.	6.5	7.4	4.8	4.6	6.4	7.8	9.4	9.8	8.6	8.6	5.6	6.0	5.3	4.0	2.9	2.2	1.8	1.7	1.8	2.0
集体经济	3.2	10.	6.5	4.9	4.9	7.7	6.3	6.0	5.7	6.0	4.2	4.6	4.4	2.4	1.9	2.1	2.0	1.4	1.5	1.3	1.3	1.6
房地产开发	0.0	0.0	0.0	0.0	0.0	0.0	0.0	0.0	0.0	0.0	24.	24.	25.	21.	27.	44.	42.	44.	41.	36.	35.	29.
更新改造	20.	16.	16.	18.	14.	8.9	13.	16.	19.	19.	16.	15.	12.	10.	11.	9.8	9.9	10.	10.	10.	13.	14.
基本建设	75.	60.	71.	68.	75.	66.	70.	68.	50.	57.	40.	40.	42.	50.	45.	30.	33.	33.	37.	40.	34.	39.

2. 城市经济增长中的资本投入来源

对于深圳和厦门城市经济增长和城市空间形态演变发挥着重要作用的资本投入的来源分析表明，来自海外和国内其他地区的资本投入都发挥了非常重要的作用，特别是在经济特区建立的初期阶段。这一时期，深圳和厦门从中央政府得到的直接资本投入支持①都非常有限，两城市当时的经济总量和政府财政实力②也都非常薄弱，此时能够支撑城市经济急剧增长的大量资本投入显然只能主要来自城市外部，包括海外和国内其他地区两个层面。而杨昌斌(2000)对于深圳的经验研究也已经表明，1980年代前期的经济高速增长动力主要来自海外和国内其他地区的外来投资，即使是1990年代中前期的经济高速增长也同样与外来投资有着重要的关系(这一时期的另一重要因素是城市内部的经济增长动力)。

在深圳，统计分析表明1979—2001年间的城市经济增长与实际利用外资间有着紧密关系(相关系数0.98)。对于历年实际利用外资与国内生产总值折算价③比值(以下简称：外资比值)的趋势分析(表4-12)，以及其他相关研究的综

① 深圳和厦门经济特区建立初期仅从中央分别批准得到3 000万和5 000万的借贷款。资料来源分别为：《中国经济特区的建立与发展：深圳卷》，《中国经济特区的建立与发展：厦门卷》。

② 1979年深圳财政收入仅0.17亿元，厦门的财政收入仅0.3亿元。

③ 国内生产总值和实际利用外资原始数据来源为：《深圳统计年鉴：2002》，历年实际利用外资折算人民币采用当年人民币平均汇率，数据来源为：人民币汇率历史数据，转引自：http://hxxs.bjab.365idc.cn/arv/100rmb.htm。

合分析表明：其一，海外投资从经济特区建立以来就对高速增长的城市经济发挥了显著的推动作用，仅 1982 年就已经有约 70％的工业产值来自“三来一补”企业[①]；其二，海外投资对于深圳 1980 年代的经济高速增长的直接推动作用明显高于 1990 年代的经济高速增长时期(杨昌斌，2000)，前一时期的外资比值最高达到 0.35，外资增长率也显著高于经济增长率；而 1990 年代外资比值和外资增长率均有明显下降，基本建设和房地产开发投资财务拨款额中的外资比重相比 1990 年代初期更是呈现出显著下降趋势；尽管自 1990 年代以来的外资投入贡献相比此前较为明显下降，国际资本在深圳的城市经济运行中仍然承担起非常重要的作用，2001 年有超过 75％的工业总产值来自港澳台和外商投资企业[②]。

表 4－12　深圳历年实际利用外资(FI)与国内生产总值(GDP)比较

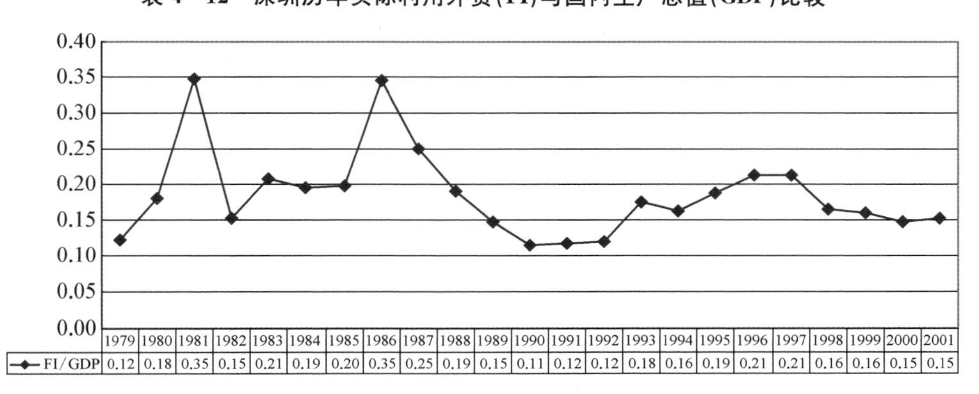

	1979	1980	1981	1982	1983	1984	1985	1986	1987	1988	1989	1990	1991	1992	1993	1994	1995	1996	1997	1998	1999	2000	2001
FI/GDP	0.12	0.18	0.35	0.15	0.21	0.19	0.20	0.35	0.25	0.19	0.15	0.11	0.12	0.12	0.18	0.16	0.19	0.21	0.21	0.16	0.16	0.15	0.15

对于深圳 1986—2001 年间的海外投资总量(图 4－1)和历年投资情况(表 4－13)的综合分析表明，其一，对深圳经济增长发挥着重要推动作用的海外投资主要来自华人主导地区，香港和澳门两地的海外投资就占据了总量的 62％左右；其二，港澳地区之外的其他亚洲新兴工业化国家和地区的海外投资数量明显较少；其三，来自发达国家的海外投资主要来自日本，占据了海外投资总量的 10％左右，但其主要集中在 1980 年代，自 1990 年代中期已经明显减少；其四，整体上，外来投资正呈现出来源更为广泛的趋势，并因此相对于早期较为明显地降低了港澳地区投资比重。

除海外投资，来自国内其他地区的资本投入对深圳的经济增长也发挥了极为重要的推动作用，特别是在经济特区初建的 1980 年代前期。其一，国内包括

① 以上资料来源：“深圳市城市总体规划检讨与对策”之专题报告：《深圳市产业发展历程》。
② 数据来源：深圳统计年鉴：2002。

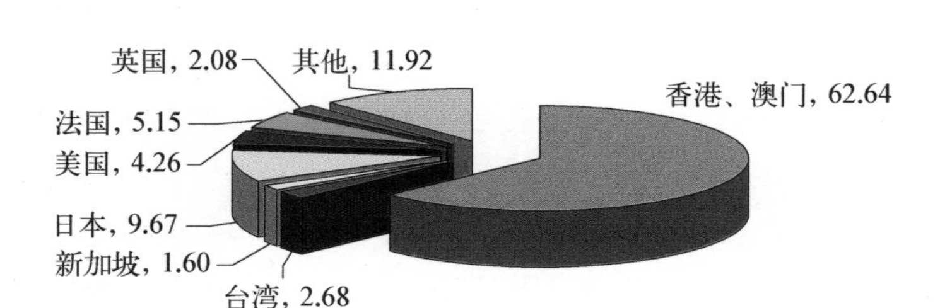

图 4－1　1986—2001 年间深圳实际利用外资总额构成(%)

表 4－13　1986—2001 年间深圳历年实际利用外资来源构成情况(%)

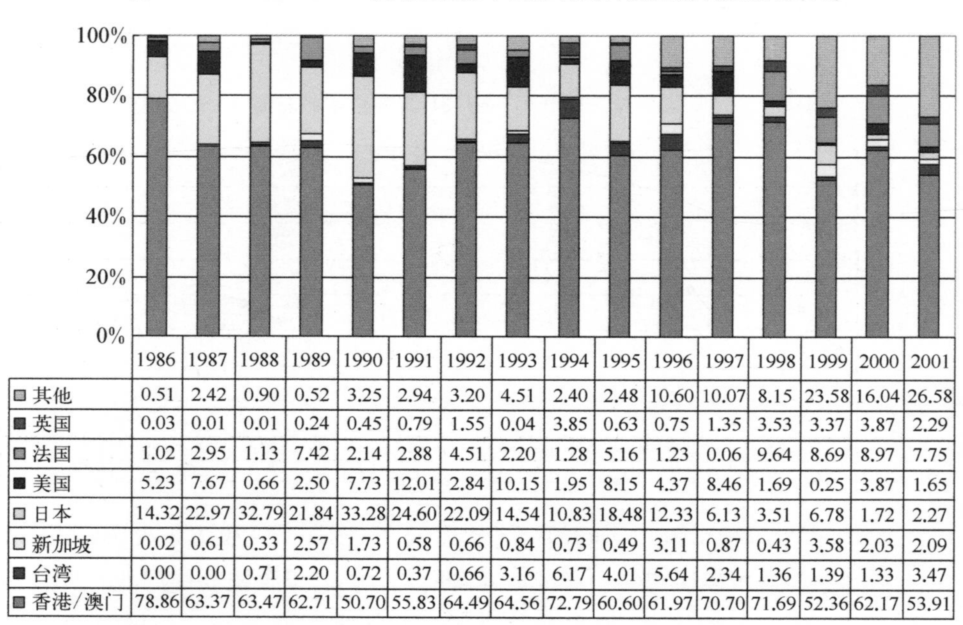

	1986	1987	1988	1989	1990	1991	1992	1993	1994	1995	1996	1997	1998	1999	2000	2001
其他	0.51	2.42	0.90	0.52	3.25	2.94	3.20	4.51	2.40	2.48	10.60	10.07	8.15	23.58	16.04	26.58
英国	0.03	0.01	0.01	0.24	0.45	0.79	1.55	0.04	3.85	0.63	0.75	1.35	3.53	3.37	3.87	2.29
法国	1.02	2.95	1.13	7.42	2.14	2.88	4.51	2.20	1.28	5.16	1.23	0.06	9.64	8.69	8.97	7.75
美国	5.23	7.67	0.66	2.50	7.73	12.01	2.84	10.15	1.95	8.15	4.37	8.46	1.69	0.25	3.87	1.65
日本	14.32	22.97	32.79	21.84	33.28	24.60	22.09	14.54	10.83	18.48	12.33	6.13	3.51	6.78	1.72	2.27
新加坡	0.02	0.61	0.33	2.57	1.73	0.58	0.66	0.84	0.73	0.49	3.11	0.87	0.43	3.58	2.03	2.09
台湾	0.00	0.00	0.71	2.20	0.72	0.37	0.66	3.16	6.17	4.01	5.64	2.34	1.36	1.39	1.33	3.47
香港/澳门	78.86	63.37	63.47	62.71	50.70	55.83	64.49	64.56	72.79	60.60	61.97	70.70	71.69	52.36	62.17	53.91

中央部委和其他不少地区的各级地方政府纷纷到深圳设立联络机构并建造办公楼宇，譬如曾长期象征深圳改革开放形象和“中国第一高楼”的国贸大厦就是由来自中央和其他各地共计 38 家单位共同合资建造的；其二，早期深圳经济特区的建设还大量接受了国内其他地区实物形式的资本投入，包括大量的建筑材料和各种设备等；其三，深圳通过“内联”吸引了大量国内工业资本投入，仅到 1983 年底，深圳就已经同 14 个中央部(局)、20 个省、市、自治区、80 多个地、市、县签订了 497 项横向经济联合协议，实际投入资金 1.68 亿元，而 1983 年与哈尔滨合作的通华电子有限公司当年实现产值 485.7 万元，占上埗工业区工业总产值的 47.8%①。

① 资料来源：《中国经济特区的建立与发展：深圳卷》。

实质上，正是包括来自国内其他地区的大量外来资本和海外资本的投入，极大地促进了改革初期直至 1980 年代中前期深圳的急剧经济增长和开发建设，为此后的城市发展奠定了良好的基础。

在厦门，综合外商直接投资额（表 4－14）、外资比值（表 4－15），以及其他统计数据，并与深圳比较分析表明，其一，海外投资同样对厦门的经济增长发挥了重要的推动作用，但与深圳又有着明显差异，1990 年代的海外直接投资额对于厦门城市经济增长的推动作用相比 1980 年代更为突出；其二，经济特区建立初期的厦门海外投资增长明显落后于深圳，直至 1980 年代中期之后厦门才进入海外投资的高速增长期，特别是在 1987 年台湾放宽外汇管制和开放民众赴大陆探亲后；1990 年代中期是厦门海外投资和外资比值显著上升时期，但到 1990 年代末期无论是海外投资总量，还是外资比值又都出现明显下降趋势。

表 4－14　深圳和厦门的外商直接投资额比较（万美元）

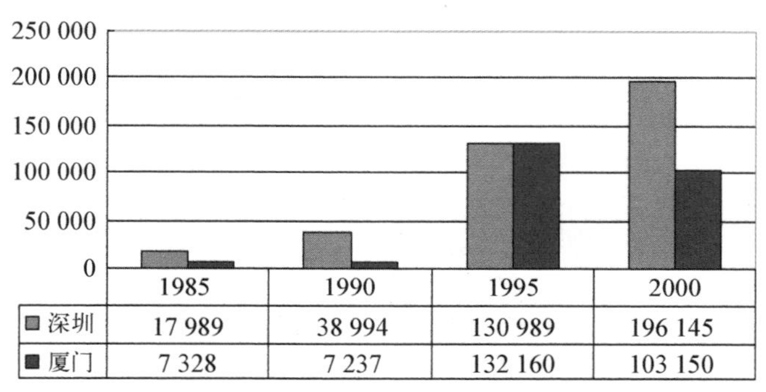

	1985	1990	1995	2000
深圳	17 989	38 994	130 989	196 145
厦门	7 328	7 237	132 160	103 150

表 4－15　深圳和厦门的外商直接投资/国内生产总值比较

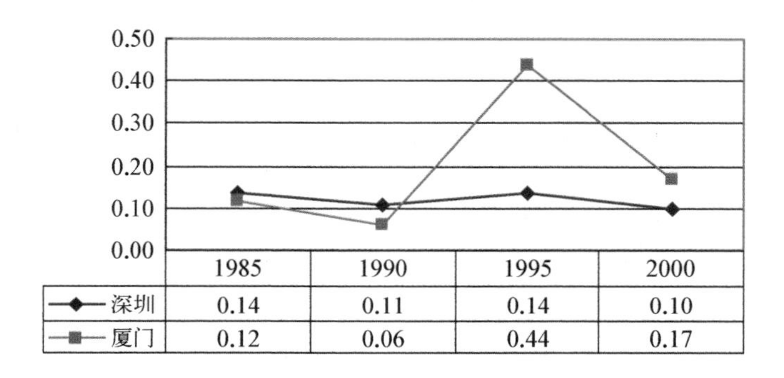

	1985	1990	1995	2000
深圳	0.14	0.11	0.14	0.10
厦门	0.12	0.06	0.44	0.17

在海外投资来源方面（图 4－2），厦门的海外投资同样主要来源于华人主导地区，但与深圳又有着较为明显的差异，主要表现为港澳地区的投资比重尽管仍

然最高(49%),但明显低于深圳,而台湾投资比重(21%)则显著高于深圳;此外,来自其他国家和地区的投资比重相对更为分散。

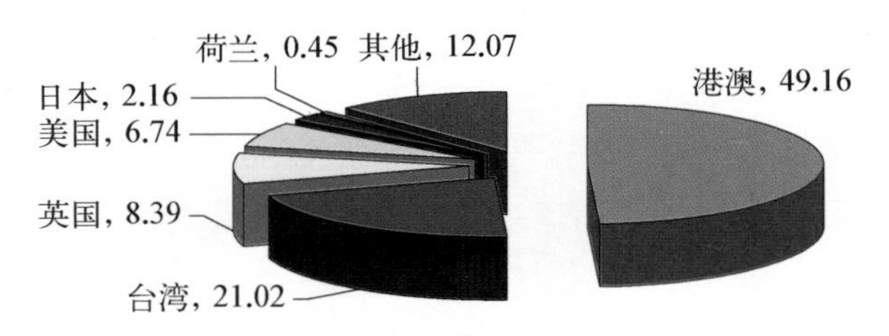

图 4-2　厦门至 2001 年累计合同外资构成情况(%)

对于 1990 年代的特征年份海外投资比较分析表明(表 4-16),其一,1990 年代初期的台湾投资占据着最为显著的地位,1990 年超过了海外投资总量的 50%,但此后明显下降;其二,1990 年代的港澳台地区投资总量比重明显下降,海外投资来源表现出明显的来源更为广泛的分散趋势,其中来自发达国家的海外投资比重明显上升。对应于世界产业布局和国际流动资本趋势表明,厦门此时正处于新的产业结构调整阶段。

表 4-16　特征年份的厦门外资来源构成(%)

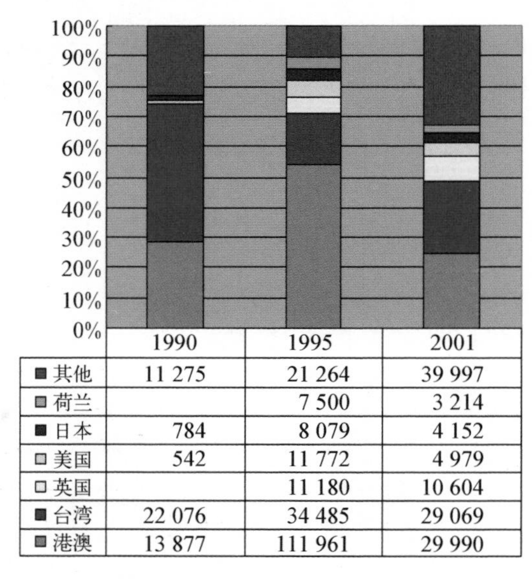

	1990	1995	2001
■ 其他	11 275	21 264	39 997
□ 荷兰		7 500	3 214
■ 日本	784	8 079	4 152
□ 美国	542	11 772	4 979
□ 英国		11 180	10 604
■ 台湾	22 076	34 485	29 069
■ 港澳	13 877	111 961	29 990

* 1990 年和 1995 年根据外商计划投资额计算,2001 年根据外资合同额计算。

国内其他地区投资对于厦门的经济增长同样发挥了重要的推动作用。但是相比深圳,厦门在吸引国内其他地区投资方面明显落后。在经济特区建立初期,厦

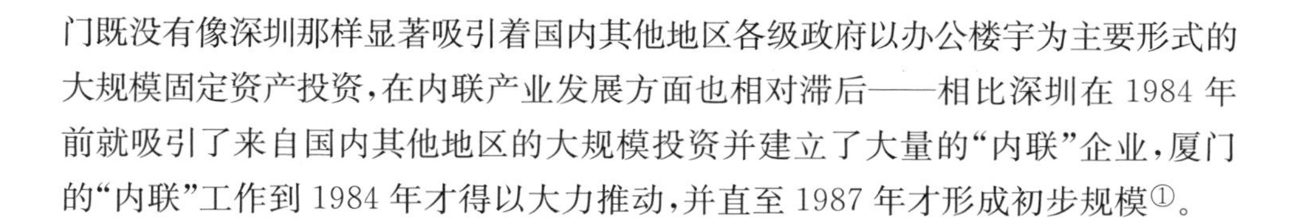

门既没有像深圳那样显著吸引着国内其他地区各级政府以办公楼宇为主要形式的大规模固定资产投资，在内联产业发展方面也相对滞后——相比深圳在 1984 年前就吸引了来自国内其他地区的大规模投资并建立了大量的“内联”企业，厦门的“内联”工作到 1984 年才得以大力推动，并直至 1987 年才形成初步规模①。

4.3　文化性因素的演变特征

本书中的文化性因素特别指向那些与价值观念紧密相连的精神资源，是特定人群长期发展中所形成的文化认同，在精神层面上约束和指导着人们对于社会生活的价值判断和行动。对于其在城市空间形态演变方面的影响作用，本书认为主要可以从两个方面入手分析，其一是对人们一般社会行动的价值观念约束，也就是通过影响人们的一般社会活动间接影响城市空间形态的演变趋势；其二，则是那些直接与城市空间形态有关的认知观念，因为这些具有社会知识属性的认知观念不可避免地附载着相应人群在特定价值观念，这也是社会知识的普遍规律(Giddens，1993)，尽管本书并不认同将城市理论和实践片面地全部理解为意识形态(Lefebrve；转引自：蔡禾、张应祥，2003)。作为主要在改革开放的时代背景下，由大规模来自国内其他地区的迁移人口聚集发展形成的“移民”城市，文化性因素的特征及其演变趋势，不仅与国内的一般文化认同有着紧密关系，还与全球化进程中的文化冲突和文化变迁有着紧密联系。

4.3.1　全球化进程中的文化冲突与变迁

文化冲突与变迁是全球化进程紧密相随的重要内容，同时也是全球化广受争议的一个重要原因(金耀基，2004)。事实上，对于全球化背景下的文化变迁特征与趋势，至今都存在着激烈的争论②，涉及文化变迁究竟是趋同化还是多元化、是西化还是现代化、是文化的解放还是文化的危机等诸多方面，迄今尚未能

---

① 资料来源：《中国经济特区的建立与发展：厦门卷》。

② 有关文化范畴争论的论著可谓汗牛充栋，无法一一列出，相关内容可参阅如下部分文章：金耀基的《全球化、多元现代性与中国对新文化秩序的追求》、费孝通的《文化论中人与自然关系的再认识》、李慎之的《全球化发展的趋势及其价值认同》和《全球化与中国文化》、张颐武的《全球化专题：全球化对于我们的文化意味着什么?》、庞中英的《另一种全球化：对“反全球化”现象的调查与思考》、Mario Vargas Llosa 的《Globalization at Work：The Culture of Liberty》、艾斐的《关于民族化与全球化：文化的一个时代命题》、陈胜利的《全球化与中国先进文化的两个基本取向》，以及刘耘华文字整理的《全球化专题：经济全球化与文化多元化》。

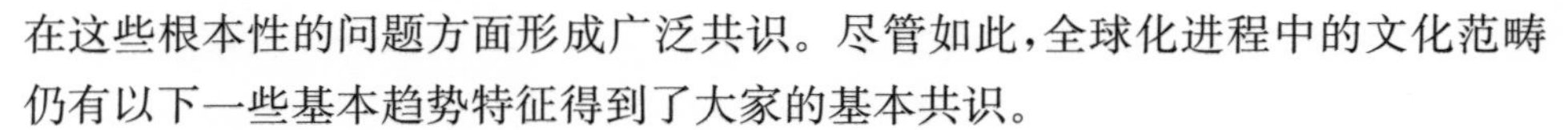

在这些根本性的问题方面形成广泛共识。尽管如此，全球化进程中的文化范畴仍有以下一些基本趋势特征得到了大家的基本共识。

（1）全球化进程中的文化传播加速

全球化进程极大地加强了全球范围的便捷联系，而信息技术的显著进步与应用则进一步加快了文化传播地速度。作为影响文化变迁的外部因素中的重要方面（郑晓云，1992），文化传播的加速无疑将加剧横向的文化冲突，并因此加快着不同文化间地整合与变迁（周尚意、孔翔，2000）。在中国改革开放的宏观环境和积极参与全球化进程的环境中，日益频繁的资金、技术、人员、物资等媒介交流无疑为文化传播的加速提供了有效并且多样的途径[①]，而日益开放的文化环境显然也为文化传播加速提供了制度可能，这些都为横向文化冲突的加剧，以及随之而来的文化整合与变迁提供了积极的内在机制基础。而伴随着快速文化传播而来的不仅有代表人类进步的自然与社会文化认知，同样还包含着曾经并存的不同人类基本文化认知，前者无疑有利于人类社会的共同进步，而后者则更多地以不同价值观念间的碰撞以及由此产生的整合或争夺中的此消彼涨为本质内涵。正是在这样的文化传播加速背景中，中外文化发生着显著的冲突，并因此深刻影响到改革开放以来的国内文化变迁趋势。

（2）全球化进程中的文化冲突特征

全球化进程中的文化传播加速激起了广泛的激烈文化冲突，特别在不同的文化体系之间，并因此深刻影响到参与其间的国家和地区的发展与文化变迁。Huntington（1993）在其引发强烈反响的“The Clash of Civilizations”中指出：“世界政治正在进入新的阶段，意识形态和经济将不再是新世界冲突的主要基本源泉，文化将成为造成人类间巨大隔阂和冲突的主要源泉。……冷战后，西方与非西方文化，以及非西方文化间的碰撞（interaction）成为国际政治的核心内容……非西方文化背景的国家和人民开始与西方共同推动与塑造历史”——在其显而易见的西方中心论立场中却也清晰地揭示了全球化进程中的文化冲突特征，及其在未来社会发展中的重要作用。

国内近年来的激烈文化冲突与变迁，固然与知识进步与传播带来的进步文化有关，更与中国传统文化与随对外开放进程而来的强势西方文化间的激烈碰

① Denis Goulet（1989）的研究指出了这样一个事实，技术从一个文化环境迁移到另一个文化，其本身就已经成为文化传播的媒介，成为一柄“双刃剑”——既是文化价值的携带者，同时也是文化价值的破坏者。显然，并非仅仅是技术具有这种“特别”的功能，在现实的社会中，那些跨越不同文化环境的包括资本、人、物等无疑都有可能具有这样的媒介功能。

撞有关。实际上，以中国传统文化为一方面的这一中西文化碰撞历程可以追溯到近2个世纪之前（金耀基，2004），并且在改革开放之前已经在此前的激烈文化碰撞中显著改变了中国的文化认同。相比此前近2个世纪以不同方式接受着西方与冷战中东方体系的文化传播，以及相应的文化变迁趋势，改革开放以来的国内文化冲突与变迁又有一些新的趋势与特征：一方面，伴随着强大的物质文明与全球化进程中的新制序变迁趋势，近年来全球化进程中的新西方文化在这一文化冲突与整合变迁进程中无疑已经占据着重要的引导性地位；而另一方面，随着国内文化环境的日益宽松，曾经接受激烈批判的中国传统文化，以及改革开放前的主流文化都不同程度地出现了新的回归趋势（孟繁华，1997），由此导致的则是国内文化变迁中可能长期存在的"趋同"和"多元"共存发展的趋势特征（陈胜利，2001；李慎之，1998）。

（3）西方主流文化的主要特征

毋庸置疑，与全球化进程紧密相随的是占据着主导地位的西方主流文化，尽管这一主流文化在社会的发展与不同文化间的碰撞中同样不可避免地发生着新的变迁趋势。对于近年来全球化进程中的这一主流文化的核心内涵至少包括以下方面：

其一，在其核心理念层面，西方主流文化与中国传统文化有着根本性的差异（费孝通，2004）。在对待自然方面，它在本质上坚持"天人对立"的世界观，并因此追求"征服自然"与"物尽其用"；在社会层面，则是以个人利己主义的"扬己"思想为核心内涵；

其二，西方战后的富裕社会思想（Taylor，1998）与1960—1970年代的西方价值观危机（李慎之，1994）共同影响了当前的西方主流文化。一方面是对物质生活水平不断提高的依赖与渴望，一方面则是价值观危机到来的悲观主义倾向（Ritzer，1997），西方主流文化在社会生活层面存在着突出的关注现实的个人物质生活与享乐倾向，在国家层面上则是坚持西方文化的霸权地位，不能容忍也不接受文化多元并存的可能性。

4.3.2　中外文化冲突中的国内文化变迁

正如此前所指出的，对于西方文化与中国传统文化的冲突以及近年来全球化进程中的国内文化变迁趋势与特征的理解可以追溯到近2个世纪前的鸦片战争时期。正是从那时开始，中国长期历史发展形成的传统文化观念开始在各种不同文化形态的激烈冲击下被严重压缩了生存空间。到改革开放前，中国文化已经突出地表现为国家严格控制下的主流文化形态特征（孟繁华，1997），包括对国家和政治的权威认同，以及国家和集体利益至上的精神，同时还包含着对于西方物质生活追求和个人享乐主义的激烈批判。

改革开放之后，在国家逐渐向社会范畴进行权威分权，以“允许一部分人先富起来①”的方式允许和认同个人层面的物质追求，特别是全球化进程中的西方主流文化冲击下，建国后的主流文化形态经历了显著的分异过程，并逐渐形成了分离的国家层面上的主流文化与市民层面的“市场文化”等不同文化形态（孟繁华，1997）。在国家层面上，此前主流文化中的核心“主旋律”依然得到了坚持，包括对国家和政治的权威认同，以及超越个人利益的国家和集体利益；在市民层面，“市场文化”的新核心内涵正在逐渐形成中，个人的物质追求与享乐，以及个人权益的保护成为正当或可以容忍的要求。在不同文化形态显著分异发展同时，日益宽松的国家文化环境又为它们的多元共存发展提供了可能。由此，一方面，正统的主流文化价值观念依然在社会生活中发挥着重要的作用，并以权威的色彩规范着人们的普遍社会行为，为大多数人们所普遍认可与接受；一方面，世俗社会开始更为普遍地接受着新的市场文化的形成与发展。两者间既可能在特定情况下产生新冲突，更多地则是分别引导着人们不同时空背景与范畴内的不同社会行动与互动。

相对于国内的大多地区，由于改革开放先行，经济特区城市的文化冲突与变迁，以及文化形态的分异与发展进程处于显著超前的地位。特别是受到国家重点关注的深圳，在1980年代无疑引领了市民层面的文化变迁进程，特别是市场文化形态的形成与发展，也因此多次引发过国内意识形态范畴的激烈争论，从1981年蛇口工业区提出的“时间就是生命，效率就是金钱”，到1980年代中期关于深圳的问题在哪里的讨论②，到1988年的“蛇口风波③”，直至1990年代初期

---

① 邓小平1978年在《解放思想，实事求是，团结一致向前看》关于经济政策的论述中首次提出该观点，见《邓小平文选(第二卷)》。

② 当时有观点认为深圳的迅速发展建设主要是赚了内地的钱的言论，主要资料来源《深圳，谁抛弃了你》。

③ 1988年蛇口风波系因“青年教育专家与蛇口青年座谈会”所引发一系列思想观念的激烈碰撞，并随后在《人民日报》上连载双方争论，成为改革开放之后文化冲突与变迁的典型标志。在这次激烈的文化辩论中，争论的主要焦点包括，其一，来深圳是创业还是淘金：蛇口青年的观点认为淘金者的直接动机是赚钱，但客观上也为蛇口建设出了力，这并没有什么不好；其二，是蛇口体现了中国特色还是外国特色：蛇口青年的观点认为，僵化地划分姓“资”还是姓“社”不利于改革的深入发展，不利于汲取全人类共同创造的文明成果，不利于我国生产力的解放和提高；其三，是对个体户办公益事业的看法：与专家认为应当提倡“有许多个体户把收入的很大部分献给了国家，办了公益事业”这样的精神与做法的观点相反，蛇口青年认为这是因为对“左”的思想心有余悸情况下个体户的非自愿举动。个体户在赚钱的同时，已经为国家作了贡献，因此只有理直气壮地将劳动所得揣入腰包才能使更多的人相信党的政策的连续性和稳定性，而不是鼓吹无端占用他人劳动的“左”的残余；此外还包括对进口车和如何表达对祖国的爱等问题的广泛争论。主要资料来源《深圳，谁抛弃了你》。

的关于经济特区姓"社"还是姓"资"的争论，以及伴随经济特区发展进程中的种种争论无不是当时文化变迁进程中的激烈文化冲突表现。

率先在国内开始的文化变迁进程对于经济特区城市的发展产生了深刻影响，并进而影响到城市空间形态的演变进程。一方面，它使物质追求成为人们广泛认可的正当行为，同时又为差异化的个人追求提供了文化支持，并至少为当时经济特区内部的主流文化形态所包容①。这在当时仍处于主流文化形态绝对主导的国内宏观背景下，为经济特区城市，特别是深圳这一市制初建的新城市在吸引大量外来迁移人口和外来投资等方面无疑提供了重要的文化支持，并因此有利于城市的迅速规模扩张和发展；同时也为市场经济和市场文化的发展提供了更为宽松的文化环境；另一方面，它也为经济特区城市，特别是深圳率先实施市场化的社会消费方式，包括市场化的土地供给与使用方式，特别是自 1980 年代初期就已经逐渐实施发展的市场化的市民住房供给与消费方式提供了有力的文化支持，并因此为市场规律深刻影响城市内部空间形态，以及整体空间形态的形成和演变提供了文化支持。

4.3.3　文化变迁中的城市空间形态理念

激烈的文化冲突，以及因此产生的文化变迁不可避免地影响着那些与城市空间形态直接相关的认知与理念，也就是有关城市空间形态的专门知识——尽管它们曾经更多地被认为是具有普遍意义的客观性知识，但无论是对中国古代以来的城市空间形态模式研究（董鉴泓，1989；胡俊，1995），还是对西方不同历史时期的城市空间形态模式研究（沈玉麟，1989）都已经明确地指出了文化性因素的重要影响。然而，对于中外文化冲突中的国内城市空间形态观念变迁，正如本书在文化变迁中所指出的那样，需要从近 2 个世纪的激烈文化冲突进程中去深刻理解。正是在激烈冲突中逐渐为人们所接受和那些城市空间形态观念共同影响了改革开放以来包括深圳和厦门在内的国内城市规划布局与城市空间形态演变。

对于中国传统文化中的核心城市空间形态观念，本书在相关研究基础上归纳了 4 个方面（附录 6），分别是天人合一的世界观、尊卑有序的礼制思想、赋予神秘色彩的城市空间布局中的象征手法与思想、实用主义思想。此后，在改革开

① 在蛇口风波中，一直坚持创造"免于恐惧的自由的社会环境"的蛇口领导人袁庚以赞同"我可以不同意你的观点，但我誓死捍卫你发表不同意见的权利"的方式支持了蛇口青年的思想主张，在争论不断上升的情况下也始终没有引起主流文化形态的坚决反对。主要参考资料：《孤独的蛇口：关于一个改革"试管"的分析报告》。

放前的近 2 个世纪里，国内经历了不同历史时期的国外主导城市空间形态观念的冲击(附录 7)，到改革开放前已经基本形成了为工业生产服务和遵循政治权威的功能和象征主义相结合的城市空间形态观。

建立经济特区以来，与深圳和厦门急剧城市空间形态演变进程相对应的是它们城市规划，特别是总体规划的不断调整历程(附录 4，附录 5)。结合历史发展以及与之相随的国内文化冲突与变迁趋势，以及对不同时期城市总体规划布局成果的分析表明，改革开放以来国内城市空间形态观念同样发生着显著变迁，并因此从不同层面影响着城市空间形态的演变进程。

其一，改革开放以来，决策层面对于城市作用以及城市规模的观念发生了显著转变。改革开放前甚至直至改革开放初期，主流决策层面对于城市作用的认知仍停留在主要为生产服务方面，视城市建设本身为消费过程，并直接将城市病与城市规模相联系并因此怀疑和警惕城市的规模扩张。由此，1980 年代深圳和厦门经批准的城市总体规划实质上有着高度相似的核心理念，突出城市的工业生产功能并严格控制城市规模(特别是人口规模)，这实质上也是当时决策层面城市发展指导方针的具体体现。为此，深圳和厦门这一时期的总体规划在编制过程中，特别注重对于预测城市人口规模的控制，甚至在编制过程中都采用了表面压缩规划人口规模，而实际上则在国家标准范围内适当放宽规划用地规模的所谓技术处理方式①。这也因此导致了两个城市的实际规模扩张进程与规划审批规模间的显著差异，以及人为指标式的计划控制导致了户籍人口规模与城市实际居住人口规模间的巨大差距；同时这也成为实际需要与城市建设用地规模计划和基础设施建设计划间显著脱节的部分重要原因。自 1990 年代中期以来，决策层面的这一认知正在发生着显著的转变，对于大城市，特别是特大城市在国家发展中的作用认知正显著转向积极方向，为规划调整提供了可能。

其二，在城市的整体布局层面。尽管集中和分散的空间发展模式都是西方近现代以来的重要城市空间形态理念，但无论是中国传统文化的世界观，还是近现代以来中外文化冲突和整合历程，都反映出至少在技术层面对于城市分散发

① 在深圳，历次总体规划所批准的人口规模总是很快被突破，如 1986 年批准的经济特区总体规划要求到 2000 年经济特区内人口规模 80 万以内，实际到 1992 年就已经达到了 85 万(来源：相应年份总体规划资料)，而 1996 年总体规划遇到的都是同样问题，为此，城市规划编制单位不得不采取技术措施，人为降低预测人口规模数据，但同时在用地和基础设施方面又留有足够弹性(来源：《深圳 2005 拓展与整合》)；在厦门，1990 年版总体规划在编制过程中的 1988 年左右也同样出现了相同的举措。这一时期的相似举措固然与当时的国家宏观调控紧密相关(有关内容将在下一章节分析)，但在根本上与当时决策层面的城市规划理念也有着紧密关系。

展模式的推崇。特别在经济特区创建的早期阶段，这一思想更与严格控制城市规模的相似相结合，影响到了两个城市的整体空间形态规划，也就是由分散小规模组团共同组合而成的具有一定规模的城市整体空间形态，这也正如 1980 年代初厦门城市总体规划评审专家所谓的，这样的空间布局模式既能够适应城市未来规模扩张的需要，又能够有效避免城市病。无疑，现实的发展显著地冲击着这一理念指导下的城市规划布局，对于两个城市空间形态扩张历程的综合分析也表明它们在实质上仍处于显著的集聚发展进程中，但其仍然显著影响着城市整体空间形廓的规划布局，两个城市的整体空间形廓因此同时表现出典型的分散发展模式特征。

其三，在城市的内部功能布局方面，这一时期则显然积极呼应了市场经济的发展需要，以及西方工业化时期的城市空间布局理念，核心地区设置商业商务等功能，而周边主要体现为圈层布局的不同类型工业企业和居住功能空间；同时，历史久远的尊崇政治权威的礼制思想和象征主义思想依然存在于规划决策核心的主流文化形态之中，特别体现在城市中心区规划中的政治和文化等非商业功能空间占据绝对主导地位，并与商业功能共同构筑了规划城市中心地区（图 4 - 3，图 4 - 4），无疑既是社会能动者关系的现实反映，两者在发展中的协调存在又显然体现了实用主义的文化观念。

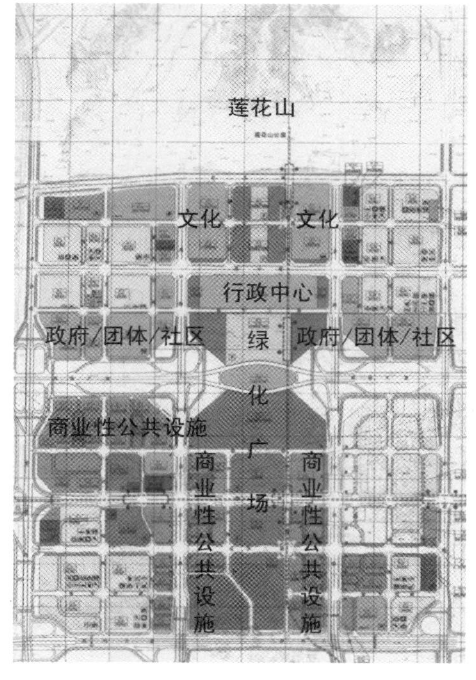

图 4 - 3　深圳的城市中心规划

资料来源：《深圳市中心区》。

其四，现实的发展和文化冲突还同样影响到其他的城市空间形态观念。包括近年来对于城市非工业生产性功能，特别是经济中心的积极认知显然已经发挥了显著的影响作用；而对于消费的认同，对于自然生态的重视，对于居住生活质量的积极认同，则不仅影响到城市规划决策层面的城市空间形态观念，并因此反映到近年来对于生态环境、岸线资源的重视与相应的规划布局调整，同样也影响着市民的价值选择。城市优良生态景观环境地段的“高档”化无疑与这一文化变迁的趋势有着紧密关系。

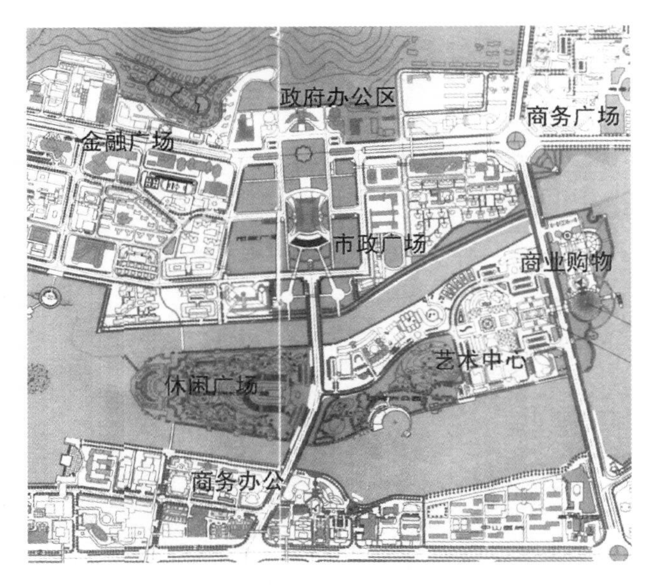

图 4－4　厦门的城市中心规划

资料来源：《厦门城市规划图集》。

4.4　技术性因素的演变特征

在此前的讨论中，本书已经指出，技术的进步与应用能够从不同方面显著改变人类的生活，但是这种改变更多的是为人们克服包括自然界在内的那些束缚提供可能，而并非提供确定性的方向目标。落实到城市空间形态层面，意味着不能简单根据技术性因素的演变想当然地判断城市空间形态的必然趋势并因此导致技术决定论。对于城市空间形态，技术的进步与应用实质上同样是为它们的演变趋势提供了更多可能。也因此，对于特定城市的具体分析，不仅有助于全面和深入地了解技术性因素的实际影响，更有助于对决定其应用的社会主要能动者层面的相关内容的了解。为此主要对那些直接与城市空间形态演变紧密相关的建造、交通和信息等方面的技术进步与应用进行相应分析。

4.4.1　建造工程技术的进步与应用

建造工程技术涉及宽泛的应用范畴，是人类改造自然世界以适应需要的重要途径。在影响城市空间形态方面，建造工程技术涉及建筑物、道路桥梁、地下市政设施等诸多方面，它们的新进步与应用对于改造特定空间场以适应人类不同性质活动，以及提高承载人类活动强度都发挥着重要的作用。在深圳和厦门 20 余年的城市发展历程中，建造工程技术对于城市空间形态演变的支撑作用是显而易见的，以致两个城市尽管在如此短暂历史进程中共同经历着城市规模显著扩张和整体开发强度急剧上升，仍保持着良好的运行状态并满足着城市的继续发展需要。

首先，高层建筑技术的大规模应用直接为城市向三维空间拓展提供了有力技术支撑。尽管高层乃至超高层建筑技术早在 19 世纪末期就已经出现①，但是只有在改革开放之后才得以在深圳和厦门迅速应用，特别是进入 1990 年代后，这一技术还被迅速广泛应用到居住建筑领域，极大提高了城市建成空间的承载能力，同时也显著改变着城市，特别是三维空间形态的演变进程。在深圳，整体层面的空间开发强度经历了持续的上升趋势，并且在罗湖和上埗等地区呈现显著上升趋势，与之相伴随的则是高层建筑的不断数量增加和高度增长；对于厦门整体空间形态演变趋势的分析，也同样反映出高层建筑建造对于城市空间开发强度增长与分布的支持作用。

高层建筑技术的应用为城市人口和功能的聚集提供了更多承载空间，而市政工程技术的应用则为这些空间能够正常满足人们的生存和社会活动需要提供了必需的技术保障。在更为广泛的层面上，市政工程技术可以包括除建筑工程技术以外的所有用于支撑城市正常运行所必需的那些工程建造技术，既包括将建成空间由生地变熟地的市政基础设施工程技术，也包括那些主要用于相对独立的如公路、码头、机场、水库等大型市政基础设施工程技术。深圳和厦门自经济特区建立发展以来实施了大规模的市政工程建设，为城市运行提供了技术保障的同时，也顺应支持并引导了城市空间形态的演变趋势。其一，深圳和厦门都实施了大规模的港口、机场、铁路、公路等多种类型的大型对外交通设施，以及城市内部的高等级道路系统建设。相对而言，厦门在港口和机场的建成和投入使用方面明显领先于深圳，但后者在承载规模上又显著超过了厦门②。两个城市

---

① 详细资料参阅：《外国近现代建筑史》。

② 厦门早在改革开放前就已建成港口码头，民用机场也在 1983 年通航；深圳早期的港口建设随蛇口的开发建设逐渐发展，民用机场则在 1991 年通航。厦门和深圳的港口和机场在承载规模上都迅速进入国内前列，但在吞吐量方面，厦门的发展速度明显落后于深圳。深圳在 2000 年港口货物吞吐量已经进入国内十大港口行列(第 8 位)，集装箱运输量也达到了国内第 2 位，而此时的厦门仅集装箱运输量达到国内第 6 位，万 TEU 数量也仅相当于深圳的 27.2%左右。在航空运输方面，2000 年厦门客运量约为深圳的 55.3%，分列国内的第 10 位和第 4 位；货运量分列全国第 8 位和第 5 位，厦门是深圳的 49%左右。港口资料来源：中华人民共和国交通部(网站)；机场资料来源：中国民用航空总局(网站)：2000 年工作年报。

的高速公路建设都集中在1990年代，但厦门目前境内依然主要是1990年代后期建成通车并主要承担对外交通的泉州—厦门—漳州高速公路，而深圳则在1990年代中前期首先部分建成了广深高速公路，自1990年代中后期又开始了市域范围内的大规模高速公路建设历程①。不同时期不同类型的交通技术大规模应用显著改变了深圳和厦门的区域和市域不同空间层面的交通区位条件，为城市不同功能和规模发展提供技术支撑的同时，也为城市空间形态的不同演变趋势提供了技术保障；其二，在建成空间方面，经济特区建立的早期，深圳曾经实施了大规模的移山增地工程，并因此奠定了经济特区内在上埗和福田规整方格路网引导的建设模式，为城市建设的大规模快速推进提供了及时有力的保障。但是随着生态和景观保护意识的不断加强，这样的建设方式开始受到强烈质疑，当前的城市建设尽管仍有添海造地工程在继续实施，但也开始更加注重既有自然地形地貌和生态环境的保护与利用。在厦门，尽管岛内的生态和景观资源在大规模的开发建设进程中也遭受到一定的破坏影响，但其生态和景观资源保护的意识相对更早也更强烈，并因此总体上决定了主要是顺应城市自然地形地貌的建设方式，并约束了大型或污染型工业企业的进驻；其三，市政技术的应用还为城市承载容量②的不断上升提供了技术支撑，同时还影响到城市内部不同区位的功能和规模布局，以及城市空间形态的演变进程。自改革开放以来深圳和厦门的大量市政建设，为城市的急剧发展提供了资源保障，同时其进程也影响着城市的实际发展进程，以及空间形态的演变进程。在深圳，水资源以及可以利用香港的电力和通信资源曾经是蛇口工业区开发的重要前提之一(附录2)，在厦门，给排水工程的可能性也曾成为规划决策海沧功能和规模开发的重要前提之一。

4.4.2 交通工程技术的进步与应用

此前的讨论以及部分涉及深圳和厦门改革开放以来的交通工程设施的建造。这些重要的城市对外和内部的不同交通技术的应用，显著改善和改变了深圳与厦门在区域空间，以及城市内部不同空间区位的交通区位条件，并因此显著影响到城市功能和规模的扩张，以及城市空间形态的扩张和演变趋势。为此对应于深圳和厦门的城市空间形态演变历程分别予以阐述。

---

① 有关资料参阅：深圳概览(网站)。

② 相关资料来源主要包括：1993年、1996年深圳总体规划资料，以及《2005深圳拓展与整合》报告、厦门资料主要来源1993年总体规划基础资料汇编，2000年版总体规划资料。

1. 深圳的交通条件改善①

对于深圳的研究表明，城市空间形态的演变经历了三个主要历史阶段，分别是 1980 年代中期之前的经济特区初建阶段、1980 年代中期至 1990 年代初中期的功能空间和整体空间形态扩张转型时期以及 1990 年代初中期之后的城市功能空间和整体空间形态扩张重整阶段。与其相随的是不同交通技术应用与交通设施建设(插图 1)。

经济特区初建时期，深圳率先推动改善了与香港间的口岸连接与通行能力，主要集中在沙头角、位于罗湖的文锦渡和罗湖、蛇口等地，反映出以香港为主要对外区域联系方向的特征。特别是位于罗湖地区，1984 年就已经达到日均 3 万人次的国内最大对外陆路客运口岸——罗湖口岸，以及日均 4 000 车次的最大货运口岸——文锦渡口岸；而蛇口的港口也迅速建成开通了对香港的船运。与之鲜明对照的，则是这一时期通往内地的对外交通仍主要依托原有公路。与这一阶段的城市空间形态演变趋势对应分析表明，其一，主要对外口岸的建设在加强了经济特区与香港的交通联系同时，也显著推动了口岸附近地区的开发建设进程，而不同口岸地区间尚处于相对独立的发展阶段②；其二，罗湖到南山(蛇口)之间相对零散的开发建设主要依托原有罗湖经东莞到广州间的对外公路，而深圳至龙岗沿线的开发建设则主要依托了罗湖经惠州到福建和江西的对外公路。其中后者对于从罗湖口岸出经济特区更为便捷，这无疑为当时其沿线直至经济特区外的相对较快开放建设提供了便利的交通条件。

1980 年代中期到 1990 年代初中期，是深圳交通方式显著改善的阶段。在口岸继续建设发展，以及文锦渡口岸建成客货运机动车交通口岸的同时，最显著的变化就是 1989 年位于福田规划城市中心区附近的皇岗口岸建成并迅速发展成为中国最大的公路口岸；在港口建设方面，除了经济特区西部蛇口附近的港区开发建设，1987—1988 年间盐田港开始开发建设，但进程相对缓慢；1991 年深圳黄田国际机场在经济特区外的市域西侧，深圳联系广州的公路通道附近建成通航；对于城市对外和内部交通都具有重大影响的高速公路在 1990 年代初期开始迅速建设发展，首先是 1993 年广深高速公路的建成通车极大地改善了深圳经东莞到广州间地区的交通联系；同时，城市内部，特别是经济特区内的重要干道系

---

① 有关交通设施资料主要来源：深圳概览(网站)、中国旅游网(网站)、深圳市主要年份总体规划资料。

② 甚至直至 1990 年代初期，在相当多人群的认知和称谓方面，蛇口仍是与深圳分别独立对应的关系。

统也在1990年代初期进入迅速建设发展时期，经济特区内部最为重要地东西向城市干道深南大道在1993年拓宽改造完成并全线通车，极大改善了深圳经济特区内部，特别是罗湖—上埗—福田—南头—蛇口间的紧密联系。与这一时期交通条件显著改善相对应，其一，随着1990年代初期广深高速公路和沿线国际机场地建成，城市空间形态在迅速向经济特区外扩张的进程中发生了显著的拓展重心从此前的东侧扩张轴向西侧扩张轴附近地区转移趋势；其二，1980年代末期经济特区建成空间仍主要表现为罗湖—上埗、蛇口—南头两个地区相对独立的建设发展，但在1990年代初期深南大道建成通车后，两地区及其中间地区进入了迅速开发建设时期；此外，在1990年代中期陆续建成通车的市域高速公路系统显然还对此时已经进入快速建设发展进程的市域中部的布吉、龙华和观澜等地发挥了显著的预期推动作用。

1990年代初中期后，深圳城市功能空间和整体空间形态进入扩张重整阶段。这一时期交通工程建设的显著进展主要反映在3个方面，其一，在港口方面，东部盐田港历经建设后在1994年完成一期工程，并在这一时期完成了连接惠州和广深铁路的疏港公路和铁路，并与香港的李嘉诚实现了合作，共同促成了1996年深圳集装箱吞吐量达到国内第2位，盐田港及其陆域也由此进入了全面快速发展阶段；其二，在市域层面，高速公路进入了全面建成通车阶段，1995年皇岗口岸向北经市域中部地区到东莞的梅观高速公路通车，成为深圳中部向北的重要对外交通出口，同时也为皇岗这一国内最大陆路口岸提供了另一重要的高速公路出口；几乎同期，由深圳向东出市域到汕头的深汕高速公路于1996年建成通车并成为国家东部沿海高速公路主干线的组成部分，东西贯通市域中部的由深圳机场向东连接深汕高速公路的机荷高速公路于1999年建成通车，从沙头角向东到盐田港再出市域的盐坝高速公路于2001年建成通车，此后又有其他高速公路正在陆续投入建设与建成通车；其三，经济特区内部的交通联系继续不断完善，最为突出的是1996年北环和1999年滨海大道这分别位于经济特区南北两侧的东西向快速干道的建成和通车，极大地改善了经济特区内部的东西向快速交通联系。由此，市域范围内已经初步建成了网络化的高速公路体系，市域空间的交通可达性极大改善，无论是经济特区内还是市域范围的对外交通联系都更为便捷。对应于这一时期的城市空间形态演变特征，首先，高速公路网络化进程与市域空间范围，特别是中、西部区域空间范围内建成空间形廓的网络化趋势相对应；其次，市域范围，特别是东部地区盐田港以及相应高速公路和快速干道系统的建设发展又与这一时期城市空间形态的沿线相

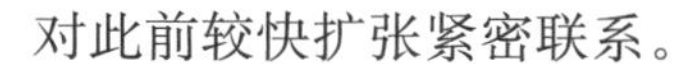
对此前较快扩张紧密联系。

2. 厦门的交通条件改善①

对于厦门的研究表明，城市空间形态的演变经历了两个主要历史阶段，分别是 1990 年代初期前集中于岛内的高度集聚扩张阶段，以及 1990 年代初期之后的岛内外共同扩张时期。而交通设施的建设与交通条件的改善同样与其紧密对应(插图 2)。

1990 年代初期之前是厦门城市空间形廓在本岛内部集聚扩张时期。此期间，在改革开放前就已建成的交通设施基础上，厦门继续在岛内大力建设重大交通设施以改善对外交通条件。其一，最为显著的改善举措是 1983 年岛内北部高崎机场的建成通航，极大地改善了厦门岛内的远程对外交通条件，其相比深圳机场的通航也早近 8 年；其二，1980 年代初期开始大力推动港口建设，改建了客运码头并建成了货运深水泊位，到 1980 年代后期，厦门岛内的港口客、货运能力都得到了显著改善；在铁路运输方面，1980 年代前半段重建了厦门火车客运站，并扩建了岛内的高崎火车货运编组站。由此，这一时期厦门在岛内的多方位重大对外交通设施建设显著改善了厦门岛内区域空间范围的对外交通条件。与此相对应，这一时期厦门的城市建成空间高度集聚在岛内，并主要集中在鹰厦铁路以西，分别在江头和筼筜新市区、最初划定的湖里经济特区，以及结合重大对外交通设施地区分散扩张。

进入 1990 年代，厦门的城市空间形廓进入了岛内外共同显著扩张的新阶段，扩张趋势也更为显著。这一时期的城市交通设施建设和交通方式改善可以主要划分为四个方面。其一，主要是 1997—1998 年陆续建成通车的漳州—厦门—泉州高速公路，并与福州等地相连通，使得厦门对国内其他地区的对外交通条件得到显著改善；其二，厦门本岛连接岛外市域空间层面的交通条件可开始出现明显改善，首先是 1991 年建成通车的厦门大桥，改变了过去单一利用厦集海堤联系岛内外陆路交通的方式，明显改善了本岛北侧的陆路对外交通条件；其次是 1999 年建成通车的海沧大桥，不仅进一步显著改善了岛内的对外陆路交通联系，更为重要的是为本岛的对外交通联系提供了不同方位通道，并由此显著改善了本岛与海沧间的交通连接；其三，在本岛内部，则主要通过干道系统的建设改善交通条件，特别是从 1990 年代末期之后环岛公路的全面推进建设，以及将本

① 主要交通设施改善历程主要参阅了《厦门市总体规划：厦门市基础资料汇编(1993 年)》，以及厦门交通口岸(网站)中相关资料。

岛西侧干道东部延伸建设，共同逐渐形成了几乎覆盖全岛的环行和横向贯通的干道系统；其四，在岛外的各建成片区，特别是建成片区间的干道系统建设也得到了大力推进，1995 年本岛经集美连接同安的同集路改造通车，1996 年连接集美、杏林、海沧三个岛外国家级台商投资区的新阳大桥建成通车，都明显改善了岛内外，以及岛外不同片区的交通联系条件，而 1990 年代末期完成的 319 国道改造则进一步改善了海沧连接漳州等地的区域对外交通条件。与这一时期交通条件改善相对应的是其城市空间形廓在岛内外的迅速扩张趋势，主要包括四个方面的主要特征，首先，岛外的主要交通设施建设，特别是本岛连接岛外的交通条件改善与建成空间向岛外扩张的趋势紧密连接，两个层面的这些对外交通设施的改善措施主要集中发生在 1990 年代后半段也部分解释了此前城市空间形态未能如多次总体规划所希望的那样迅速向岛外扩张的原因，并因此导致城市空间形态高度集聚在岛内并向规划试图严格控制的东部地区扩张；其次，与深圳市域层面大规模高速公路建设并更多承担起市域范围建成空间之间交通联系的方式不同，厦门市域范围内地高速公路不仅少，并且还明显地主要承担过境和市域对外交通联系，未与市域范围的空间形廓扩张趋势形成紧密联系；而其市域范围内，包括主要建成片区内部和它们之间的交通联系更多地主要由公路或城市干道承担。由于干道或一般公路与高速公路的显著差异，岛外的建成空间呈现出沿公路或干道紧密连接推进，并特别与厦门本岛紧密连接的关系，而相对更为远离厦门本岛地区的发展和开发进程显著落后，而不同开发地区则主要由自然地形地貌相分离；再次，以干道为主要交通方式的影响作用还体现在本岛内部，随着干道系统向东部地区的延伸，建成空间还呈现出沿主要干道紧密连续外推的扩张趋势。

4.4.3 信息工程技术的进步与应用

如果说交通工程技术的进步和应用，是首先通过改变人和物资在不同空间区位间的运输可达性，并进而影响到城市空间形态的演变进程的，那么信息工程技术就与交通工程技术有着密切的互补关系，它的不断进步与应用，使得信息的流通同样可以摆脱古老的面对面，或者必须借助人和物资流通所必需的交通方式和通道等形式，由此不断显著地改变着信息流通的空间可达性，从而同样深刻地影响着城市空间形态的演变进程。信息工程技术的历史发展已经深刻地影响着人类的城市空间形态演变，特别是在其出现革命性进步与应用时期。与此前研究中，深圳和厦门城市空间形态演变进程中所采用的一般都是已经在其他地区和城市发展并应用成熟的那些工程技术不同，信息工程技术的进步与应用正在经历着革命性的变革时期，Internet 技术的迅速发展成熟已经在显著地影响着世界众多方面的发展趋势，同样也包括对城市空间形态的演变趋势影响。并且，对于信息工程技术的这一革命性进步与应用的影响作用，至今还没有成熟的研究经验可以借鉴。基于历史上对电信工程技术发展对城市空间形态演变影响的研究经验与教训回顾(Mitchell, 1995)，对于 Internet 技术的影响作用，应当力求避免那些先入为主的技术决定论的观点与结论。尽管如此，在有关信息工程技术发展对于城市空间形态演变的主要影响方面至少可以持有这样一个基本观念，即过去那些曾经将某些城市功能强行束缚在特定空间区位的力量，有可能随着信息工程技术的进步与应用被显著削弱，并因此为传统信息工程技术下的城市空间形态的新演变趋势提供可能。

对于中国的 Internet 技术进步与应用，根据技术的使用性质不同可以主要划分为 4 个历史阶段(臧运平，2003)，分别是 1986—1993 年间的电子邮件使用阶段、1994—1995 年间的教育科研应用阶段、1996—1997 年间的商业应用阶段、1998—2000 年间的普及阶段，其中又可以根据发展趋势，将前两个阶段分别归为萌芽时期和初创时期，而第三和第四个阶段则是 Internet 的发展时期，其中又在第四阶段，也就是 1990 年代后期形成了急剧发展时期。而 Internet 技术的发展与应用，特别是其发展和急剧发展时期已经强烈地影响到了国内城市的发展，又可以主要包括两个方面：

其一，其显著地体现在对金融办公等功能空间的分布影响方面。深圳和厦门都在 1980 年代中后期的总体规划中提出了建设新城市中心区的计划①，深圳 1986 年的城市总体规划更明确提出建设一个具有国际水准的城市中心区。两个城市的规划中心区都安排了大量的商业办公功能空间，深圳还明确提出在中心区南片建设 CBD 功能区。此后，深圳在 1990 年代中后期开始实质性推动城市中心区的开发建设，但是与政府主导的公共建筑及少量办公类建筑的建设热潮，以及市场化的住宅建设热潮相比，商务功能的开发明显迟缓。这一时期，金融等主要商务功能空间除了在罗湖形成聚集，更多的是沿着城市主要干道在经济特区内迅速分散发展；在厦门，尽管金融等商务办公功能的发展与深圳有着较为显著的差距，但在空间分布上，同样呈现出集中在岛内但又明

① 相关资料来源包括：《深圳市中心》、《厦门市城市建设总体规划调整说明书(1988—2000—2020)》(修订稿，1988)、《厦门市城市总体规划咨询报告书(摘要)》(1988)、《厦门规划图集》。

显分散的布局特征。尽管不能排除地价等其他因素的显著影响作用，但无疑也与同期显著发展的网络技术紧密相关，它使远程的便捷商务交流成为可能，并进而为商务功能在更为广阔的空间范围内选择成本相对较低的地区提供了可能。

其二，突出地反映在为工业企业内部不同部门的空间分离提供了可能。实质上，早在1960—1970年代的电信业急剧发展时期，信息工程技术的发展就已经显著地提高了人类活动摆脱以往空间束缚的能力(Mitchell, 1995)。自此之后，特别是在全球化进程迅猛发展的时期，企业的分散布局趋势日益明显，并且已经显著超过了过去仅在生产和管理部门层面上的分离，使企业能够以更多部门和在更为广阔的空间范围内进行分散布局组织。深圳早期制造业的急剧发展很大程度上正是得益于港澳台企业前店后厂的分散布局趋势(罗福群，2002)。随着城市的不断发展，特别是城市范围内的信息工程不断建设发展，深圳和厦门在接受国际区域层面的企业分散转移同时，城市内部也出现了企业分散布局趋势，并因此影响到城市功能空间形态的演变趋势。在深圳，1990年代初期，“三来一补”企业大规模向经济特区外转移，并因此导致经济特区内工业厂房的大面积空置(谭维宁，1998；陈伟新，1998)，以及1990年代中期工业仓储类用地规模总量的减少。然而，随着高新技术企业的发展，大量高新技术企业进驻那些曾经空置但又已经近邻城市核心地区的老工业园区。陈伟新和吴晓莉(2002)的研究表明，大多数位于深圳经济特区内的这些高新技术企业都属于研发性质，并且约50%集中在那些临近城市功能发育相对成熟的老工业区内；与此同时，也出现了更多将研发和商务等高端业务放置于经济特区内，而将生产部门放置在经济特区外部甚至更为偏远的地区现象。随着更多企业内部空间分离成为可能并呈显著发展趋势，此前主要根据工业化时期的功能分区原则与典型特征的城市功能空间形态模式受到了日益猛烈的冲击。

4.5 空间性因素的演变特征

空间性因素主要包括两个层面，分别是区域空间环境因素和城市地域环境因素。其中，区域空间环境因素主要是区域空间层面主要以不同区位关系显著影响城市空间形态演变趋势的不同范畴的主要影响因素；而城市地域环境因素则指城市地域空间范围内，主要由自然环境资源和自然环境特征的分布等方面对城市空间形态演变趋势形成影响的主要因素。两个空间层面的因素及其变迁在影响城市总体发展趋势的同时，也由于区位关系的原因直接影响到城市空间形态的多方面演变趋势特征。

4.5.1　区域空间层面的主要环境特征与变迁

来自区域空间层面的影响因素涉及诸多范畴，并且它们的影响作用及其途径与方式也不尽相同。然而就本书所述的那些主要因为区位关系而显著影响深圳和厦门城市发展和城市空间形态演变趋势的空间性因素，其显著变迁与影响主要包括三个方面，分别是区域空间环境中的城市地位、城市的区域空间环境、城市的区域空间联系方向。

1. 区域空间环境中的城市地位变迁

改革开放之前，中国在国际交往方面仍基本处于封闭状态，地处沿海的深圳和厦门，由于分别接壤香港和临近台湾金门，被作为国防边陲予以严格管理，在区域关系中均处于边缘地位。此后，随着中国改革开放政策的实施和不断发展，深圳和厦门在城市急剧发展进程中，也经历了城市的区域地位急剧变迁过程，可以主要划分为 3 个阶段。

第一次主要变化发生在改革开放初期。此时，随着 4 个经济特区的设立，深圳和厦门在区域空间层面上的地位出现了显著变化，从国防边陲的国家边缘地区转变为连接国内外的国家门户区位，并承当起国家改革开放政策窗口和实验田的重任，而深圳更是被中央特别批示为“应当集中力量把深圳建设好[①]”。两个城市由此进入了新的历史发展阶段，而深圳更在 4 个经济特区中脱颖而出，迅速发展成为 1980 年代中国改革开放的标志性城市。

第二次主要变化发生在 1980 年代中期后直至 1990 年代初期。随着改革开放政策的推进和城市的迅速发展，自 1980 年代中期开始，深圳和厦门的城市聚集效应日益加强，中心城市的地位和作用开始显现。在深圳，尽管紧邻区域性国际中心城市香港和国内华南地区的传统中心城市广州，但拥有尚未完全开放国家的最大陆路口岸、具有国家改革开放政策的旗帜特性以及国内大多城市（特别是广州）在改革开放进程上的滞后等综合原因，不仅逐渐发展成为珠江三角洲的一个重要中心城市，还在相当程度上承担起更为广泛区域空间层面上的中心和枢纽作用，金融、贸易、运输等行业也因此得到了极大发展，并在珠江三角洲、华

① 主要资料来源：《中国经济特区的建立与发展：深圳卷》。

南和全国不同层面的不同范畴产生了重要影响①；在厦门，尽管发展趋势相对落后于深圳，但得益于改革开放以来的率先发展，以及城市发展进程中的区域枢纽性交通设施的发展完善，中心城市地位也不断得到加强，其中最为突出的表现首先是在闽西南区域②的中心城市地位加强，并于1994年在地方政府层面上正式成立了定位于建立以厦门经济特区为龙头，漳州和泉州为两翼，西部的龙岩和三明为腹地的一体化经济区的闽西南五地市区域经济合作办公室；其次又由于特定的区域文化认同，历史传统原因和改革开放后的发展推动，厦门在发展进程中还加强了与闽粤赣经济区③等更为广泛区域空间范围的联系，并一度成为福建省重点加强的主要经济中心城市④。

第三次的主要变化发生在1990年代初期之后，特别是到了1990年代的末期。随着1992年国内改革开放政策的全面深入发展，全国大多地区，特别是沿海地区进入了迅猛发展时期。1980年代初期成立的经济特区城市开始共同面临着日益突出的“特区不特”现象，不仅由于经济特区城市在改革开放进程和优惠政策方面的优势严重削弱，更为重要的是随着大陆广泛空间范围的开放，经济特区城市连接国内外的窗口作用已经不再具有突出地位；同时，随着国内其他地区和城市的迅速发展，经济特区城市在经济发展进程中所表现出的强烈聚集效应和相比周边地区的显著突出地位也受到了极大削弱。在深圳，逐渐表现出日益强烈的与香港和广州的竞争趋势。但是由于香港的区域国际性城市地位，以及广州在新发展进程中的华南经济中心城市地位的再次提升，此外还有区域内其他城市如东莞的发展挑战，深圳的区域中心城市地位和影响范围受到了强烈挤压；但同时，珠江三角洲也开始日益表现区域发展特征，深圳在此期间又积极参与了与香港和广州共筑区域发展中心的进程，共同推动了珠江三角洲的经济发展及其在更广泛区域空间范围内的经济中心作用；在厦门，一方面由于珠江三角洲和长江三角洲区域经济发展和它们在更广阔区域的中心作用挤压，一方面

---

① 主要的表现包括：1990年中国股票市场在深圳开市使得深圳的金融业发展迅速成为一定时期的中国焦点；来自国内四面八方的城市新移民，以及蛇口效应使得深圳引领了新的国内价值观念趋势；1990年代机场、港口等重大交通设施建成及紧邻国内最大陆路口岸等方面。相关分析见此前分析，资料主要来源包括：《1993年深圳总体规划资料》、新浪读书频道、《中国经济特区的建设与发展：深圳卷》等。

② 闽西南地区由福建南部的厦门、漳州、泉州和西部的龙岩、三明五市组成。相关内容主要参阅同济大学等单位编制的《厦门城市发展概念规划研究》、中国城市规划设计研究院编制的《厦门市城市发展概念规划》。

③ 在行政上主要包括厦门、漳州、泉州、龙岩、三明五地市，广东的梅州、潮州、汕头、揭阳、汕尾和江西的鹰潭、抚州、赣州3地市。

④ 1995年中共福建第六次代表大会提出，“以厦门经济特区为龙头，加快闽东南开放与开发，内地山区迅速崛起，山海协作联动发展，建设海峡西岸繁荣带，积极参与全国分工，加快与国际经济接轨”。

由于福州中心城市地位的再次加强，区域中心城市的地位与主要影响范围受到严重挤压。同时，泉州和漳州的经济高速发展，则进一步推动了厦门传统闽西南中心城市地位的新合作发展趋势。

在改革开放进程中的国内区域环境中的城市地位变迁同时，深圳和厦门自改革开放以来所承担的面向海外的城市地位相对稳定。作为经济特区城市，深圳和厦门的另一个重要功能就是加强与海外侨胞、海外地区的纽带作用。由于区域文化认同和地域邻近原因，深圳更多地承接着与香港的对接关系。尽管香港 1997 年主权回归，以及深圳文化认同相对缺乏地方历史延续性，但深圳与香港间的紧密关系正在不断加强，并早在香港回归之前就已经开始不断探讨新的城市合作发展模式，近年来也正采取着相应的行动；厦门则更为突出地承担着对接台湾的重任，并在 1980 年代末期出现紧密联系的趋势①。尽管由于两岸政治关系的复杂趋势，以及 1990 年代以来的台商投资新趋势②，厦门仍然由于文化认同、历史发展和地理区位等方面的原因在对台湾的承接关系方面发挥着重要作用。

2. 城市的区域空间环境变迁

与深圳和厦门城市发展历程中的地位变迁相伴随的是两个城市的区域空间环境变迁趋势。改革开放前，在长期的历史发展进程中，中国已经形成了不同空间层面的城市集聚发展特征(顾朝林，1996)。其中，深圳和厦门所在的城镇空间集聚区域主要包括两个空间层面的特征。首先，在整体层面上，它们都处于东部沿海的国内城市集聚地带，主要是以北京、上海、广州—香港为核心，沿海、沿江为枢纽的“T”型特征；其次，在第二个空间层面上，深圳位于中国东南沿海的以香港—广州为核心的块状城镇集聚地域范围内，而厦门则位于长江三角洲、珠江三角洲和台湾北部三大城镇空间集聚地区的地理中心位置——包括厦、漳、泉直至福州的沿海条状城镇次级聚集地区，在得到一定发展空间的同时又必然受到以上地区的挤压。

改革开放以来，尽管深圳和厦门所在的城市聚集地区的基本特征并未根本改变，但它们及其周边城市的迅速发展，在推动着区域整体发展以及对周边地区的影响作用变迁同时，也逐渐改变着不同区域层面不同范畴的空间环境特征。在区域基本构成的整体层面上，深圳和厦门分别处于不同发展水平和影响能力

① 1987 年台湾放松台商到大陆投资，大量台商投资涌入大陆，厦门的台商投资急剧增长。

② 随着大陆开放与经济发展，台商自 1980 年代大规模进入大陆后，先后出现向珠江三角洲和长江三角洲聚集的现象，见：海峡网(网站)，《台商投资祖国大陆出现新变化》。

的区域范围内。深圳处于紧密联系的珠江三角洲地区①,其自然地理学意义上的区域陆地面积达到 8 600 多平方公里,在国内仅次于长江三角洲,在行政上则包括了大陆范围内的广州、深圳、珠海、东莞、佛山、肇庆、江门、中山等地级以上城市,总面积超过了 4 万平方公里,1994 年统计人口超过 2 000 万人;此外还包括海外紧邻深圳的区域性国际城市香港,以及紧邻珠海的澳门。区域内主要由密集水网和大面积冲积平原构成。在厦门,近年来在发展中逐渐形成紧密关系的区域空间范围主要集中在闽西南地区,包括厦门、漳州、泉州和西部的龙岩、三明五市,其中又以厦、漳、泉关系相对紧密。闽西南五市的行政辖区面积超过 6.6 万平方公里,总人口达到 1 700 多万,但大多属于山岭地带,核心地区主要由位于九龙江三角洲的厦门和漳州,以及位于晋江三角洲的泉州构成,地域面积狭小,1997 年国内生产总值达到 1 900 亿元左右,显著落后于大陆范围内的珠江三角洲地区。

在深圳所在的城镇密集区域——珠江三角洲区域内,城镇体系关系变迁经历了不同发展阶段,其一,广州由于长期历史发展以及省政府所在地的原因,改革开放前不仅承当着珠江三角洲地区的中心和枢纽城市作用,其影响作用还超出了广东省域并覆盖华南地区。由于大陆长期处于封闭状态,尽管香港和澳门同属珠江三角洲地区,却与大陆地区处于严格分割状态,也因此成就了广州的显著中心地位;其二,改革开放之后,随着国内外交往的迅速发展,以及深圳和珠海两个经济特区的设立——正如此前分析,它们的城市地位急剧上升,并迅速发展成为国内的对外开放门户和窗口;同时,港澳台地区正处于新的产业结构升级时期,共同的发展需要促使它们发挥着对大陆地区资本和产业转移最为重要的影响作用和地位。由于 1980 年代改革开放政策的渐进趋势,初期的经济特区城市在承当改革开放窗口作用的同时,更重要的是承当起国际流动资本和产业转移的接受地作用②。因此,这一时期珠江三角洲地区的城镇体系关系正处于对接港澳,经济特区突出和广州中心地位明显衰退时期。同时,一方面由于澳门经济体量偏小和博彩主导的经济发展特征,而香港则在经历了转口贸易和制造业发展之后,随着金融等行业的发展已经逐渐成为重要的区域性国际城市;一方面又由于同样作为四小虎地区的台湾与大陆地区无法直接进行经济和金融等方面的

---

① 主要数据来源:《珠江三角洲经济区城市群规划:协调与持续发展》。

② 1984 年到 1985 年中央开始设立 14 个对外开放的沿海港口城市和 7 个经济开放区,但正如此前分析,全方位的改革开放直至 1990 年代初期才正式开始,因此类似的经济特区在 1980 年代的大多时间内承担着试验田的作用,详见制序性因素的分析章节。

往来而主要借助香港作为中介地(王文娟、刘艳明,2002),香港对于经济特区城市,特别是深圳以及珠江三角洲的发展发挥了最为显著的影响作用,体现在金融、贸易和制造业转移等多个方面;其三,进入 1990 年代之后,广州的中心城市地位逐渐回归,珠江三角洲也进入了区域普遍发展时期。珠江三角洲地区的区域城镇体系关系进入了新的演变进程。一方面,在大陆,广州的区域中心地位再次不断加强,而深圳的区域中心作用相比广州明显落后,仅与周边的惠州和东莞关系较为紧密①;一方面,在包括香港和澳门的大珠江三角洲,香港的中心城市地位显著,并主要面向国际层面;而深圳在连接香港和广州的同时,共同推动了区域内香港—深圳—广州的区域发展重点轴向地带作用,并由此共同推动着区域的继续发展与对外影响作用的加强。

厦门所在的闽西南地区,改革开放前同样由于国防前线原因,一直处于以省会城市福州为中心的闽东南边缘地区。在经历了 1980 年代中期之前的相对缓慢发展后,1980 年代后期,厦门在此地区率先进入了快速发展时期,中心城市作用逐渐加强,城镇区域体系关系出现雏形;同期,台湾在 1980 年代后期到 1990 年代中期之前相对放松了对与大陆的经济和金融往来的管制(王文娟、刘艳明,2002),以及 1990 年代初厦门岛外设立台商投资区,和国内更为深入的改革开放政策推进,闽西南地区,特别是厦、漳、泉三城市在 1990 年代中期之后进入了显著发展时期,区域城镇关系日趋紧密。但同时,一方面是珠江三角洲和长江三角洲不断发展进程中对经济腹地的争夺,一方面是福州中心城市作用的不断加强,闽西南地区,特别是厦、漳、泉城市发展进程中开始出现新的城镇关系变迁趋势,即在厦门依然承担地区中心城市地位,并日益强化与漳州的联系同时,泉州对于周边次级城市的整合作用不断加强,并开始向更多承担起联系福州和厦门并成为沿海另一重要城市,以及与厦门形成新的城市结盟关系的新发展趋势②。

显然,深圳和厦门所处区域在空间范围与基本特征等方面的显著差异从腹地意义上决定了两个城市的一定历史时期内的可能发展目标,以及可能发挥的中心城市作用;而区域内城镇体系关系的变迁不仅更紧密地决定了城市中心作用发挥,还将影响到城市内部的功能结构关系等多个方面,厦门在 1990 年代初期金融商务等第三产业地位的显著突出,以及此后的相对下降显然与其区域地

① 根据《深圳 2005 拓展与整合》转引的有关国家自然科学基金重大课题“港澳—珠江三角洲及其外围地区协调发展研究”的阶段性成果内容。

② 相关内容可参见泉州网(网站)2003 年转载的《泉州厦门竞争中的联盟路漫漫》、《建海湾城市泉州要“淡出闽东南”》等有关厦漳泉整合发展的相关报道。

位和城镇关系的变迁紧密相关；而深圳金融商务等功能的显著发展，固然有1980年代中期之后城市中心地位加强的原因，但其在1990年代后期的进一步发展则更与其特殊区位，以及珠江三角洲的更广区域中心作用，以及深圳参与到珠江三角洲区域中心轴带作用紧密相关。

3. 城市的区域空间联系方向变迁

在深圳和厦门城市发展进程中，随着城市地位与作为区域空间环境的变迁，城市的区域空间层面的主要联系方向也发生着显著的变迁，并因此影响到城市空间形态的演变趋势。

对于深圳城市地位和区域空间环境的分析表明，在改革开放初期，城市主要作为海外，特别是香港投资和产业转移的接受地，城市的主要区域联系方向因此主要指向香港，也因此引导城市空间形态主要在口岸地区，特别是主要口岸地区急剧扩张；1980年代中期之后，国内逐渐的改革开放进程在继续强化着深圳与香港的联系外，还使其更多地承担起连接珠江三角洲等区域空间与香港联系的实质性门户作用，区域空间的主要联系方向演变为香港与广州间的主要联系方向，因此迅速推动了沿线地区的迅速发展，并因此将市域空间层面上的城市空间形态演变重心引导至市域西侧；此后，随着珠江三角洲区域对周边地区影响的显著加强，以及深圳参与到新的区域中心地位作用中，引导了城市空间形态向其他方向的明显扩张。

在厦门，由于对海外的交通方式主要通过岛内机场和港口，并且区域空间发展和腹地有限，区域的整体化发展趋势也相对缓慢。而厦门的区域中心城市地位的相对缓慢发展历程，以及本岛集聚作用显著，向内陆区域空间主要联系方向对于城市空间形态扩张趋势的影响并不十分突出；只是近年来，海港作用的不断提高引导着厦门和漳州共同加快了九龙江沿岸的港口开发建设进程，并因此引导着城市空间形态向海沧方向的聚集。

4.5.2 城市地域空间的主要环境特征与变迁

在城市地域空间层面，除了此前本书指出的城市地域内的自然地形地貌特征和自然资源分布等原因，还有一个特殊原因——城市地域空间行政区划的显著调整，直接改变了不同能动者的作用空间范围，实质上改变了它们对于不同自然环境和自然资源的处分能力，为此从以下三个方面分别予以分析。

1. 城市地域空间的行政区划调整

行政区划对于城市的发展具有重要的影响作用，特别体现在对行政管理、区域经济发展、城市发展的刚性制约方面，甚至直接决定了城市发展和空间形态的演变方向(刘君德，2002；张京祥，等，2002；何流和催功豪，2000)。改革开放以来，深圳和厦门的城市行政区划都经历了多次的显著调整，既有城市行政级别的升迁，又有城市地域内部行政区划的显著调整过程，也因此极大地调整了城市空间形态演变进程中的非自然或市场的制约前提。

在深圳，持续而显著的行政区划调整进程在1970年代末期就已经迅速展开[①]。首先是1979年1月广东省撤销宝安县并设立半地级的深圳市，并由省委决定建设出口加工区，在上报中央批准后决定办"出口特区"，此后又在1980年经广东省委讨论并报中央，最终由中央决定在国内创办4个"经济特区"；1981年深圳市委研究后报经省委和中央决策同意，确定建设当时世界上最大的经济特区范围，随后又在经济特区内设置5个行政管理区[②]，其中罗湖、上埗、南头、沙头角4个派出管理区成立于1983年，1984年再增设蛇口管理局；而经济特区外则于1982年恢复了宝安县制。至此，深圳市域第一次的大规模行政区划调整基本完成。与这一阶段的显著行政区划调整相对应的是深圳城市行政级别的不断上升，从1979年设立市制时的半地级上升为1981年的副省级，城市相当部分的管理权限也事实上上升到中央层面，而经济特区内部的行政区划设置也密切配合了当时的对外开放和城市发展需要，如罗湖管理区、蛇口管理局，特别是设置副县级的沙头角管理区，都与当时的主要对外开放口岸分布和建设发展紧密对应。

1980年代末期到1990年代初期，深圳经历了新一次的显著行政区划调整过程。1988年深圳经中央批准为计划单列城市，并享有省级经济管理权限；1990年，深圳经济特区内正式设置三个行政辖区，分别是罗湖区、福田区和南山区，其中罗湖区包括此前的沙头角和罗湖管理区，福田区则取代了上埗管理区，而南山区包括了南头管理区和蛇口管理局的管辖地域；在经济特区外，1992年再次撤销宝安县并于1993年正式成立宝安和龙岗两个行政辖区，就此改变了自1983年开始的市管县体制；同时，中央又批准经济特区外的那些符合国家产业政策、经主管部门批准的外商投资项目可以享受经济特区内的外商投资企业优惠政策；此后，深圳又在1998年对罗湖行政区划进行调整，划分为盐田和罗湖两

① 主要资料来源：深圳概览(网站)、《中国经济特区的建立与发展：深圳卷》、广东民政(网站)等。

② 分别是：沙头角管理区(65平方公里，包括原沙头角公社、盐田公社)、罗湖管理区(74.2平方公里，包括原附城公社、深圳镇)、上埗管理区(68.8平方公里，原福田公社)、南头管理区(108.1平方公里，原南头公社)、蛇口区管理局(11.4平方公里，包括原蛇口公社和蛇口工业区)。

个行政辖区，与此时盐田等地区进入快速重点发展地区紧密相关。

在厦门①，自改革开放以来也经历了显著的行政区划调整历程。在改革开放之前，厦门已经是省辖地级市，并在多次历史变革后形成了多层面的行政区划格局，包括鼓浪屿、本岛的思明和开元市内3区，以及1978年在岛外设置的杏林区和跨越岛内外的郊区，此外还有1973年再次划归厦门的同安县。改革开放后，1980年经中央批准在湖里设置2.5平方公里的经济特区并于1981年动工建设；1984年中央同意将厦门经济特区范围扩大到厦门本岛和鼓浪屿。厦门经济特区建成后的第一次显著行政区划调整过程完成。

1980年代后期到1990年代初期，厦门同样经历了再一次行政区划的显著调整过程。首先是1987年，岛内成立湖里区，并相应调整了思明和开元两区的区划范围，形成了覆盖本岛的3个行政辖区；在岛外，原来的郊区改为集美区。1988年，厦门也由国务院批准实施计划单列并享有省级的经济管理权限；1989年经中央批准在厦门岛外设立杏林和海沧台商投资区，又在1992年批准集美为台商投资区。此后，直至1997年同安撤县建区。

2. 城市地域空间的地形地貌特征

城市地域空间范围内的整体地形地貌是城市自然环境的重要特征，对于城市空间的可能规模与模式，以及演变趋势具有重要的影响作用。

在深圳②(图4-5)，尽管地处珠江三角洲，市域范围内多为丘陵和山地。连续山脉形成的自然分隔不仅构成了经济特区的重要山体背景，也是当时确定经济特区范围的重要自然环境特征因素。在全市域，坡度12度以上的山地、丘陵和高台地为1 000平方公里左右，而12度以下的低台地、阶地和平原则不足1 000平方公里；在经济特区内部，北部为山地，向南、西由残丘台地逐渐过渡为平原地形，山地占经济特区内用地达到了48%，而平原仅为27.5%。这样的可建设用地规模和空间分布特征既构成了城市空间形态演变的自然环境基础，也构成了城市空间形廓和规模扩张的限制。此外，还可能有更多方面原因影响到地形地貌的承载和限制作用，其一，是生态保护意识的不断增强。在深圳，改革开放初期对于可建设用地的规模和分布更多出于工程地质方面的考虑，在建设过程中也较多地出现大规模的地形地貌改造行为。早期提出的以坡度12度为限的非建设用地控制与保护受到较大冲击。而随着生态意识的加强，对于地形

① 主要资料来源：厦门市人民政府(网站)、厦门市主要年份总体规划资料、中国经济网(网站)、中国引资网(网站)等。

② 主要资料来源包括：主要年份的深圳城市总体规划。

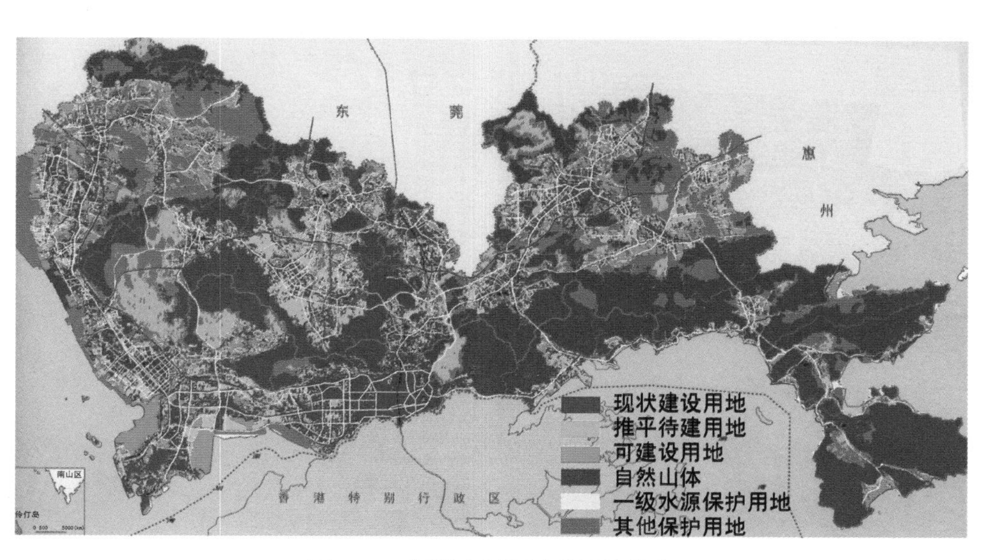

图 4-5　深圳市域可建设用地分布

资料来源：根据《深圳 2005 拓展与整合》调整。

地貌的保护更多地融入了生态原因的考虑①；其二，水源或基本农田等特殊资源保护的原因也可能明显影响到可建设用地的规模与分布，深圳由于这方面的原因就至少限制了约 80 平方公里的可建设用地规模。正是由于多重原因的共同影响，城市地域内的地形地貌特征影响作用趋于复杂，主要表现在对可建设用地规模和分布的判断变化，并因此可能显著影响有关城市建设发展的决策。甚至基于相同的考察原因，不同时期的判断结果也多有偏差②。在深圳约 2000 平方公里的市域用地规模与范围内，不同时期的总体规划对于可建设用地的分析也因此处于不断变动中（表 4-17）。

表 4-17　历次总体规划中的各项土地规模(平方公里)数据汇总

年份		1982	1986	1993			1996			2002		
		特区	特区	全市	特区	区外	全市	特区	区外	全市	特区	区外
现状建成用地		17.4	40	264.5	80.9	183.6	299.5	101.0	198.5	467	133	334
适于建设用地	远景	118.6	160	890.6	199.6	691	910.4	178.2	732.2	761	191.8	569.2
	近期				171.4							

① 在《深圳 2005 拓展与整合》的专题研究中提出，从国际公认的花园城市或生态城市的标准出发，可用生态用地占总用地 40%、50%、60%的标准探讨了未来城市发展的可建设用地规模。

② 譬如同样出于“陡峭山地、丘陵山地和水源保护区”原因，自 1982 年到 1996 年的总体规划对于可建设用地的判断也有着显著的差异，无法完全用移山填海增地等客观原因解释。

续　表

年份		1982	1986	1993			1996			2002		
		特区	特区	全市	特区	区外	全市	特区	区外	全市	特区	区外
规划建设用地	远期	98	122.8	490	170	320	478.7	178.2#	300.5	570	148	422
	近期							130	248			

※　1993 年特区外建成用地数据中包括待建用地；1996 年特区内外规划建设用地数据系根据相应规划说明书有关表述估计数值；2002 年特区内外的适于建设用地规模系根据相应规划资料推算；

※　1993 年前规划年限至 2000 年，1993 年、1996 年、2002 年远期规划年限至 2010 年，其中 1996 年近期规划年限为 2000 年，2002 年规划年限为 2005 年。本表中年份为相应规划资料完成年份，并非数值对应年份；

※　1982 年数据来源：深圳经济特区社会经济发展规划大纲(草案)，1982 年 2 月 3 日。见：《世纪的跨越——深圳市历次五年规划汇编》；

※　1986 年数据来源：《深圳经济特区总体规划》(1986 年 2 月)；

※　1993 年数据来源：《深圳经济特区总体规划(修编)纲要》(汇报稿，1993 年 10 月)；

※　1996 年数据来源：《深圳市城市总体规划(1996—2010)文本说明》(送审稿)，1997 年 2 月；

※　2002 年数据来源：《深圳市城市总体规划检讨与对策——深圳 2005 拓展与整合》。

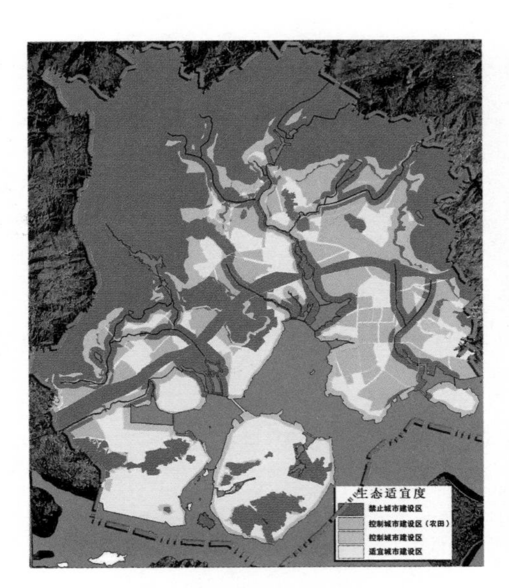

图 4-6　厦门市域可建设用地分布

资料来源：《厦门市城市发展概念规划研究》。

在厦门①(图 4-6)，海湾和市域周边的山脉同样为其提供了限制性的地形地貌特征，然而对可建设用地规模及其分布特征的判断形成显著影响的同样还有其他方面原因，特别是在改革开放初期直至 1980 年代末期的本岛范围，包括生态保护、军事、未来对台关系和城市长期发展等多方面复杂因素共同影响了对可用建设用地规模和分布的判断，早期的总体规划也曾直接提出过本岛土地使用的“3、4、5”比例关系②，并确定以鹰厦铁路为限制，阻止城市建成空间向东部地区扩张。然而，即使包括这些保护用地，厦门全市域可建设用地规模也不超过 600 平方公里，如果考

① 主要资料来源包括：1993 年厦门城市总体规划说明和基础资料，以及 2002 年《厦门城市发展概念规划研究》。

② 即在本岛，3∶4∶5(农业用地 30 平方公里，风景用地 40 平方公里，城市用地 50 平方公里)的比例是维持城市生态平衡所必需的。资料来源：1983 年版总体规划中的福建省成果鉴定内容。

虑到保护用地限制原因，可建设用地规模甚至不足300平方公里，与深圳有着显著的差异。而无论是实际的可建设用地规模，还是分析判断的可建设用地规模，都可能对城市空间形态的演变历程形成显著影响。

3. 城市地域空间的特殊资源要素

城市地域的地形地貌特征为城市空间形廓的扩张提供了基础的空间框架，并可能影响到不同能动者在影响城市空间形态演变中的行动与互动过程。而一些特殊的地域资源环境因素，则不仅可能影响到城市的特定功能发展，还可能直接关系到城市功能空间形态的模式与演变趋势。在对深圳和厦门城市空间形态演变具有重大影响的主要特殊自然资源方面，首先是可用于港口建设的岸线资源，此外则是包括优良景观生态自然环境资源、主要水源分布和污水容量分布等多方面原因。

在深圳[①](插图1)，可用于港口建设的优良岸线资源，在经济特区内部主要分布在东、西两侧，包括西侧的蛇口和东侧的盐田，这也是决定深圳经济特区范围的重要原因之一[②]；在经济特区外，则主要在市域西侧临近经济特区的新安附近。但深水岸线的最好资源则主要在盐田附近；在水资源方面，在资源总量严重缺乏[③]的同时，在空间分布方面，特别是在经济特区范围内的空间分布也偏于中西侧，正是水源分布的原因成为招商局最初选择蛇口而不是盐田进行港口开发的一个重要原因[④]。随着城市建设发展，水源分布已经不再成为最为主要的影响因素后，盐田的深水港口资源重要性迅速上升，得以迅速建设发展并对城市空间形态的演变趋势发挥了重要影响；在优良的景观和生态资源分布方面，则主要包括良好的近海岸线，如中部的红树林和东部的梅沙，对于深圳经济特区内旅游休闲和中高档居住等功能空间的发展提供了重要的自然环境基础。

在厦门(插图2)，拥有众多的良好港口资源分布并因此显著影响了城市功能空间的分布与发展进程。在岛内，东渡港区临近早期的经济特区——湖里，成为改革开放之后最早建设完善的港口。岛外繁荣重要港口岸线则主要分布在西侧的海沧附近，以及东北方位的刘五店附近，并因此成为厦门重要的控制岸线资源。随着厦门城市空间发展重心向岛外扩张，拥有良好深水岸线资源的海沧不

① 主要资料来源包括对相关人士的访谈，主要年份的总体规划资料，以及《中国经济特区的建立与发展：深圳卷》、《重大决策幕后》。

② 根据笔者在对早期参与深圳经济特区规划的有关人士访谈内容。

③ 《深圳2005拓展与整合》专题资料的分析表明，市域范围的人均水资源仅为全省的1/5，仅能满足现状发展需要的25%。

④ 临近西丽水库并紧邻香港，能够得到包括电力等方面资源的援助等方面原因，见附录2。

仅在引导厦门城市空间形态方面发挥了重要作用,在引导漳州的城市空间发展方向,以及因此推动两城市紧密结盟方面都发挥了重要作用。而刘五店的深水港口岸线则一直以来都被认为是引导未来城市发展的重要资源。在本岛,特殊资源的影响还体现在两个方面,其一,水源的缺乏使得改革开放之初,厦门就对经济特区内的工业发展制定了较高的限制要求①,也因此显著限制了早期可能出现的低档次高能耗的海外转移产业进驻;其二,本岛东部近海岸线的优良景观生态特征一方面成为限制本岛早期向东发展的重要原因之一,一方面又成为近年来该地区迅速发展并成为重要商务功能和中高档居住小区聚集发展的重要原因。此外,尽管厦门拥有丰富的近海岸线,但众多海湾水体交换能力的限制也制约了厦门特定空间区位的开发容量。杏林和集美片区的产业和规模发展因此受到显著制约②。

① 根据1981年对厦门市城市总体规划的评审纪要中,特别提出了"厦门本岛只能摆些用水、用电、用地、交通运输量少而且没有三废污染的工厂。用水、用电、用地和交通运输量大和有三废污染的工厂,一定要放在岛外……",同时还要求对岛内不符合要求的工厂进行搬迁。

② 根据有关部门1980年代初的研究认为,基于厦门周边海水容纳能力,污水已经不能就近排放进海湾内部,只能向九龙江深处和东海域两个方向排放,对于集美和杏林片区意味着较大规模的污水管线工程量。有关资料见:1981年总体规划评审中国家海洋局第三海洋研究所的研究意见,以及1983年厦门市阶段性总体规划成果。

第5章 城市空间形态演变的主要能动者研究

建立在对"成因机制"概念内涵，以及结构主义学派及其批判发展的启示下，本书在"特定空间范畴的复杂人类活动是城市空间形态演变成因"的基本前提假设基础上，构建了两层次的成因机制解释研究框架。对于改革开放以来的结构性因素的研究，已经揭示了深圳和厦门城市社会系统发展的限制性因素和条件的显著演变特征，而这些结构性因素的演变不仅是社会系统发展的作用结果，还同样参与到社会发展的结构化过程，影响到社会系统的主要能动者层面及其变迁，以及它们间的社会行动与互动。为此，在此前章节分析的基础上，本章的解释重点将集中到改革开放以来，影响深圳和厦门城市发展进程中的主要能动者层面，包括主要能动者及其关系变迁，以及它们在推动城市发展，及至城市空间形态演变中的主要作用。

5.1 改革开放后的主要能动者及其关系变迁

在西方城市政体理论（Urban Regime Theory）中包括3个主要能动者，分别是地方政府、私有经济组织和城市居民，3个主要能动者的行动与互动，推动着城市发展，并由此影响到城市空间形态的演变进程。然而，正如本书在概念框架建构过程中结合相关研究所指出的，中国的社会环境与西方发达国家有着显著差异，不仅西方城市政体理论中的两个前提假设在国内并不存在，它用以回应"结构二重性"的核心概念（Davies, 2002）——城市政体的社会生产模式（social production model）也与中国的现实情况有着根本差异。假设前提和核心概念的显著差异表明，在国内的研究中并不能简单地利用或者直接借鉴西方城市政体理论所提供的概念框架。为此，本书认为首先应当结合改革开放以来国内，特别是深圳和厦门的现实发展状况，研究城市发展进程中的那些主要能动者的基本构成和相互关系及其变迁过程，为探讨它们的主要影响作用奠定基础。

5.1.1 改革开放前的主要能动者概况

改革开放前，国内城市发展进程中的主要能动者可以简化为政府和居民两个主要层面：

在政府层面，正如在制序性因素的分析中所指出的，一方面，政治的强制原则贯穿于政治、经济和社会生活范畴，并将权力全部集中于政治领域（康晓光，2000）；一方面又实施着中央高度集权的计划管理方式。由此，社会发展及至城市空间形态演变所必需的资源要素的支配权力几乎处于政府的绝对控制之下，而政府的行动又一般具有高度一致性并遵循着中央的严格计划管理。因此，作为主要能动者，政府在社会发展以及城市空间形态演变进程中处于近乎绝对的主导地位。它判断着社会发展的需要，主导着社会的发展进程，对其主导作用构成限制影响的，几乎全部主要来自能动者层面之外，如物质财富的积累、技术进步与应用、自然环境等客观物质因素。

在居民层面，由于以组织方式存在的制序性资源由政府代表或掌控，作为能动者的社会居民因此至少在社会组织层面上顺应并与政府保持着高度一致；但在另一方面，即使在严格的计划管理方式下，居民的个体行为仍然具有一定的自主性。当居民的自发个体行为形成一定的集中趋势，如果与政府的决策相呼应，则显著有利于政府决策的顺利实施；但是如果与政府的决策相悖，也能够表现出明显的消极制约作用，并因此对政府的决策产生深刻影响①。

由此，城市空间形态演变进程中的主要能动者及其基本关系特征，也同样可以概括为政府占据绝对主导地位的典型二元结构特征：即，政府范畴掌握了几乎所有的城市发展权力，并因此在城市空间形态演变进程中占据了绝对主导地位；居民则主要是顺应政府的要求，但特殊情况下的个体自发行为集合同样能够形成制约作用。

---

① 作为一个极端案例，1950—1970年间，即使是在当时的严格计划管理方式下，仍然发生了越来越严重的宝安集体逃港事件，特别是1979年，总计11万劳动力的宝安县一次外逃就达到了3万人。实质上，这正是社会居民个体行为成为相当集中趋势的表达，而也因此推动政府反思，并迅速推动政策变革的一个重要外部原因。较为详细的资料情况见附录1。

5.1.2 改革开放后的主要能动者变迁

对结构性因素演变特征的分析表明，改革开放以来，在中央权威的逐渐推进中，国内正在经历着不同范畴的体制改革进程，既包括已经取得相当进展的经济体制改革进程，也包括正在逐渐推进中的行政和政治体制改革进程。体制改革渐进的同时，是不同范畴内的权力关系变迁趋势，既包括政府范畴内的中央与地方政府间的权威放权和分权进程，也包括政府在经济、社会和政治等不同领域内的不同权威分权进程。同时，由于改革开放在空间范围内经历了逐渐扩大的演变历程，作为经济特区城市，深圳和厦门的这一权威分权进程又经历了显著的特殊历程，并主要体现在改革开放先行中的特殊演变特征。

由此，一方面是制序性因素的显著演变历程，一方面是社会总体发展进程的推动，深圳和厦门在城市发展和城市空间形态演变进程中经历了显著的主要能动者及其基本关系变迁进程，并因此明显改变了改革开放前政府占据绝对主导地位的典型政府——居民的二元结构关系。

1. 政府范畴的权威分权与多层次能动者演变

在政府范畴内，随着改革开放进程，中央逐渐改变了此前的高度中央集权管理方式，并逐渐下放了不同范畴的政府管理权限(张德信，等，2003)，在改变了不同层次地方政府在不同领域的管理权限同时，也赋予了地方政府在推动地方发展进程中的一定程度上的自主性与独立性，由此促进了政府范畴内多层次能动者的出现和变迁。

政府范畴内的多层次能动者变迁特征，与国内多层次行政区划管理，及其在改革开放进程中的演变趋势紧密相关。国内的行政区划管理依宪法规定主要包括省、县和乡 3 个层次，但是自 1980 年代初期的行政区划改革以来，省辖地级市作为一级行政区划单位得到了显著发展，并且为了使它们“更好地发挥中等城市的作用”，中央不仅允许那些在较大的市内设区，还允许地级市代管周围若干县，广域型的地级市由此迅速发展成为省管辖下的一级重要行政区划单位(庞森权，2003)。国内大多省由此逐渐形成省、地、县、乡的 4 级行政区划管理体制。改革开放以来国内行政区划管理中的这一显著变迁趋势，不仅影响到了政府范畴内的管理权限下放特征，也实质性地影响到了同样作为广域型城市的深圳和厦门政府范畴内的主要能动者变迁进程。

在深圳，对应于主要的行政区划调整进程，政府范畴内的主要能动者变迁同样主要划分为两个阶段，并以 1980 年代末期到 1990 年代初期为主要转折时期。

前一阶段①,作为中央最为关注的经济特区城市,深圳城市行政级别迅速提升到副省级的同时,又获得了中央特别下放的包括外汇和财政留用,以及此后计划单列所享有的省级经济管理权限等政策;同时又由中央允许在"坚持四项基本原则和不损害主权的条件下"采用与内地不同的体制,并特别受到了中央高层领导人的关心与支持;在城市内部,尽管城市政府的管辖包括经济特区内外,但又有着显著差异。一方面,在经济特区,尽管已经划分了管理区并设置了派出机构,但是仍有相当部分的非政府机构实质上享有了特定范围内相对独立的管理权限,主要包括位于蛇口—南头附近的南油集团和蛇口工业区、位于上埗—南头间的华侨城、皇岗口岸附近的福田保税区,以及东部的盐田港等②;在经济特区外部,撤而又建的宝安尽管属于深圳市管辖,但县级设置表明与深圳市间的代管关系,同时又存在着经济特区的优惠政策和管理方式无法顺畅延伸到经济特区外部的"一市两制"限制。另一方面,无论是经济特区内的非正式政府管理层次的村,以及经济特区外的乡镇和村,仍然在自主发展和建设方面实际上保留了一定的管辖权限③。由此,这一阶段,在城市内部,实质上存在着不同体系的政府或者准政府范畴内的较为混杂的多层次城市发展能动者。

第二阶段,从1990年代开始,尽管中央逐渐收回了深圳经济特区享有的大多优惠政策,但在经济范畴主要对应中央的管理权限仍然没有改变。这一时期的主要变迁发生在城市内部,同样包括经济特区内外两个方面。在经济特区内部,随着1990年代初期陆续撤销管理区并设置行政辖区,特别是对非政府范畴内的包括南油集团和蛇口工业区等单位的规划和建筑审批等权限的逐渐回收,到1990年代中期已经基本形成了相对规范的市—区两层次政府范畴的主要能动者构成关系;在经济特区外部,1992—1993年间撤县建区,1992—1995年间中央又允许部分经济特区政策向经济特区外延伸,以及经济特区法规可以在适当情况下适用于经济特区外④,在体制层面上逐渐规范了经济特区外的市—区两

① 主要资料来源包括:《中国经济特区的建立与发展:深圳卷》、《重大决策幕后》、央视国际(网站),经济特区的创办。

② 这些单位机构实质上在相当程度上拥有了管辖范围内城市发展与规划,以及建筑审批等方面的权力,直至1990年代后才陆续收回,建筑审批见《深圳经济特区成片开发区规划地政管理规定》,以及《中共深圳市委、深圳市人民政府关于进一步加强规划国土管理决定》(深圳市国土房产网)。

③ 根据这一时期不同年份深圳市主要在经济特区内下发的规范"违章"建筑的通知,反映了村镇在自主发展中的所谓"屡禁不止",以及政府一次次通过缓交、补交、罚款等方式事实上认同了它们的大多自主发展结果,近年来所谓的"都市里的村庄"有相当部分是在这样的互动过程中形成的。

④ 见《全国人民代表大会常务委员会办公厅关于深圳市人大及其常委会制定的法规适用于该市行政区域内问题的复函》。

级管理方式；但在实际中，一些开发园区，特别是经济特区外的村、镇，仍然在相当长时期内享有着部分的自主发展权力[①]。

在厦门[②]，早在改革开放前就已经作为设有辖区的省辖市建制(即此后的地级市行政级别)，因此在整体上相比深圳具有较为显著稳定特征的城市范围内的市—区两层次政府范畴的主要能动者关系。尽管如此，改革开放后的厦门对应于行政区划调整也经历了较为明显的主要能动者变迁趋势，特别集中在1980年代中后期到1990年代中前期。1980年代，尽管最初在湖里设置2.5平方公里的经济特区，并在1984年扩大到厦门全岛和鼓浪屿，以及相应设置了管委会，但其从设立之初就直接纳入到既有的城市行政管理体系范畴内[③]，并因此未明显动摇厦门市既有的市—区行政区划格局和管辖关系。直到1987年，厦门才进行了相应的行政区划调整，改变辖区范围并撤销了郊区建制；此后又在1980年代末期到1990年代初期间在岛外设置台商投资区，并因此将经济特区政策部分扩大到岛外，此后，厦门市又经历了行政级别上升到副省级以及计划单列并享有了省级经济管理权限，都显著改变了城市内外的政府范畴内的主要能动者构成及其关系。

总体上，对深圳和厦门城市发展进程中的政府范畴主要能动者的变迁趋势分析表明，两个城市内部实质上包括了不同层面的多重主要能动者，既包括依正常行政区划关系存在的市、区两个层次的政府范畴内主要能动者，同时也大量存在着一些准政府范畴内的能动者，包括不同发展历程中具有一定政府管辖权的开发园区和管委会，以及城镇和非正规的村级单位，并且还经历了显著不同的发展历程。其中又以在深圳的表现较为突出。相对于城市地域范围内的复杂能动者变迁趋势，城市上层的主要能动者关系相对简单，从行政管理角度主要有中央和省两个层次。但实际上，一方面由于经济特区的重要性，两个城市都更多地受到了中央层面的直接管理；一方面在体制层面上，一部分管辖权限也实现了城市与中央的直接对应关系，如经济计划管理等方面。

由此，对于政府权威占据主导地位的国内现实社会发展情况，以及在改革开放进程中的广域型城市，政府范畴内的多层次主要能动者存在和发展的现实，提示我们需要特别关注政府范畴内的不同能动者间的关系与作用。为此，根据深圳和厦门城市发展进程中政府范畴内的复杂能动者变迁进程，本书认为可以根

---

① 主要资料来源：《深圳市工业布局规划汇报提纲》。

② 未包括同安，同安于1997年实行撤县改区。

③ 初期由福建副省长任主任，厦门市长任副主任，1983年由厦门市长任主任。

据它们的主要特征划分为上层政府和地方政府两个层面。其中，上层政府主要包括中央和省政府，其中又以中央政府为主；地方政府以市政府为主，但是同样应当关注其他层次政府，以及一些准政府范畴的主要能动者作用。

2. 经济范畴的权威分权与市场资本的发展

对于制序性因素演变特征的分析表明，改革开放之后，除了在政府范畴内的分权进程，中央集权同时向政府范畴外推进了权威分权进程。这其中，以经济范畴内的政府权威分权进程最为突出，并因此导致经济范畴内的新能动者——市场资本的形成和显著发展。

在国内层面，改革开放以来，由中央推动并掌握的经济体制改革进程逐渐为市场资本在国内的发展提供了可能空间，特别是在 1992 年正式确定建设"社会主义市场经济"，以及随后包括宪法和相关法律的一系列相关修订进程，标志着制度层面上政府的政治权威在经济范畴的显著分权进程。一方面，政府权威在逐渐改变过去严格计划管理模式的同时，也逐渐将以前集中在政治和行政范畴内的经济权力返还经济范畴（康晓光，2000）；另一方面，市场经济在经历逐渐发展之后，终于获得了制度保障层面上的经济范畴内的主导地位。与这一进程相伴随的，则是市场资本的逐渐发展壮大，以及逐渐获得制度保障层面上的合法地位。

在深圳和厦门，由于经济特区的设置，经济体制改革进程显著超前于国内一般进程。1979—1980 年间，中央先后批转的广东和福建两省文件[①]中，明确提出在"坚持四项基本原则和不损害主权的条件下"，允许经济特区采用与内地不同的体制，并"主要实行市场调节"，以及"政府不对企业下达指令性计划"；同时，中央又在经济特区陆续实施了一系列的税收减免等优惠政策；此外，作为边防管理地区，两个城市，特别是深圳的国有经济原本就明显薄弱。经济特区在经济范畴主要采用市场调节的举措显著推动了市场资本的发展进程，而市场资本也因此在城市经济中占据了最为显著的地位。

在深圳，此前的分析已经指出海外市场资本对于城市经济与建设发展都发挥了显著的推动作用。到 1986 年，仅外商投资企业在全市工业总产值中的比重就已经达到了 63.5%以上，在经济特区内部更达到了 67.6%[②]；由于不向企业

---

① 主要指 1979 年的《中共中央、国务院批转广东省委、福建省委关于对外经济活动实行特殊政策和灵活措施的两个报告》，以及 1980 年批转的《广东、福建两省会议纪要》，资料来源：《中国经济特区的建立与发展：深圳卷》、《中国经济特区的建立与发展：厦门卷》、《重大决策幕后》。

② 根据《深圳市"七五"时期国民经济和社会统计资料（1986—1990）》原始数据计算。

下达计划指令并实行市场调节，还有大量来自内地的内联企业投资，以及迅速发展的村镇企业，也都主要在市场调节的方式下发展并推动了城市的经济发展。在城市建设方面，即使在全民所有制的固定资产投资方面，利用外资也已经处于最为重要的地位，这还不包括其他渠道获得的海外资本作用。此后，到1990年代，尽管有研究表明海内外各种外来投资对经济发展作用已经相对下降（杨昌斌，2000），但城市内部的各种经济组织已经显著发展，深圳也已经在国内率先初步建立起社会主义的市场经济框架，多种形式所有制企业在经济发展中的作用日益突出，国有经济的工业企业在全市工业总产值中的比重已经由1986年超过26%下降到了1993年的16%左右，到2001年更进一步下降到不足10%①。

在厦门，由于建国前的建设发展，改革开放前已经形成初具规模的国有工业体系，主要包括轻纺、造船、机械、化工、建材、食品、电子仪器等多种门类②。改革开放之后，厦门在吸引外来资金和推动经济发展方面都相比深圳明显落后，但也仍然在实施经济特区政策的基础上，大力推进了海内外的外来投资发展，并在1980年代中期之后显著加快了这一进程，并且相比深圳在海外资金来源方面更为分散。此后直至1990年代中期，海内外多种类型的市场资本投资在迅速推动了城市经济的发展同时，也显著改变了城市经济中的构成比重，到1995年，在乡及以上企业的工业产值总量中，国有经济部门的比重尚不足15%，而外商和港澳台投资经济达到了70%左右，其他多种所有制形式的企业也同时得到了显著发展，市场资本主导的城市经济发展格局基本形成。

由此，由于经济特区城市的改革开放先行，深圳和厦门，一方面率先在经济范畴内推动了市场调节方式的发展并因此较早进行了社会主义市场经济的探索；一方面在海内外急剧资本投入推动下实现了经济的高速增长，同时也初步形成了以市场资本主导的多种所有制经济组织构成的城市基本经济格局。改革开放以来，市场资本早期就已经开始显现出显著的主导推动作用，在深圳甚至可以追溯到1970年代末期经济特区尚在酝酿的时期，在厦门则主要从1980年代中期左右。并且由此形成了市场资本在城市经济发展进程中占据显著主导的地位，资本所遵循的市场经济规律也因此深刻地影响到城市的空间形态演变进程。

3. 社会发展与居民层面的分化与演变

对于制序性因素的变迁分析表明，改革开放以来的政府权威分权进程在社

① 分别根据相应年份统计年鉴数据计算所得。

② 主要资料来源：1980年厦门市城市总体规划说明（修订稿）汇报提纲、1993年厦门市城市总体规划基础资料汇编。

会范畴内也取得了一定的进展(康晓光,2000)。主要表现为,尽管社团组织资源仍然处于政府的绝对权威与新的计划管理方式下,但是个人的发展权利和自由空间得到了显著扩大,这也使得社会的分化发展成为可能。同时,改革开放以来的社会文化形态变迁,以及城市居住空间供给方式的显著变迁则共同推动了城市居民的显著演变趋势。

对于改革开放以来国内的社会分化演变特征,陆学艺等学者(2002,2004)作出了开创性的研究。在对包括深圳经济特区的若干国内不同城市研究中,他们认为,改革开放以来,国内已经由过去"两个阶级一个阶层"的社会结构特征演变为当前的十大阶层五种社会经济等级的结构特征(图 5-1)。并且,与这一社会分层趋势相伴随的,是社会地位与经济地位一致化的演变趋势,以及明显的经济等级分层以及差异加剧现象;在社会流动方面,在社会结构趋于开放的同时,代际间的社会经济较低阶层向上流动的障碍正在强化,而处于较高阶层人群的代际继承性明显加强,并且经济、组织和文化资源在 1990 年代中期后出现了明显向上层聚集的趋势。

研究表明,深圳和厦门的城市人口空间分布、居住空间的分异和演变等方面的趋势特征,与社会分化趋势保持了紧密的对应关系。在深圳,经历了显著的发展历程之后,研究期末经济特区内部城市居民的社会经济地位在整体上明显高于经济特区外,最为显著的特征包括,一方面,经济特区内的产业岗位主要以科、教、文、卫和商业服务(陆学艺,2002),以及高新技术中的研发岗位(陈伟新、吴晓莉,2002)为主,这些职业的从业人员大多位于中上层社会经济等级;而大量传统加工等产业则大都集中在经济特区外,这些职业的从业人员大多处于低层社会经济等级;与之对应,经济特区内的常住人口拥有户籍比显著高于经济特区外(0.38∶0.20)[①],同时普查人口中的常住人口比在经济特区内部也相对略高(0.71∶0.62)。而常住人口,特别是户籍人口,正是获得城市福利,特别是在住房供给方面获得福利的重要前提之一;同时,此前对于城市人口与居住空间分布的对应研究也表明,经济特区内部尽管整体人口密度明显较高,但是人均拥有的居住空间面积反而显著高于经济特区外部,并且经济特区内部的整体居住环境质量也明显较高;此外,自 1980 年代末期深圳住房制度改革后,居住空间与社

① 作为严格控制的资源,户籍成为限定城市居民权益的重要门槛,陆学艺(2002)对深圳经济特区的调查也表明,户籍人口主要集中在党政机关和事业单位的工作人员、专业技术人员、办事人员三个层面,而这三个阶层人群都位于较高社会经济等级中。如果将近 240 万的非常住人口考虑在内,拥有户籍比重在经济特区内外将达到 0.26∶0.12,比差进一步拉大。

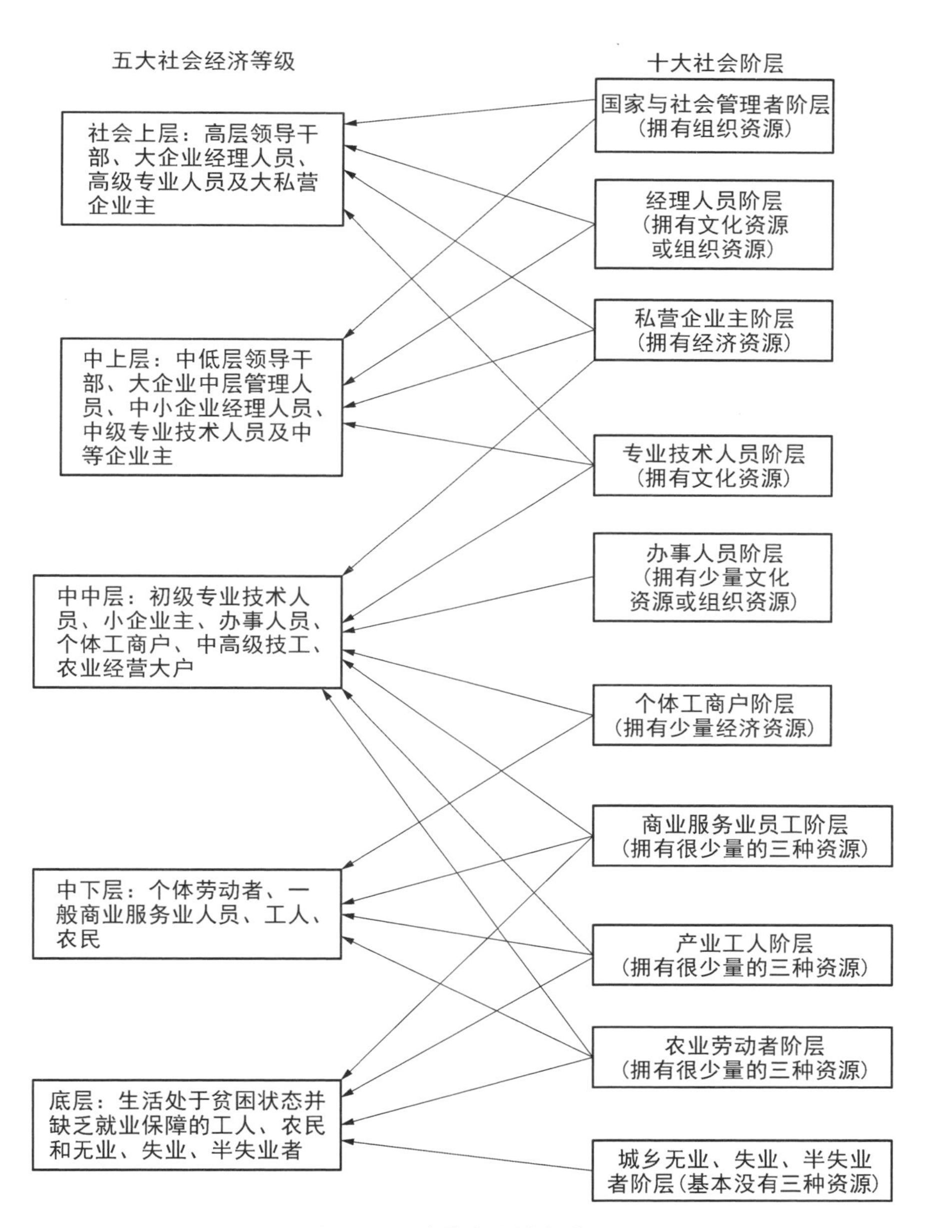

图5-1　当代中国社会阶层

＊资料来源：陆学艺(2002)。

会经济水平的对应关系进一步强化，一方面，各种福利性住房的供给使得常住市民、户籍和职业等身份特征成为享有福利权益的重要前提条件，并且位于更高社会阶层的人群（党政机关、事业单位）享有更为优惠的福利住房；另一方面，商品房制度占据主导地位使得位于更高经济收入水平的城市居民享有了更高和更为主动的选择权力。而处于较低社会经济等级的人群在居住空间的选择上处于更加劣势的地位，要么选择政府提供的临时安置房屋、要么选择职业单位提供的临时宿舍、要么选择租住较差水平的房屋，特别是那些所谓的"都市里的村庄"里。而近年来政府层面已经展开的在经济特区范围内的拆除临时安置区行动，以及意图改造"都市里的村庄"的举措显然将进一步压缩这些人群可供选择的居住空间。

在厦门，有着与深圳极为相似的趋势。在城市人口的空间分布方面①，本岛人口无论在人均受教育年限和万人高等学历指标方面都明显高于岛外地区，并且在城市中心地区的鼓浪屿、思明和开元地区又表现得更为突出；同时，大多城市较高阶层职业岗位也主要集中在本岛，而本岛更是集中了包括同安在内的全市超过80%的专业技术人员。而对于城市居住空间的研究也同时表明，一方面，城市居住空间在本岛大量聚集，并且整体建设水平明显高于岛外；一方面，自1990年代以来的与深圳几乎相同的城市居住空间的供给方式同样强化了社会经济等级分化在居住空间分异方面的体现，较高社会经济等级的人群因此占据了显著主导地位。

由此，对于深圳和厦门，社会分化的结果同样显著体现在居住空间的分异演变趋势方面，并且已经出现了较为明显的以社会经济等级为主要特征的居住空间分异现象，处于较高社会经济等级的人群享有了更多选择良好居住环境的权力，同时也实质上占有了具有良好品质的居住空间，而处于较低社会经济等级的人群处于被动的选择地位。对于两城市的分析表明，改革后的居住空间供给方式在居住空间对应社会分化的演变趋势进程中无疑发挥了最为重要的作用；而对于城市建设发展的实际历程分析也同时表明，较高社会经济等级的居住空间不仅占据了较为明显的主导地位，而且还表现出对较低社会经济等级居住空间的显著入侵特征，其主要途径既有旧居住空间(包括城市内的旧村和传统时期形成的旧城区)的商品房改造或拆除(如深圳临时安置区的拆除)，也有福利房屋供给在空间分布方面的显著变迁推动②。

① 详细资料可见第3章相关内容，主要资料来源：厦门市城市发展概念规划研究(专题报告)。

② 譬如，厦门近年来在主要面向一般户籍人口的福利性住房供给研究中，多次提出本岛居住空间有限和成本过高，并因此实质性推动向岛外发展，同时对廉租房也基于相同原因改为现金补助，由租户在租赁市场寻找房屋，实质上改变了此前地方政府为这些低社会经济等级人群在本岛直接提供居住房屋的途径。主要资料来源：厦门市建设与管理信息网(网站)，建设动态中的相关信息整理。

5.1.3　改革开放后的主要能动者关系

以上分析表明，改革开放以来的主要能动者变迁与政府权威分权和社会经济发展历程有着紧密关系，并因此显著改变了此前国内“政府—居民”的典型二元结构特征，在政府范畴形成了多层面的权威能动者，又可以根据对城市地域的管辖不同主要划分为上层政府和地方政府两个层面；在经济范畴，随着社会主义市场经济体制的建立和城市经济发展，市场资本已经迅速发展，并且在深圳和厦门的城市经济增长中占据了主导地位；在居民层面，城市居民正在迅速分化为社会经济地位不同的社会阶层，而这一趋势已经突出地反映在城市居住空间的分异演变方面。

与主要能动者的显著演变趋势相对应，它们在社会经济发展进程中的基本关系也处于不断的调整进程中。改革开放前，在“政府—居民”的典型二元结构关系中，政府处于几乎绝对的主导地位，而居民除非在特殊情况下，主要处于顺从政府主导作用的地位。改革开放后，一方面是政府的权威分权进程，一方面是社会经济的急剧发展演变进程，主要能动者间的基本关系因此发生了显著的演变进程，改变了它们在推动城市发展进程中的关系与地位，而这也正是城市发展进程中主要能动者间的结构化过程的重要体现。

1. 政府范畴的上层政府与地方政府关系

在政府范畴内，自改革开放以来，中央政府逐渐下放了不同领域的管理权限。其中，在经济管理权限方面，在逐渐改变以往的严格中央计划管理模式并更多采用市场经济模式同时，中央政府也向地方政府下放了一定程度的经济管理权限，既包括地方通过税收和预算调节地方经济活动的权力，也包括地方政府在投资审批中的权力；在财政收支权限方面（宁学平，1998），从改革前的“统收统支”到1980年代主要两个阶段的“分灶吃饭”，再到1980年代后期的“大包干”和1990年代初期部分地区的“分税包干”，直至1990年代中期开始实施分税制，中央与地方政府的财政收支权限也经历了不同的发展历程——从改革开放前的中央高度集权到1980年代的偏重地方，再到1990年代中期之后的加强中央政府的调控和监控功能，同时兼顾地方政府利益的转变过程；在社会事务管理权限方面，同样经历了不同的权力下放阶段。整体上，一方面，中央政府大力精简此前计划经济时期的“条条”管理并因此给予了地方政府更多的社会事务管辖权力；另一方面，随着改革的发展，特别是1990年中期之后，中央又再次加强了一些重要领域的中央直接管理（条条管理），主要包括税收、工商、技监，以及土地等方面

(周庆智,2004),对地方政府的部分社会事务管辖权力进行了新的显著制约;此外,自1990年代,中央还对不同地方层面和地区下放了不同程度的立法权限,并在1990年代中期后大力推动了立法确定政府管辖权威的进程。

总体上,除了外交和国防等专属事权方面,中央在其他政府管理权限方面都不同程度地向不同层次的地方政府下放了管理权限。尽管如此,中央政府依然在这些实施权力下放的领域保留了相应的上层政府管辖权力,并且这种政府管辖权力对应的原则也同样适用于一般情况下的不同层次地方政府之间。特别是在人事管理权限方面,在逐渐推行了政府内一般公务人员竞争上岗的同时,又实质上始终保留了对各级政府主要领导人的上级任命制(张德信,等,2003;周庆智,2004),进一步从组织制度层面落实了上层政府对下层政府管理权限的强力约束作用,为中央及时调控与地方政府间的权力关系,以及及时干预地方政府的决策行为提供了方便。

对于深圳和厦门,由于经济特区的原因,中央政府的权力下放不仅明显超前于国内其他地区,而且也直接赋予城市政府相对更高的地方管辖权力,包括于1981年和1988年分别调整深圳和厦门为副省级城市,以及赋予两个城市省级经济管理权限等诸多方面。但是在本质上,上层政府(中央政府)既在诸多不同领域实施了管理权限下放同时,又保留了相应的上层政府管理权限,特别是直接针对地方政府的直接管理权限的特征并没有什么本质不同。

实质上,正是由于上层政府向下放权的同时又保留了同样管理范畴内的最终管理权限,特别是人事组织方面的权限,使得在国内城市空间形态演变成因机制研究中纳入上层政府与地方政府的关系成为必需。因为在地方主要领导人逐渐承担起地方事务管理的主要责任的同时,政府在社会事务中依然保有的权威决定了地方主要领导人在地方发展和城市规划建设进程中的主要决策地位(雷翔,2003),主要由上层政府任命推动的地方主要领导人变迁实质上也意味着地方政府的重组过程,以及对城市发展进程进行新决策的过程;上层政府也因此获得了“政令畅通”的关键保证,以及对于地方发展更为直接的显著影响作用;而对于地方政府,在获得了更多的地方城市发展管理权限同时,地方主要领导人也仍然必须主要向上级直接负责。

2. 经济范畴的政府权威与市场资本关系

在经济范畴,随着经济体制改革的不断深入,以及城市经济的发展进程,政府权威与市场资本的关系也发生了明显的改变。

首先,在国家层面上逐渐推进的经济体制改革从制度层面上改变了政府权威与市场资本间的关系。一方面，随着改革的进程，政府权威逐渐减少了对于经济活动的计划管理方式，并更多地采用了市场调节的方式。尽管在发展历程中出现了多次反复，但在整体趋势上，政府权威正在逐渐将经济权力返还给经济范畴（康晓光，2000）。特别是在确立建设社会主义市场经济体制目标，包括宪法等一系列法律法规颁布施行之后，更以国家强制的方式规范着政府与市场间的关系，市场与市场资本的合法性得到了日益增强的根本性保障；但在另一方面，政府权威仍然保留了强大的经济调节和干预能力，表现出强烈的政府主导特征，并因此体现出“强政府[①]”的一些典型特征，包括“……目标价值高于手段价值，注重目标而不太注重手段，大量使用直接的强制性的行政命令、指示、法律等手段对社会进行直接的、强制性管理”等方面，这种政府主导的权威主义发展模式实质上也是全球化进程中迅速实现经济腾飞的包括日本、韩国、新加坡、中国台湾等国家和地区所普遍采用的发展模式。对于深圳和厦门，早在经济特区建立之初就已经将目标定位在“允许采用与内地不同的体制，主要实行市场调节”；但同时，国家层面上的经济体制改革进程，以及伴随发展进程逐渐形成的强政府管理特征，也深刻地影响到两个城市范畴的市场与政府间的关系演变。

其次，一方面是经济体制的改革进程，一方面是政府范畴的权力关系调整进程，上层政府与地方政府在城市范畴内与市场资本的关系也发生着不同的演变趋势。对于深圳和厦门，随着设立经济特区初期中央经济管理权力的下放，直至1988年正式确定为享有省级经济管理权限的计划单列城市，城市政府获得了更多的直接管理地方经济发展的权限，并且在对上层政府方面也直接向中央政府负责。由此，在上层政府层面，尽管中央政府依然保留着直接干预城市经济发展进程的权力，但这种直接针对城市经济发展进程的调节更多地转向通过城市政府来实现[②]，减少了中央部门的条条干预；然而，在另一个层面上，由于中央政府依然保留并积极实施着对国家层面经济发展进程的强势调整，这种调整因此也同样会影响到城市经济的增长进程。汤在新和吴超林（2001）分析了改革开放后1979—1998年间国内经济发展的5个周期的典型特征以及国家宏观调控的举措与作用[③]。对应于其阐述的国家宏观调控下的国内经济周期特征，深圳和厦

① 原出处，为罗素的《权力论：一个新的社会分析》，转引自：《东亚模式中的政府主导作用分析》。

② 如1980年代中期，中央高层直接干预深圳城市经济发展，要求深圳市的城市经济应当由内向转为外向。资料来源：《深圳，谁抛弃了你》。

③ 在其分析中，1998年后为第5个经济周期，未作详细分析，因此在1998年前实质为4个经济周期，分别为1979—1981年间的第1个经济周期、1982—1986年间的第2个经济周期、1987—1990年间的第3个经济周期、1991—1997年间的第4个经济周期，以及1998年后开始的新周期。

门城市经济增长速度在1986年、1989年、1996年左右的显著下降特征明显与国内经济增长的周期性变化紧密相关，显示出中央政府的宏观调控对深圳和厦门城市经济增长的显著影响。而深圳1980年代初期显著脱离国内一般经济周期的特征也同样反映出国家对其特殊政策的显著作用。

再次，随着经济体制改革的进程，尽管政府权威在调节经济增长方面依然保持着权威特征，但是市场资本的独立性已经显著增强。特别是在深圳和厦门，此前的研究表明，随着市场资本的显著发展，不同所有制形式的非国有经济组织已经在城市经济增长中占据了显著的主导地位，地方政府能够直接调动的经济资源因此显著削弱，也因此影响到地方政府直接利用经济资源实现其管理城市目标的作用发挥。由此，在遵循市场经济规律的基础上，政府权威，特别是地方政府为了实现管理城市的目标，尽可能与市场资本合作不仅成为一种现实途径，甚至已经是一种必要途径；而无论在怎样的制度环境下，市场资本无疑同样需要与代表国家强制力的政府合作，特别是在强政府的社会环境下，市场资本与政府的合作一方面能够获得基本的合法地位以保护其基本权益，一方面又能够在政府保障和提供便利的社会环境中获得尽可能大的利润。

由此，随着改革与市场资本的发展进程，上层政府、地方政府、市场资本间的关系发生了显著的变迁过程。一方面是在经济发展进程中，逐渐实现了向市场经济和强政府调节共同作用的社会主义市场经济特征；一方面是地方政府更多地承担起管理城市经济发展的职责，而上层政府的宏观调控作用也将显著影响到城市经济的增长进程；一方面是政府，特别是地方政府为了更多地调动经济资源以实现管理城市目标，需要与市场资本的互利合作。

3. 社会范畴的政府权威与城市居民关系

显著的体制改革与社会经济发展进程，推动了中国社会分化的新进程，而这样的分化进程也同样反映到了城市居住空间的分异演变趋势中。然而，尽管社会范畴和政治范畴的改革进程已经取得一定进展，并在1990年代中后期显著加快，但无须讳言，这些范畴的改革进程明显滞后于社会范畴的实际演变进程。社会范畴的组织资源仍然处于政府权威的新严格计划管理下，政府在社会领域也仍然处于绝对主导地位(康晓光，2000)，此前“政府—居民”的二元结构特征也未发生根本性改变。尽管如此，多层面的改革与社会发展进程，特别是主要能动者的显著演变进程仍然推动了政府权威与城市居民关系变迁的新趋势。

首先，尽管行政和政治体制改革的进程相对滞后，但也取得了一定的进展，特别是广泛内涵层面上的行政体制改革。1990年代初中期，国家层面上取得新进展的行政体制改革开始明确向依法行政方向发展(毛寿龙,2003),不仅改变了政府的行政方式,也直接要求政府进一步提高社会管辖的合法性,为规范和约束社会范畴内的行政权力提供了可能前提;同时,在改革开放进程中,特别是 1990 年代中期之后,政治体制在制度化、民主化和法治化等方面的进程也明显加快(徐湘林,2000)。在党的领导下,人民代表大会制度得到了不断加强,特别是在 1990 年代中期之后,人大的监督能力出现了显著加强趋势。在政府的重大人事安排上,尽管上层政府仍然发挥着实质性的决定作用,地方人大已经开始出现更多的独立表达声音,使得党、上层政府和地方政府在重要人事安排上越来越感到有必要考虑人大的态度;与此同时,自 1980 年代中期开始,权威层面不断推进了大规模普法教育,使得法制的观念渐入人心。而政府逐渐放松在文化出版和传播途径的严格计划管理,也使得全球化背景下不同文化冲突中的新观念和思想能够加快在居民层面的传播,在整体文化形态逐渐分化和市民层面“市场文化”形态逐渐形成的同时(孟繁华,1997),新的民主观念也不断扩大着在居民层面的影响。这些显著的演变趋势,无论在观念方面还是行动方面都强化了城市居民对于地方政府的监督能力。

其次,随着改革的进程和社会主义市场经济的发展,尽管社会范畴的社团组织资源仍然处于严格计划管理中,但是个人追求权利发展与自由的空间在政府权威的支持下得到了显著提高,个人也因此获得了前所未有的迁移的自由权力。在追求个人福利改善的目标支持和国家相对放松的管制下,改革开放以来,社会层面出现了前所未有的大规模跨地域个人自由迁移,尽管对于社会的各方面发展带来了巨大冲击,但也为不同地区的发展提供了必需的人才和人力资源。深圳和厦门自改革开放以来的大规模急剧人口增长在相当程度上正是由于这些经过自由迁移而来的新城市居民所推动的。人口迁移的自由权利发展,以及地区间的大规模人口迁移事实,在不同的社会经济环境下也同样显著地影响到政府权威与城市居民间的关系演变。一方面,依然严格的户籍管理等方面的体制和政策限制,使得大量生存在城市中,特别是像深圳和厦门这样急剧规模增长城市中的大多外来人员处于与所处社会环境严重隔阂的状态,缺乏正常的参政议政渠道。而日益开放社会环境中,直接承担着推动地方发展重任的地方政府,难免更加关注所管辖地方的整体社会环境改善,而不是直接面对那些处于高度流动状态人群的福利改善,以吸引更多有利于地方发展人群的聚集;另一方面,在开放社会环境和地区发展竞争日趋激烈的背景中,大量流动人口在因为改善个人福利的目的而迁移流动的同时也以“用脚投票”(孙展,2004)的方式改变着不同地区的劳动力资源分布状况，并因此反作用于其与市场资本，以及地方政府的关系。相对已经具有高度流动性的市场资本和社会人群，唯一不能迁移和必须对地方发展负责的地方政府，也因此必须根据地区间的发展和竞争需要，在积极响应市场资本需要的同时，采取积极措施吸引有利于城市发展的社会人群。在深圳，经济特区户籍人口比重明显偏向于处于较高社会经济等级的人群（陆学艺，2002），这与同期暂住人口大多为中下社会经济等级人群（张宙敏、黄伟，2004）形成了鲜明对比，作为政府掌控的重要人口管理资源，户籍对应人群的构成特征无疑显示出在过去20年左右的城市建设进程中，地方政府更加注重为处于较高社会经济等级人群提供福利以利于这些人群在城市中稳定居住，并因此为城市发展提供更多贡献的政策倾向；处于较低社会经济等级人群因为“人力资源丰富”，在与地方政府的关系中，相比那些总体上处于稀缺状态的较高社会经济等级人群处于更为被动的地位。但是，2004年突然出现的所谓“民工荒[①]”问题以及引发的薪金问题（孙展，2004；刘英丽，等，2004；张意轩，2004）实质上也反映出，即使是那些在国内看似“取之不竭”的较低社会经济等级人群同样可能在社会环境的变迁中拥有“用脚投票”权利的同时，显著影响到它们与地方政府和市场资本的关系。

再次，在仍然主要由上层政府任命决定地方政府（下级政府）主要领导人的人事管理体制下，以及社会个人拥有更多流动和迁移自由的情况下，上层政府，特别是中央政府无疑更多地承担起整体层面上维护社会个人福利和权利的职能。尽管在当前的政府主导的权威发展模式中，促进经济的发展和提高效率（赵一红，2004）已经成为政府的重要任务，但是促进社会公平仍然是所有现代政府的两大基本职能之一（华民，1998），这也是处于改革和转型社会进程中的中国发展所必需的稳定社会环境的必要前提，以及社会主义国家政府合法性的根本前提。在转型进程中，上层政府，特别是中央政府因此开始更加注重多种渠道了解民意，包括通过正常的政府渠道，以及人大，甚至新出现的internet网络信息技术[②]。近年来由上层政府，特别是中央政府有关部门和国家领导人直接对于地

① 2004年，东莞等地出现明显的招工困难现象，并因此导致原来处于被动状态的劳务工在向资本要求更高个人报酬中获得了相对以前更为主动的地位。有关分析认为，这一民工荒主要与国内大多地区显著经济发展对劳动力资源的急剧增长需求有关，也与东莞明显相对长江三角洲等地区更差的劳务报酬和社会保障有关。

② 近年来，不断有报道，国家领导人直接通过网络了解民意，并因此反映到相关的一些重大国家和政府决策中。相关报道可见人民网《特别策划：政府网站为何“沉睡不醒”?》、新华网《中国理性面对网络舆论“双刃剑”》，及其他相关报道。

方政府的一些决策干预，甚至在特殊情况下对一些主要领导人的直接任免，反映了在当前体制环境下，城市居民—上层政府—地方政府的这种特定互动关系的发展。这种互动关系尽管具有一定的特殊性和间接性，但无疑又具有行政机制干预的高效性，特别是在面临紧迫的重大问题面前。

5.2　城市空间形态演变中的主要能动者作用

对主要能动者的变迁分析表明，改革开放以来，政府绝对权威主导下的“政府—居民”二元结构发生了包括主要能动者及其相互关系两个层面的显著变迁历程。在政府范畴，主要包括上层政府和地方政府两个层次，地方政府获得了更多管理权限并因此成为管理和推动城市发展进程的主体，但是上层政府在同样的管理领域内也保留了相应的管理权限，更在实质上保留了对地方政府（下级政府）主要领导人的任免权力，由此也保证了上层政府及时调整与地方政府分权，以及干预地方政府决策的权力；在经济范畴，市场资本得到了显著的发展壮大并获得了国家强制力保障的合法地位，在深圳和厦门城市经济增长中占据了显著的主导地位。而政府权威在逐渐放弃以往的计划经济管理方式同时，也依然维护了强政府的干预能力，并采取了政府主导的权威主义发展模式。但在政府权威分权的进程中，上层政府逐渐更多地在宏观层面干预整体经济发展，将调节城市经济发展的权力下放到了地方政府层面；社会范畴，社会分化趋势日趋显著，城市居民逐渐分化为社会经济等级不同的社会阶层，并体现在城市人口分布和居住空间分异与演变趋势中。同时，政府依然保持了社会组织资源的严格管理，但个人获得了更多的发展和迁移自由。随着法制和民主的推进，城市居民个人逐渐获得了更多参政议政的权利，但在不同社会经济等级中又有明显不同。地方政府在社会范畴中更多地倾向于较高社会经济等级的人群，但近年来国内的普遍迅速发展为较低社会经济等级的人群提供了更多选择的同时，也逐渐提高了它们制约市场资本和地方政府的能力。而上层政府，特别是中央政府开始更为关注通过不同途径听取民意和维护一般民众权益。

由此，改革开放以来的这些主要能动者及其基本关系的显著变迁趋势，不仅直接影响到它们在城市发展，及至城市空间形态演变进程中的作用目的，还必然直接影响到它们各自发挥影响作用的措施和能力，并最终影响着它们在城市空间形态演变进程中的主要作用。

5.2.1 上层政府的主要作用

作为最早设立的经济特区城市，深圳和厦门的迅速建设发展，特别是在承担改革开放窗口和试验田的1990年代初期以前，与上层政府，特别是中央政府的直接推动有着紧密关系。为此，理解中央政府推动经济特区发展的核心目的对于理解上层政府的作用有着至关重要的作用。基于历史文献①的分析总结，1970年代末期，面临中国相当长时期的混乱和发展停滞局面，中央主要领导人在建设社会主义强国的目标下，陆续提出应当实施对外开放政策以积极向国外学习先进经验，以及推动民主、法制、科技，特别是经济等诸多方面的社会发展和实现四个现代化等举措，并在1978年中共十一届三中全会确定了党和国家的改革开放政策。在经过一段时间的酝酿调查后，中央政府1980年正式批准在广东和福建的沿海主要侨乡地区设立经济特区，其主要目的大致包括3个方面：其一，在经济特区这样的局部地区坚持以实事求是的态度推动以经济体制为核心的体制改革试验，根据经济特区的探索经验寻找适合国内的发展途径，以迅速推动国内的发展进程。经济特区因此不仅承担起国家转型发展的试验基地作用，也事实上承担着国家其他地区未来发展的榜样作用。对于工作重心已经转移到经济建设，并重点推动经济体制改革的政府权威，经济特区改革开放成功与否的重要衡量标准之一无疑是经济增长状况；其二，利用经济特区地处侨乡，海外联系密切的特点，积极加强对外交流，利用和学习国外的先进经验、知识、管理、资金，为国内的大规模发展积累各方面的经验并进行人才培养。在推动发展的核心目标下，其几乎是与经济体制改革具有同等地位的重要措施；其三，充分利用经济特区的发展对外宣传中国的改革开放政策和成就，推进对外联系和宣传中国特色的社会主义建设，这不仅对国内的发展具有重要作用，更为重要的是有利于中国积极扩大同世界各国的交流并融入世界和平发展的主流进程中；此外，对于深圳这样直接面临香港的边防地区，实施经济特区政策，迅速推动经济发展还是实现局部地区民心稳定的重要途径②。可以说，正是在这样的目标前提下，中

① 未经注明的主要文献资料主要来源于《邓小平文选(第二卷)》、《邓小平文选(第三卷)》的不同讲话章节中。

② 改革开放前的多次大规模集体逃港事件对于地方管理带来了巨大的难度(见附录)，而改革开放以后不久，随着经济的高速发展和当地居民经济收入水平的显著提高，此前逃港的人中又有相当部分返回，实现了两地间的稳定关系。

央政府及其主要领导人坚定地推进了经济特区的改革开放先行措施，并因此从不同层面和角度深刻地影响着深圳和厦门的城市发展与城市空间形态演变进程。而 1990 年代初中期，随着国内经济体制改革的社会主义市场经济目标确定以及迅速在全国推进的改革开放进程，此前推动经济特区建设发展的目标实际上已经在相当程度上完成。也因此才有“特区不特”现象，以及中央有关部门在 1993 年宣布经济特区窗口作用已经结束并将进入第 2 个发展阶段[①]。而上层政府的主要影响作用，则可以包括以下方面。

1. 经济特区政策变迁的极化推动作用

实践发展经验证明，中央设立经济特区的举措以及一系列相关政策，在将经济特区城市推到了改革开放的最前沿同时，也为它们的建设发展提供了多层面的极化推动作用，既包括体制层面的改革开放先行措施，也包括针对地方政府、市场资本，以及社会居民的一系列特殊优惠政策。

在涉及城市建设发展的主要优惠政策方面，主要包括[②]：其一，允许经济特区的城市政府进行外汇留用和财政留用。由此，尽管上层政府没有给予更多的直接资金支持，但仍然为经济特区城市政府在推动对外贸易和地方经济迅速发展中迅速积累政府财政实力提供了可能，也因此直接为城市政府在改革开放中积极推进经济发展提供了充足动力；其二，赋予了地方政府一定规模的经济管理权限和投资审批权限，提高了地方政府在推动城市发展中的权威能动者地位，使得它们在面对城市发展和市场资本发展需要时，能够避免传统制度的束缚，更多地发挥自主能动性和提高效率；其三，除了关系国家的根本利益和权威，中央事实上赋予了经济特区城市在推动发展过程中几乎全面突破国家传统体制以寻找合适体制与方式的权力，使得地方政府根据发展需要进行积极制度创新和改革的各种突破性行动成为可能；其四，在深圳和珠海实行短期临时入境签证与可申请多次入境签证政策，也因此使深圳获得了更为便利的对外交往条件；其五，更为重要的是，赋予了经济特区显著的优惠税收政策，包括特定范围和主要面向外资的关税免征，以及工商统一税和所得税减免等方面(潘晓毛，1998)。这些主要面对海外市场投资和对外出口的优惠税率甚至低于香港，因此具有巨大吸引力。

---

① 1993 年底，国家体改委有关负责人在介绍经济特区发展最新方向时表示，经济特区作为中国改革开放窗口的历史任务已经完成并进入发展的第二阶段，将主要承担社会主义市场经济配套改革的领先作用、争取跨国企业并推动中国经济与世界经济接轨的桥梁作用、高新技术研究机构和实验基地所在地的孵化器作用，以及中国内地对外开放的人才基地作用。资料资源：央视国际(网站)，经济特区的创办。

② 此处未经注明的主要资料来源包括：《中国经济特区的建立与发展：深圳卷》、《中国经济特区的建立与发展：厦门卷》、《重大决策幕后》、央视国际(网站)“经济特区的创办”。

除了改革开放先行与优惠政策的支持，经济特区的发展还直接得到了国家主要领导人的支持，既包括1984年和1992年邓小平两次南巡视察并发表支持经济特区建设发展和改革开放成就的讲话；更包括经济特区城市在改革开放进程中面临诸多新问题并遭受严重非议和传统体制束缚时，中央主要领导人给予的直接积极支持和肯定。这些来自特定历史时期的中央主要领导人的直接权威支持，使得经济特区城市能够在屡屡冲击传统束缚的过程中不断取得突破性进展，并不断推动城市改革开放的发展进程。这其中，深圳又在所有经济特区城市中居于更为突出的地位，中央不仅在经济特区政策的批复中特别提及广东“应当集中力量把深圳建设好”，在实际发展进程中也给予了更为有力的支持，包括划定世界最大的经济特区范围、1980年代初期中央带动的多中央部门和地方政府直接投资、中央政府允许下由深圳市政府组织的全国范围招聘人才等诸多人财物和政策方面更为有力的直接支持。并且，在改革开放的进程中，有相当多的特区政策都是先在深圳经济特区（包括蛇口工业区）内试行后，再推广到其他经济特区城市的。

然而，自1980年代中后期，特别是1990年代初期，随着改革开放进程在全国推进，以及经济特区改革开放窗口使命的实质性完成，中央逐渐收回了此前赋予经济特区的体制改革先行和大多优惠政策。首先，随着适应社会主义市场经济体制需要的国家制序的逐渐建立，经济特区城市在纳入全国改革开放统一进程和遵守这些规定的同时也丧失了大部分的体制改革先行，特别是自主突破传统束缚的权力；其次，随着国内改革开放进程的逐渐扩大①，特别是1990年代中央显著推动全面改革开放进程同时又进一步推动的国家层面的开发开放战略重点转移，使得经济特区城市又逐渐失去了国家重点发展战略层面的特殊地位；再次，则是直接来自中央政府的优惠政策回收过程，并因此与国内其他地区伴随改革开放进程所推行的优惠政策形成鲜明对比，中央从1988年开始逐渐收回了此前对于经济特区政府的特殊优惠政策②，此后又从1990年代中期开始逐渐收回了大多税收特殊优惠政策③，只保留了在所得税率方面与其他一些国家重点支

---

① 详细历程参阅第4章制序性因素的演变特征中的相关内容，主要包括1980年代沿海陆续扩大的开放和海南经济特区，以及1990年代面向广阔内陆地区的改革开放进程。

② 1988年，将关税和进口环节代征的工商税由与中央对半分改为全部上缴国家；1992年，调整外汇留用政策，进入全国统一体制；1994年，调整财政留用政策，实行全国统一的分税制。

③ 主要包括：1995年对经济特区进口基础设施建设用物资实行额度控制，并从1996年起逐年递减20%；1996年取消了经济特区进口市场物资的减半征收关税政策；2000年全部取消了经济特区的关税减免政策。

持地区统一的国内最低水平。

由此，在中央的经济特区政策调整进程中，经济特区的政策环境经历了显著的演变历程。1980 年代直至 1990 年代初中期的经济特区由于诸多方面的特殊政策，处于了中国改革开放的最前沿，也因此获得了显著的政策极化发展作用，尽管来自中央的极化推动并不能直接改变城市发展，以及城市空间形态的演变进程。但其作为显著外因，引发并推动了城市发展进程中的主要能动者，及其相互关系的显著变迁，同时也因为改变了城市在国内发展进程中的地位，使得经济特区城市得以迅速率先进入全球化进程中，并因此获得了推动城市经济发展和城市空间形态演变的直接动力。仅从经济增长的进程分析，在排除周期性特征前提下，深圳 1990 年代初中期之前，特别是改革开放初期，以及厦门自 1980 年代中期至 1990 年代中期前的显著高速发展进程与中央政策极化推动历程间的对应关系显然并非巧合。而深圳从 1992 年开始的经济发展速度下降，特别是在 1990 年代中期出现的显著下降，以及厦门同时出现的经济发展速度的明显下降，并与国内一般经济发展进程日益紧密，显然与中央对经济特区政策极化推动的逐渐取消有着紧密联系。毕竟，改革开放的深入与空间扩大，特别是经济特区先行者地位以及大多优惠政策的取消，使得深圳和厦门开始在国内与更多地区和城市在政策层面上处于了大致相当的地位。正如全球化进程中如香港等地的其他先行者，深圳和厦门在经历显著发展进程后也开始日益感受到国内其他后发展地区的显著竞争压力，而作为经济特区中的国家重点——深圳，随着国家战略重点的转移显然受到的影响相比其他经济特区城市更为明显，特殊地位的回归程度因此也相对更大。

2. 宏观经济调控及其对经济特区发展的影响

对于主要能动者关系变迁的分析已经初步揭示了深圳和厦门城市经济增长历程与国家调控下的国内宏观经济增长历程间有着紧密联系。汤在新和吴超林(2001)分析了 1979—1998 年间国内经济增长周期特征认为，由于改革开放以来的中国经济增长是在经济体制逐渐由计划经济向社会主义市场经济转型中进行的，它的周期增长规律与中央政府的宏观调控有着紧密关系，并且这种来自中央政府的宏观调控明显有别于成熟市场经济的特点。在整体趋势上与国家整体经济运行保持一致的深圳和厦门，它们的经济增长变化显然也共同经受了中央政府在国家整体层面上的宏观调控影响。

汤在新和吴超林(2001)对 1979—1998 年间中国经济增长周期的分析认为，1997 年之前的四个周期的共同特点是需求过旺，因此中央的宏观调控着力点就是抑制需求。而1998年之后的中央宏观调控则因为需求不足的原因转向扩大需求方面。并且由于经济体制尚处于转型时期和中央的权威地位，前段时期的宏观调控更多地采用直接的行政手段，直至1990年代中期左右开始向主要采用财政或货币等经济手段转变。其中，在1979—1981年间的第1个经济周期，在开始两年的财政和信贷扩张，以及投资推动下出现总需求过大后，中央在1981年主要采取了紧缩的财政政策并辅以货币政策，同时采用直接的行政手段以严格计划审批的方式努力压缩基建和抑制消费基金增长，以及其他包括收入和微观产业等方面的政策进行了经济运行趋势的调控；在1982—1986年间的第2个经济周期，由于1981年的紧缩政策带来的疲软和经济萧条，中央从1982年松动财政政策并实施较为宽松的货币政策，推行"分灶吃饭"的财政体制和税制改革，扩大了地方和企业的自主性。经济运行因此在投资推动下迅速进入扩张阶段，并随后再次出现经济过热现象，中央政府在1985年再次实施严厉的紧缩财政和货币政策，压制工业增长和基建投资增长速度。但是由于担心引起再一次的紧缩，中央在通货膨胀较快回落后再次逐渐放松了严格控制的相关政策；在1987—1991年的第3个经济周期，在此前的紧缩和放松之间摇摆之际，中国经济在1987年开始过热，又由于中央与地方的财政失衡和向地方放权，以及连年的货币超发，导致1988年各种经济矛盾的尖锐化。为此，中央政府一方面针对预算外支出失控采用征集国家预算调节基金的方法限制预算外资金规模，一方面严格限制非生产性投资规模并同时鼓励生产投资，同时又再次紧缩中央财政开支，以及采用限制消费等一系列政策控制。此外，在1984年开始建立金融市场和中央银行体制基础上开始更多采用货币调节政策。当严厉的紧缩政策导致1989年的生产萎缩和经济滑坡后，中央再次放松紧缩政策。总体上，这一阶段尽管仍很大程度上采用了行政调节方式，但明显加大了经济调节的手段；在1992—1997年间的第4个经济周期，1992—1993年间，持续的投资和宽松的货币政策再次推动中国经济进入过热，中央从1993年开始围绕经济"软着陆"目标进行了更为复杂的调控过程。从1993年下半年到1996年，由于市场化程度显著提高，中央政策在总体上采取紧缩取向同时，一方面大为减少行政手段，一方面为避免直接压缩引发经济急剧滑坡采用了分阶段分步骤并更多采用间接的经济手段调节供需间的均衡关系；此后，随着1997年经济增长实现软着陆，以及国内外急剧演变的经济环境，中国经济增长开始第一次出现总需求，中央因此开始采取扩张的财政政策，此后又不断调整政策推动着新的经济周期性增长进程。

对于以上宏观经济周期中的中央宏观政策分析表明，一方面，中央的宏观调控逐渐减少了直接的行政手段，并特别在1990年代的调整中开始更多采用综合的间接手段以避免经济周期增长中的大起大落。深圳和厦门自1980年代中期直至研究期末的经济周期性趋势显然同样感受到中央的宏观调控，并表现出相同的增长波动趋势(图4-2)；另一方面，在历次经济增长中，投资，特别是固定资产投资都成为影响经济增长进程的重要原因，也因此成为中央严格行政手段调控的重要对象。尽管作为经济特区的深圳和厦门的经济增长进程，特别在1980年代享受了中央的特殊对待，但是与国内紧密的经济联系，以及经济内联关系中的大量内地投资在受到中央直接宏观调控的同时显然也无可避免地显著影响到经济特区城市地经济增长；此外，对于深圳和厦门的分析已经表明，投资，特别是固定资产的投资对于两个城市的经济增长和城市空间形态的显著扩张进程始终发挥了极为重要的影响作用。中央在宏观调控过程中对投资，特别是固定资产投资进行的特别干预显然也像整体经济趋势影响的传导途径一样，影响到深圳和厦门的经济增长和城市发展；而进入1990年代之后，深圳和厦门在逐渐纳入中央政府的统一管理进程中，经济增长的周期更为显著地直接受到国家宏观调控的影响。

除了来自中央整体层面的宏观调控影响，改革开放初期，中央的直接干预对于经济特区，特别是深圳的经济发展也产生了直接的深刻影响。深圳在1980年代中期之前的显著经济高速增长和城市快速建设发展固然有迅速工业发展的推动作用，但也与其因为邻近香港并因此迅速发展的进出口贸易密切相关。随着国内经济在1983年左右再次在需求急剧增长的推动下进入高速发展时期，深圳也进入了大规模的转手贸易时期。1983—1986年间，特别是1986年，在进出口贸易急剧增长的同时，进口贸易总额连年显著超过出口总额，4年累计差额达到17.8亿美元[①]，也并因此引出“深圳赚了内地的钱”的争议[②]，直接导致中央政府提出经济特区的经济应当从内向转为外向，邓小平[③]在有关的讲话中指出，“我们特区的经济从内向转到外向，现在还是刚起步，所以能出口的好的产品还不多。只要深圳没有做到这一步，它的关就还没有过，还不能证明它的发展是很健康的。不过，听说这方面有了一点进步。”既反驳了当时一些否定经济特区成绩的观点，又明确指出了经济特区未来的经济发展方向。而中央这一决定又显著影响了深圳和厦门等经济特区的经济增长，深圳的进出口贸易逆差在1985年开

① 根据《深圳统计年鉴2002》相关数据计算。
② 见《深圳，谁抛弃了你》中的“1985，深圳的问题在哪里”。
③ 见《邓小平文选(第三卷)》的“特区经济要从内向转到外向”。

始明显减少，到 1987 年出口明显增长并因此进入了此后始终保持着对外贸易的顺差状态；这一决定还同时直接影响到两个城市的总体发展和规划战略，它们这一时期的城市性质共同提出了“工业城市”的目标性质，也因此影响了功能空间的规划布局。

3. 行政区划调整与规划审批的调控作用

在通过经济特区政策的调整显著影响整体层面上的经济特区城市发展进程同时，上层政府（主要是在中央政府层面）对经济特区城市的行政区划调整和城市总体规划审批等方面的审批权限同样不同程度地影响着城市的发展和重大空间布局等方面的演变进程。

对于深圳和厦门行政区划调整的历程分析表明，尽管两个城市的演变历程不尽相同，但在整体上，又表现出共同的重大趋势。其一，随着经济特区城市的发展，中央政府的最终审批一方面显著提升了两个城市的行政级别，并且在财政、经济、计划等其他政策的配合下，事实上在大多政府管辖范畴实现了中央政府与城市政府的直接对接关系，这一方面加强了中央的直接领导，一方面也减少了经济特区城市在发展进程中的政府范畴管辖层次，再配合投资审批权限的下放，实质上显著强化了地方政府的管辖权限。深圳显著超前于厦门的行政级别提升实质上也反映了中央政府的高度重视；其二，随着经济特区城市的发展进程，中央又及时支持并批准了城市政府在全市域统一管辖权限的要求，在深圳，1990 年代初允许其对宝安撤县建区并同意部分经济特区政策向特区外延伸，甚至包括部分原来限定在经济特区内部的法规条例；在厦门则根据发展需要允许经济特区扩大在全岛，此后又迅速批准经济特区政策（台商投资区）向岛外延伸；其三，对于深圳和厦门改革开放以来的多次城市内部行政区划的调整申请，中央政府都予以了批准通过。由此可见，中央在实施管理权限下放和不断提升深圳和厦门的行政级别同时，还显著支持了城市政府在全市域加强统一领导并对全市域发展进行权威协调的作用。也正是在中央的审批控制下，深圳和厦门的城市政府，特别是深圳①能够随着城市发展进程在更大的空间范畴内统一协调城市空间的发展进程，并不断加强了在城市地域范围内的权威地位。由此，在中央不断的行政区划范畴的调整中，一方面体现空间发展战略中的极化思想，使得早

① 有关分析认为，深圳市政府在 1980 年代末期到 1990 年代初期通过城市内部的行政区划调整不断将主要以蛇口工业区为代表的准政府组织掌握的政府管理权限——如决策发展、制定和审批规划、审批建筑等方面的权力回收到城市政府的权威范畴。主要资料来源：《孤独的蛇口：关于一个改革“试管”的分析报告》。

期经济特区政策和建设发展能够集中在有限的空间范畴内；而伴随发展进程的不断空间范畴的行政区划和政策整合过程，则体现出空间联动逐渐扩大的稳步渐进过程，既有利于地方政府权威随城市发展需要进行扩张，又有利于早期的多点发展突破，同时也避免了过于激烈的演变过程可能产生的不利冲击。

但是与中央 1984 年迅速批准厦门经济特区扩大到全岛（含鼓浪屿），以及允许深圳和厦门部分经济特区政策向经济特区外延伸形成鲜明对比，中央在 1992 年和 2003 年两次否定了深圳市提出的扩大经济特区到全市域的提议[①]，显示出在关系国家层面的重大决策问题上，中央与地方政府在利益取向和战略观点方面的差异、中央政府在重大决策方面的审慎态度以及因此对地方政府的政策导向和最终权威控制[②]。

相对于行政区划调整对城市发展和空间整合作用的“宏观性”，国内总体规划审批所涉及的有关城市发展和空间布局方面内容更为详细和具体。由于急剧的城市发展和城市空间形态演变进程，自设立经济特区以来，深圳和厦门总体层面的城市规划实际上处于不断的调整进程中。但在经正式审批的层面，两个城市到 2000 年各有 3 次正式城市总体规划编制成果（附录 4；附录 5），大约审批时间分别在 1980 年代初，1990 年，2000 年[③]。通过总体规划审批，上层政府对于城市的性质、职能和产业、城市主要发展方向、城市人口和用地规模、城市整体空间布局、城市空间拓展进程进行着干预。从两个城市总体规划编制、评审、批准

---

① 有关这方面的讨论参见《扩大深圳特区十大猜想　将龙岗宝安划入怎么样？》，《人大代表三度建言：破解“一市两制”特区扩大？》。深圳方面的专家提出了诸如：1. 特区二线的存在阻碍人流物流并加大了资源配置的成本；2. 导致城市规划导向功能失灵；3. 导致城市管理功能失灵；3. 导致深圳共同发展、共同富裕的政策失灵。也因此有专家建议撤销深圳特区二线。似乎目前特区内外存在的这些问题都可以归结到经济特区的二线设置。但是所有的这些提议都回避了一个重要问题：特区二线、针对经济特区实施严格的户籍管理整政策，以及出入经济特区的证件检查制度，究竟是促成经济特区良好发展特征的极化政策，还是妨碍经济特区外良好发展的原因？本书对于文献的研究（见附录及其参考文献）表明，深圳经济特区相比其他经济特区，独特的二线存在显然与其临近香港，为避免大量私渡人员冲击香港而建立的缓冲地带。而本书的继续分析则表明，二线及其相关政府的存在至少在相当大程度上在深圳市起到了极化的作用，也维护了较高经济等级人群的较高生活环境。但是对于撤销二线是否就能根本性改变当前所存在的这些问题，也许只要看看国内大多城市同样存在着的中心地区与边缘地区必然存在着的显著差异就至少会明白，一条二线关显然无法承担解决所有这些问题的如此重负。

② 近年来，中央专门排除了专家研究小组赴深圳了解调查，尽管还没有公开的最终报告，但仅从专门派出专家组，而不是以前的根据地方政府汇报，或者中央判断，就能够发现一方面是政府范畴更加注重决策的科学性；一方面，中央与地方利益差异性也迫使中央需要在重大问题上进行更多的独立调查与判断。

③ 本书中以上层政府的最终批复时间为标识时间，这也是总体规划的正式生效时间。但其与开始编制和编制完成时间有着显著差异，在深圳，三次总体规划的大约编制完成时间，1982 年版总体规划为当年完成，1990 年版总体规划为 1985 年编制完成，2000 年版总体规划为 1996 年编制完成；在厦门，大约编制完成时间为：1983 年版总体规划为 1981 年编制完成，1990 年版总体规划为 1988 年编制完成，2000 年版总体规划为 1996 年编制完成。

的进程和主要内容分析[①]，上层政府在城市总体规划审批过程中的主要作用有3个方面：

首先，上层政府通过审批调整着深圳和厦门的城市性质，以及相应的产业和职能发展方向。在1990年前的两次总体规划，广东和福建两省对于深圳和厦门总体规划的批复中分别提及"建设特区"，并在1990年版总体规划中都着重于"发展工业为主，兼营旅游、商业和房地产的外项型城市"，反映出1980年代中央对经济特区城市经济发展方向的宏观调控要求；在城市性质方面，厦门1990年版总体规划已经提出建设闽南地区中心城市的要求，而国务院则在2000年版总体规划审批中明确提出"东南沿海重要中心城市之一"的城市性质；在深圳2000年版的总体规划，批复文件改变1997年送审文件中的"珠江三角洲地区中心城市之一"为"华南地区重要的经济中心"，并且也没有回应"国际性城市"的提议。作为关系城市发展诸多方面的宏观层面有关城市定位的重大问题，自1990年代左右两个城市批复文件中先后提出的"中心"概念，既反映出上层政府对城市在区域发展进程中的带动作用的认知与期望，也反映出对经济特区城市改革开放之初"试验基地和窗口"作用的新认识转变，同时也是对它们此前发展的肯定。实际上，自1980年代末期，特别是1990年代，两个城市在金融和经济中心功能的发展方面都得到了中央的显著推动，深圳在吸引了大量的外资银行并且在外资银行业务上被赋予特殊政策同时，还获得了中央政府赋予的证券交易和期货交易的试验和中心地位，显著推动了城市的区域经济和金融中心功能的发展；而厦门也同样在得到中央特殊政策之后到1990年代中后期发展成为注册外资银行最多的大陆城市，为城市的金融和经济中心地位发展带来了显著推动作用；

其次，在城市整体空间规划布局和拓展进程方面，厦门总体规划在评审与审批过程中也出现多次重大变动，主要包括，1990年版总体规划压缩了1983年版总体规划的岛外组团数量和开发顺序（马銮组团被要求在2000年前不能开放建设），并提出首先发展本岛、逐渐推进岛外并重点发展杏林等拓展策略；并在直至2000年版的总体规划中都提出禁止或者严格限制向本岛东部建设发展。在实际发展历程中，一方面，城市的空间拓展进程基本符合了相关的审批要求，但是也有显著的差异，其一，作为3次总体规划批复中都重点强调保护的本岛东部已经开始了开发建设进程，当2000年版总体规划批复之时，东部的开发建设也已

---

① 主要资料来源包括两个方面，其一是两个城市这些不同年份的主要城市总体规划成果，其二是有关评审记录和批复记录，为笔者调研和查阅相关档案所得。

经取得了显著进展；其二，在岛外，海沧的发展受到挫折之后，位于马銮湾的新阳工业区已经开发并迅速形成一定规模，成为岛外组团发展进程最为显著的地区；而另一方面，一直以来试图推动的杏林建设发展进程相对平稳并出现功能综合发展趋势。在深圳，尽管没有如此明显的差异，但是滞后的规划审批，特别是2000 年版总体规划，都使得这些通过了审批的总体规划陷入了严重滞后于城市实际建设发展进程的尴尬境地。由此，尽管上层政府通过审批直接干预了深圳和厦门的城市整体空间布局和拓展进程，并且也确实在相当程度上引导和干预着城市空间布局和扩张进程，但是这种约束性的引导和限制作用显然受到了城市实际发展进程的显著冲击，并且在这些显著的冲击面临表现出明显的软弱无力，而规划审批的滞后又实质上进一步削弱了规划批复的约束能力和可能性。

再次，在城市人口和用地规模审批中，早期尽管中央依然坚持的“严格控制大城市、合理发展中等城市、积极发展小城市”的方针下，上层政府仍然突破性地批准了两个城市，特别是深圳的急剧城市规模扩张要求，包括在 1990 年版总体规划批复中允许采用高于国家标准的用地指标，并因此为城市规模的扩张提供了空间框架。但在整体上，一方面对于两个城市的急剧规模扩张难以预测，一方面显然也受到了中央以上方针的影响，依然未能完全摆脱严格控制的思维，并因此刻意要求压缩城市规模①。但是，在城市急剧发展进程的冲击下，远期规划的城市规模，特别是人口规模总量总是迅速被突破。在日益开放的社会环境，以及社会个人获得迁移自由的时代，审批总体规划以控制城市人口规模增长的举措显然难以实现，并实质上一方面导致人为地降低了城市各项支撑设施的容量供给②，一方面使得户籍及其相关的城市福利成为一种稀缺资源。

5.2.2　地方政府的主要作用

地方政府层面的主要能动者包括不同层次的政府或准政府权威组织，它们在城市的发展进程中同样发生着显著的变动。其中，城市政府处于最高权威地位，对城市发展和城市空间形态的演变发挥着最为显著的影响。基于对地方政府层面的主要能动者及其关系变迁，以及上层政府目的的分析，本书认为，对于城市政府为主导的地方政府层面的权威组织在影响城市发展与城市空间形态演变进程中的主要目的，可以主要从以下方面考虑：其一，在上层政府显著权威放

① 特别表现在人口方面，对于 50 万大城市人口规模界线，100 万特大城市人口规模界线，采取了特别的控制，1990 年版和 2000 年版总体规划的审批因此带来了审批之时几乎就是人口规模即将突破之时。

② 相关详细论述参阅《深圳 2005 拓展与整合》。

权情况下，地方政府承担起推动地方改革开放进程的重任。在以"拿事实来说话[①]"的标准下，经济特区的发展，特别是整体层面上的经济增长和城市建设，不仅成为判断经济特区发展的重要依据，甚至还成为判断改革开放政策的重要依据[②]，同时也必然成为评价对此具有直接责任的地方政府的重要标准——在向上级负责，以及实质上由上层政府任命地方政府主要领导人的组织原则和人事制度前提下，上层政府的这些核心考量标准成为地方政府行动的重要指引；其二，维护社会基本稳定和提高人民生活水平，这实质上也是任何政府组织合法性的必要前提和基本职能，同时对于刚结束动荡时期并追求发展的中国具有特别重要意义[③]，而这样的要求对于邻近香港并曾经历多次逃港事件的深圳无疑又具有更为重要的现实意义。正是基于以上主要目的和责任，以市政府为主导的地方不同层次的政府权威迅速推动了经济特区城市的建设发展进程，并显著影响到城市空间形态的演变趋势。

1. 城市经济增长的推动与政府权威整合

由于以经济增长为核心的发展状况对于国家改革开放战略和经济特区所具有的特殊意义，深圳和厦门都采取了积极推动经济增长和产业结构升级的城市发展策略，并且根据发展的需要推动了不同阶段的权威整合进程。

在深圳，由于接壤已经实现经济腾飞并面临产业结构升级压力的区域中心城市香港，显著的生产成本优势和交通便利条件使得深圳经济特区在对接香港方面具有明显的先天优势。因此，随着国家层面的改革开放举措，在经济特区正式建立之前，不同层次的政府权威组织已经开始迅速推进招商引资进程。随着经济特区政策的推出，一方面，城市政府初建并处于不断调整与变动中，城市财政也极为薄弱[④]；一方面，巨大的发展机遇吸引了包括香港招商局、香港中旅等具有中央政府背景的大型企业集团；一方面，极低的发展门槛为村镇层面的自主发展提供了可能。由此，建立经济特区初期，深圳的经济发展和城市建设在中央政府和城市政府的基本规范下，呈现明显的多层次政府或准政府权威的自主发

---

① 1986 年，邓小平在谈到农村和城市体制改革进程中的一些领导，特别是地方领导人的态度转变时，提到改革实际进展的事实在引导和教育中的重要作用。资料来源：《邓小平文选(第三卷)》，"拿事实来说话"。

② 历史文献的记载表明，国家主要领导人的视察，已经相关讲话重点涉及的内容就包括这些方面。

③ 邓小平等这一时期的国家主要领导人再三阐述，抓住当前难得的和平国际环境并保持国内稳定，以追求快速的发展对于中国具有生死存亡的意义。

④ 1979 年深圳城市财政仅 1 700 万左右，中央给予的银行贷款也仅为 5 000 万元，几乎仅能完成对罗湖初期开放建设的场地平整工作。资料来源：《重大决策幕后》。

展进程。这样相对分散的权威管理方式对于深圳早期的开发建设具有显著的积极推动作用，其一，在不动用城市财政的情况下，这些不同权威组织的自主发展迅速推动了城市的开发建设，并由此形成了深圳早期城市空间形态在多个空间区位上的迅速形成和扩张演变；其二，迅速推进了不同空间区位的多类型城市产业发展，为此后经济特区的功能空间布局和演变奠定了基础①；其三，多重权威组织在短时间的迅速分散发展一方面多种途径引入了大量开发建设资金，迅速推动了城市经济增长，提供了大量就业岗位，在迅速提高当地群众经济收入水平同时，也迅速实现了社会的初步稳定②；其四，使得城市政府能够集中有限的地方财力，迅速推动核心城区——罗湖和上埗的开发建设。

在这一特殊历史背景下的早期建设发展模式基础上，深圳市政府采取了积极的经济增长推动策略，并伴随着城市发展进程在上层政府的支持下不断推动着权威整合的进程。城市政府除了根据国务院批准方案大力推行优惠政策，吸引早期“三来一补”企业发展同时，又根据经济发展需要积极引导经济特区内的产业结构升级。1982年，深圳在中央允许的15%优惠企业所得税基础上再对技术比较先进和规模比较大的企业减征20%～50%或免税1～3年，并因此明显低于同年香港15%的企业所得税标准税率，深圳同时还对内联企业实施特区优惠税率，以后又不断出台引导较高技术水平企业入驻的各项政策以积极推动了工业企业的升级发展；同时，1980年代初期尽管由于一段时期内因为转手贸易遭到众多非议，但这一时期的发展不仅为深圳较高层次的第三产业发展奠定了基础，还显然为城市积累了经验与财富。此后，随着1980年代后期直至1990年代初期，深圳的改革和经济发展进程推动了经济特区内生产成本的不断上升，同时由于国内其他城市和地方逐渐发展的竞争，经济特区内的劳动密集型企业开始逐渐加快外迁，深圳市政府采取了一系列的积极干预政策。其一，从1980年代中后期，深圳市政府就已经开始研究产业结构升级的策略，并明确提出以“经济效益”为中心，要求在经济特区内部大力推动较高技术和资金水平的企业发展，积极推动经济特区内产业向高新技术发展，并为此逐渐推出相关政策③；同

① 如蛇口工业区由国务院批准，由交通部香港招商局自主发展建设，主要以港口和加工业为主；华侨城由国务院批准，由香港中旅负责开发建设，主要以工业、旅游和房地产为主。主要资料来源：《孤独的蛇口：关于一个改革“试管”的分析报告》、《深圳城市规划》。

② 如沙头角镇在镇政府带领下的改革开放，到1980年已经实现人均年收入人民币1 000元，港币10 000元，显著高于改革开放前的人均100元人民币左右的低水平，居民生活水平明显改善，过去外逃香港的人也陆续返回。资料来源：《中国经济特区的建立与发展：深圳卷》。

③ 主要资料来源：《世纪的跨越：深圳市历次五年规划汇编》。

时提出在经济特区内部大力发展第三产业，积极准备和争取接受香港的第三产业外迁；其二，配合低层次工业企业从经济特区内部的外迁，在中央支持下，深圳在1992年将宝安县撤县改区并对外资企业实施经济特区政策，为在深圳市政府完全控制范围内截留低端劳动密集型企业提供了可能，也因此能够最大限度地推动城市经济总量的继续增长，积累城市财富；其三，随着1980年代的迅速开发建设，经济特区内部的城市政府直接管辖范围(特别是罗湖—上埗地区)的开发建设已经达到相当规模，为此在中央支持下实施了行政区划调整，一方面逐渐在经济特区范围内收回此前下放到不同层次权威组织的建设审批权力，一方面调整并加强了城市政府管辖下的政府范畴内的市—区两级管理方式，集中了城市发展的权力；但是在经济特区外部，则依然主要采用区—镇、村的发展模式，镇、村因此仍然保持了相当程度的自主发展权力，并因此推动了经济特区外围迅速形成的分散快速发展趋势。

在厦门，与深圳有着较为明显的不同。由于城市早已建制并处于严格有效的城市政府管理下，厦门的早期开发建设仍显著处于城市政府的直接控制下。在城市政府的主导下，采用与外国资本合资，以及向国外政府和组织贷款等方式，一方面大力推进了对外交通等重大基础设施的建设和改造，迅速改变了厦门“耳也聋了，眼也瞎了，腿也短了[①]”的不利局面；一方面又积极推进了国有企业的技术改造和升级[②]，由此推动了厦门城市经济的早期发展；此后，在城市政府主导下又积极发展内联企业并实施与深圳大致相同的优惠政策和措施，到1980年代中后期，厦门在1984年经济特区扩大到全岛的基础上又实施了行政区划调整，进一步扩张并理顺了城市政府的管辖范围和关系，推动了城市经济和建设的进入发展。而随着新的市—区政府范畴的管理模式覆盖全市，在贯彻了经济增长为中心的发展目标同时，也带动此前为郊区并以教育为主导的集美的工业快速发展。

2. 城市建设空间供给的调控作用

一方面是长期以来的权威地位，一方面是土地公有制度，政府权威因此在城市建设用地的供给方面占据着绝对的主导地位。随着上层政府的权威下放，以及经济特区城市在国家改革开放战略中的特殊地位，深圳和厦门的地方政府自

---

① 改革开放之初的厦门由于地处对台前线，民用对外交通主要通过高崎海堤与大陆联系，同时正如空间因素中的分析，区域环境范围多山地，联系非常不便。因此，早期前来考察投资的外商有此感慨。详细内容与主要资料来源见附录4。

② 主要资料来源：《中国经济特区的建立与发展：厦门卷》。

改革开放以来就已经在城市建设空间的供给和调控中发挥了显著的主导作用。在以推动经济增长的重要核心目标前提下，城市政府协调着不同方面的城市建设空间需要或影响作用，通过调控城市建设空间的供给显著影响着城市空间形态的演变进程。

作为城市建设空间供给调控中的最为重要的手段，城市规划对于城市空间形态演变具有重要的引导和整合作用。尽管对于城市规划的本质作用长期以来都处于讨论之中（同济大学，主编，1989；张兵，1998；李德华，2001；Levy，2002；雷翔，2003），国内将其作为政府“实现社会经济发展目标的综合手段”的工具的本质长期以来并没有改变，城市政府在城市规划的编制和决策中也发挥着最为重要的主导作用，而城市规划的编制、实施和调整也因此主要反映了城市政府对于城市未来发展的预测、目标和综合安排，以及对于城市实际发展进程的回应。

在深圳（附录4，附录5），自1980年开始编制50平方公里总体规划，直至1982年以“深圳市社会经济发展规划大纲”形式完成经济特区全范围内的第1份总体规划。该规划根据经济特区的地形地貌和自然资源分布特征，将经济特区划分为东、中、西三片共18个大小不同的功能区，在对各个功能区规划安排主导功能的同时又贯彻了典型的功能分区原则，主要划分了生活区、工业仓库区和游览3大功能区，由此奠定了经济特区范围内的带状多中心组团式的整体城市空间结构特征，并有效指引了此后的城市建设发展和功能布局，使得深圳经济特区成为一座几乎完全按照规划建设起来的新城市。此后，在该总体规划基础上，深圳市又根据1980—1985年间的城市实际发展历程，在1985年完成了深化和调整方案，进一步明确了带状多中心的组团式结构，并确定了规划城市中心区的范围，同时调整了到2000年远期的规划建设用地（123平方公里）和人口规模（110万人），但为避免与中央关于城市建设的指导思想冲突，其又对指标进行了技术处理提出规划城市人口80万和暂住人口30万，并由省政府批复“用地指标可高于国家规定[①]”。尽管如此，快速的城市经济增长和与之相随的城市发展进程依然显著超出了城市规划预期，尽管城市建设用地得到了较好的计划控制（到1992年建成用地规模仅80平方公里），但仅常住人口到1990年就已经达到了101万，这还不包括大量的流动人口规模；同时，早期规划工业用地到1980年代中后期已经基本开发完毕，而1990年代初期“三来一补”企业的大量外迁又使早

① 国内一般规定100万人口以上为特大城市，50万人口以上为大城市。根据1990年的国家标准《城市用地分类与规划建设用地标准GBJ 137—90》，新建城市的规划人均建设用地指标宜在90.1～105.0平方米/人的标准范围内，首都和经济特区城市的规划人均建设用地指标宜在105.1～120.0平方米/人。

期经济特区内的工业区开始出现空置现象。由此，随着城市政府推动下的经济特区外行政区划调整和经济特区政策延伸，经济特区外的开发建设进程迅速加快，深圳市也从 1993 年开始推动了开创性的全市域总体规划工作，以试图协调全市域的城市建设空间供给状况，并在 1996 年完成了编制工作。确定了东、中、西 3 条轴线和从南向北 3 个圈层的城市建设空间扩张进程和功能空间布局结构规划①，以对应建设经济中心城市②，以及政府推动的主导功能和产业发展进程需要。整体上，这一轮总体规划基本上顺应并引导了城市发展和城市空间形态的演变进程，但到 2000 年又再次面临许多新问题，其一，2010 年的城市规模目标已经受到了强烈冲击③；其二，城市空间形态扩张与规划意图的东、中、西共同发展趋势也形成显著差异，中、西部扩张显然更为突出，并实质上出现了轴状和多组团复合的网络型结构趋势，而东部轴线扩张尽管也显著加快，但明显落后于中、西部地区；其三，在产业功能布局上，第二圈层的工业发展尽管取得了显著发展，但并未实现预期的产业结构升级，并且呈现出显著的分散布局特征，居住空间的扩张也明显落后于建成空间的整体扩张趋势；此外，在经济特区内，1990 年代中后期开始政府推动的中心区开发建设的商务功能开发明显滞后，而罗湖的商务金融已经具有 CBD 特征，同时上埗地区的华强北商业中心的迅速发展也并未在规划的预期之内。综合以上方面，在调控城市建设空间供给以协调城市整体发展方面，其一，城市政府相对更多地顺应了经济发展的需要，既包括实际上允许了对经济特区外多层次权威组织的分散和低档次工业企业蔓延扩散，并因此成为城市规模目标迅速面临突破的一个重要原因④；也包括顺应经济特区内的金融、商务和商业等功能空间的发展需要⑤；其二，城市政府为提供公平机会而在市域东侧引导的城市扩张虽然也取得了一定进展，但显然相对缓慢，并在以效率为标准的评价中遭到非议⑥。

---

① 在经济特区重点发展第三产业和高新技术产业等支柱产业功能、在第二圈层重点发展与支柱产业密切联系的加工制造和服务业、在第三圈层以先进工业为主并加强控制与引导以限制和逐步迁移低层次产业。

② 包括区域金融中心、信息中心、商贸中心和运输中心。

③ 2000 年深圳建成区面积已经达到 467 平方公里，接近规划 2010 年的 480 平方公里用地规模指标；常住人口规模已经达到了 433 万，并且还有近 270 万“流动人口”，显著超出规划 2010 年 430 万人的人口规模指标。

④ 显然，如果要限制人口和建设用地规模，必然要么推动经济特区外的产业结构的升级、要么严格限制经济特区外的三来一补低层次企业，但在缺乏市场资本层面的经济特区外的产业结构升级动力情况下，严格限制的措施显然将导致经济增长总量趋势下降。

⑤ 这也正是城市政府大力推动的经济特区内的主导功能和产业内容。

⑥ 《深圳 2005 拓展与整合》显然站在效率立场，认为没有顺应发展趋势损失了效率。

在厦门(附录4,附录5),城市总体规划同样经历了显著的调整历程。1980开始编制的1983年版总体规划初步提出了以本岛为中心、岛外多组团共同构筑"众星拱月"的城市空间结构框架。显然,深圳和厦门的这时期共同规划特征固然有特定城市地域空间环境的显著影响,又显然有本书此前论述的决策层面的主流文化认知原因。此外,规划又提出先岛内后岛外、岛外组团滚动开发的模式,以及要求将较大耗能和运输量的工业企业尽量向岛外迁移,并尽量在岛外安排工业生产功能空间,严格控制岛内城市规模。但是,在实际发展进程中,与深圳相似,尽管在相当长时间内较好地按照规划控制了建设用地规模增长,城市人口规模却迅速超出了规划预计,1990年的规划范围的城市人口规模(66万)就已经超出了2000年的规划指标(60万),本岛实际人口规模(44万)更为突出地超越了规划预期(35万);并且,开发建设高度集中的岛内,工业企业也没有如期在岛外迅速发展。为了适应1984年经济特区的扩大,以及此后的行政区划调整,厦门自1984年开始调整总体规划并在1988年完成了1990年版总体规划。这一规划回应了本岛的迅速规模扩张,主要在基本维持原有规划用地规模基础上显著提高了规划人口规模(45万);与此同时,则对岛外进行了规模压缩和规划期内发展地区的调整,以希望通过"不平衡"的发展战略实现由本岛逐渐向外的城市发展进程。但为了适应当时的"901工程①",1990年城市总体规划批准的同时就又开始了海沧总体规划的编制,此后在不断地规划调整过程中直至1996年编制完成2000年版总体规划。这期间,随着急剧的城市发展进程,厦门市政府在依然坚持"先本岛后岛外逐步扩张"的整体战略同时,也进行了显著调整。其一,从1990年代末期开始,城市政府推动了城市建设向本岛东部地区的扩张趋势,并且在总体规划中显著提高了本岛的规划人口和用地规模,并因此实质上改变了"严格控制本岛规模"的一贯策略;其二,岛外不同程度地出现了新的发展进程,最显著的正是曾被取消的新阳工业区,海沧也逐步推进了实质性的开发进程,而集美和同集路等沿线也出现了新的工业开发地区。这实质对应了这一阶段规划提出的九个分散并同时推进的发展轴;其三,在岛内,老城区的改造逐渐展开,新的商务和金融办公在老城区和筼筜湖等景色优美地区以沿干道为主要方式扩张;其四,自1980年代中期确定的城市中心区的开发建设仍然是政府主导的公共部门为主的开发建设。整体上,与深圳的情况相似,城市政府层面的规划调控显然采取了推动发展的策略,并主要根据开发建设的需要进行了积极的

① 台塑集团原计划在其大力发展石化重工业,预期用地100平方公里左右,但此后因故未能实施。

规划调整，并因此显著顺应和引导了本岛的集聚发展进程。

对于深圳和厦门的研究表明，除了通过正常和主要的城市规划编制和调整对城市空间的供给进行调控和协调，还有至少两种不同的途径同样显著影响着地方政府的城市空间供给调控行动，并因此可能显著影响城市规划，甚至城市空间形态的演变进程。其一，为争取重大投资项目的应急建设空间调控，譬如为吸引 901 工程，厦门城市政府为其提供了极为优惠的政策并率先进行了部分基础设施工程，还得到了中央的直接关注①，尽管最终未能投资成功，但就此改变了海沧，乃至岛外的开发建设进程；在深圳，同样的事情也多有发生②；其二，更为普遍的则是不同层次权威组织，甚至规模较大的市场资本以设置开发区的形式直接获得属于政府范畴的空间供给权限。在深圳，早期表现尤为突出，即使进入 1990 年代，为了促进发展，深圳经济特区外也不断新成立了一些规模不同，甚至包括村、镇的开发区；在厦门，也出于同样原因设置了多种类型的开发区或者如火炬科技园区般市域一区多园形式的开发园区。这些分散设置的各种不同形式的开发园区在照顾到不同层次政府组织，甚至非政府组织的发展要求同时，也直接导致普遍存在的分散蔓延的空间扩张趋势。而所有这些争取投资或者设置“开发区”的行动的根本目的都主要集中在推动经济增长，或者为部分不发展地区提供发展机会③方面，实质上仍是以经济增长为核心的空间供给方式。

3. 公共投资的推动和引导作用

政府的大规模公共投资行为，包括重大功能开发或者重大基础设施开发等，都同样对城市发展，特别是城市空间形态的演变进程发挥了显著影响作用。并且随着城市政府在推动发展进程中的投融资方式日趋多样性，政府主导或推动大规模开发建设的能力日益增强，在主动控制和引导城市空间形态方面的作用也明显加强。从发展历程分析，由地方政府主导的这种重大公共投资行动在深圳和厦门有着各自不同的表现，也因此有着各不相同的影响效果。

在深圳，经济特区建立初期的重大公共投资主要集中在罗湖—上埗的基础设施建设与开发，以及与香港的口岸改善方面。由此，1980 年代的建成空间呈显著的聚集状态，并且主要集中在罗湖—上埗，以及蛇口等对香港交通便捷地

---

① 主要包括：可提供约 100 平方公里的土地供其开发使用，土地价格每平方米仅 5 元人民币，每年只缴纳地价税 1.6 万元，使用期限 70 年，期满后可以自续，并计划专批海沧为一特区。主要资料来源：《王永庆的大陆情结》、《眼前看吃一点亏，长远看不吃亏》。

② 如 1990 年代中期为争取迪士尼乐园，深圳市有关部门提供了城市的优良用地区位供其选择，甚至包括规划城市中心区用地。

③ 如深圳龙岗的大工业区开发项目。资料来源：《深圳 2005 拓展与整合》。

区，罗湖到蛇口间的开发建设进程也明显缓慢，甚至尚不及由经济特区分别向龙岗和宝安的延伸方向的开发建设进程。进入1990年代，正如对交通技术运用方面的分析，在政府的主导下，主要经历了两个阶段的大规模基础设施投资历程，在显著改变了市域内部和对外交通方式的同时也显著影响了城市空间形态的演变趋势；而1990年代中后期深圳市政府主导推动下的盐田港大规模投资建设又显著推动了这一区位的迅速开发进程。

在厦门，早期的公共投资高度集中在岛内，包括机场、港口、道路、铁路场站等大型基础设施的投资建设在迅速改变厦门对外交通的严重不利局面同时，也进一步促进了各项开发建设活动向岛内的聚集。而在改善与内陆方向的联系方面，政府公共投资明显迟缓，与规划推进岛外开发建设的要求并不匹配。特别是进入1990年代，尽管已经在海沧进行了一定规模的开发建设，但是岛内依然向本岛东部进行了大规模的道路等基础设施投资，进一步加剧了城市空间形态在岛内向东部地区的扩张。

5.2.3　市场资本的主要作用

市场资本参与城市发展和城市空间形态演变的目的相比政府范畴简单得多，因为它追逐利润最大化的本质从来没有改变。特别是在经济全球化进程中的日益开放的国家和地区，市场资本在追逐更高利润中的自由和主动性更得到了显著加强，而大规模市场资本推动下的地方经济增长和城市显著发展只是它们追逐利润过程中的产物。尽管不同地区特定的复杂自然、社会、经济、政治等环境的变迁能够对市场资本的活动和流动形成显著制约作用，但在本质上，市场资本追逐利润的行动与流动过程无疑遵循着市场经济的竞争规律。在全球化的背景下，激烈的地区间以及市场资本间的竞争在深刻影响着市场资本活动特征同时，必然也经由市场资本的活动过程影响到城市的发展和城市空间形态的演变进程。深圳和厦门自改革开放以来就积极参与到对市场资本的国际竞争中并因此促成了市场资本在城市经济增长中的显著主导地位同时，城市的发展，以及城市空间形态的演变也因此受到全球化背景下的市场资本及其内在的市场规律的深刻影响。

1. 市场资本流动中的产业结构升级与城市经济增长

对于经济性因素演变的分析表明，两个城市建立经济特区以来的城市经济经历了显著演变进程，包括城市经济总量的急剧增长与城市产业结构的显著变迁。实际上，对于设立经济特区之初就已经实施市场取向改革开放举措的两个城市，特别是深圳，以早期海外投资为代表的市场资本不仅在增长着的城市经济总量中发挥着显著的主导作用，对于城市的产业结构特征，以及相应的演变趋势也同样发挥着重要的影响作用。而处于开放环境中的以海外投资为主导的市场资本的这一推动作用，又直接与全球化进程中的产业结构升级，及其布局调整演变趋势有着密切的关系。与经济全球化进程密切相关的市场资本的流动在推动城市产业结构变迁的同时，也推动了城市经济的增长。

海外层面的全球化进程分析表明，1970 年代末期，经过早期的迅速工业化进程，香港等“四小龙”经历了早期劳动密集型产业的高度发展之后，生产成本已经迅速上升，开始向东南亚、非洲和南美洲等地进行资本转移（丁斗，2001）。正当此时，国内经济特区的开发建设为它们提供了新的选择空间。而其中深圳经济特区由于紧邻香港，以及血缘、语言等方面的优势，与香港迅速形成“前厂后店”的合作方式，促成了深圳 1980 年代初期低层次加工业的迅速发展；而厦门一方面由于对外交通不便，并特别缺乏如深圳与香港间般的特殊区位条件，一方面又由于建国后的长期发展已经形成的较为全面的工业经济基础，经济增长因此与深圳显著不同。同时，深圳由于紧邻已经在历史发展进程中成长为国际区域重要交通和贸易中心的香港，以及税收等方面的显著优势，在进出口转手贸易等方面也获得了显著的发展，并因此显著推动了第三产业的发展。由此，在初级加工工业和转手贸易的显著推动下，深圳城市经济总量急剧增长，1983 年超出厦门，1985 年又已经 2 倍有余于厦门。

经过了早期的迅速发展，深圳获得了初步的资本积累，同时在技术、人才、经验等方面也得到了较为明显的发展。此后，一方面主要以香港为代表的先发地区的经济继续高速发展带来的产业升级压力，一方面深圳经历了早期积累准备和相对稳定政策的示范作用，以及政府适时面向资本和技术密集型外来企业的显著优惠政策，促使大量资本和技术较高水平的制造企业开始迅速以“三资企业”形式向经济特区转移发展；此时，厦门在经过了 1980 年代初期的大规模基础设施建设后，对外交通条件已经明显改善，经济特区又适时扩大到全岛并实施了更为优惠的政策。自 1980 年代中期之后，包括西方国家和港澳台地区的外来投资在厦门得以迅速增长。同期，在中央支持以及向内地城市的权力下放，深圳和厦门又同时吸引了大量的内联企业投资，在海外和国内两方面的大量工业投资共同推动下，第二产业迅速发展，其内部的高层次产业也出现了明显的发展趋势。特别是深圳，不仅显著吸引了香港的工业资本转移并促使其相比其他“四小龙”地区的工业经济比重显著下降（世界银行报告；转引自：郭金龙，2000），还进一步吸引了香港的一些第三产业资本的转移。

从1980年代中后期，随着国内改革开放进程逐渐加快，深圳等经济特区相比这些后发地区在劳动力等方面的成本处于较为明显的劣势，市场资本开始从经济特区内外迁，特别是一些早期的劳动密集型企业，这也导致经济特区内工业区出现严重的空置现象(陈伟新，1997；谭维宁，1997)。但同时，电子类的高新技术企业得到了迅速发展，在1990年代中后期又支撑起经济特区的工业经济发展(陈伟新，吴晓莉，2002)；而劳动密集型资本在大规模外迁的同时，又有相当部分在经济特区外获得了新的利润空间，并因此显著推动了经济特区外的经济发展，同时也继续推动着深圳工业经济的发展。全市域不同层次的工业资本迅速扩张推动了深圳工业经济的继续显著增长；而香港高昂的成本又进一步推动着它的生产性服务业的再次分解和部分迁移(段杰、阎小培，2002)，包括交通运输、房地产、金融保险业等对在广东的投资比例不断上升，许多贸易公司的更多环节与部门也迁移到了深圳等地。同时，深圳企业的对外投资，以及经济高速发展的推动等诸多方面，也推动了第三产业向较高层次的显著发展。但由于香港国际区域性中心城市的地位依然坚定并拥有高端的第三产业功能和市场资本，以及国内层面内广州的传统经济中心功能在1990年代开始恢复并显著发展，都制约了深圳高端第三产业的发展。

在厦门，1980年代中后期吸引外资显著上升，特别是在台海两岸关系宽松，以及台湾放松金融和投资等管制后，吸引了大规模的台商投资，工业经济也开始明显向电子、化工、机械等重工业发展；同时，经过了早期发展和特殊政策吸引，以及大量外资引导，外资投入第三产业加快并推动了其在产业结构比重中的显著上升。但是，随着1990年代中期国内改革开放进程的加快，特别是珠江三角洲和长江三角洲的迅速区域经济发展吸引了大量的包括台商在内的市场资本，台海关系波动并趋于紧张导致厦门对台湾的地理优势迟迟无法转化为直接的交通优势，以及区域腹地和对国内外的交通限制等诸多不利因素①使厦门尽管拥有血缘、语言、地缘等方面的优势，仍然无法在吸引台商等外来资本方面显示出更为明显的优势，城市经济，以及产业结构的升级也较为明显地落后于深圳。

显然，深圳和厦门的城市经济增长，特别是产业结构的升级已经与全球化进程中的产业布局转移和国际资本流动建立起紧密关系，并因此受到其显著影响。

---

① 本书对厦门戴尔公司的访谈中，该公司列举了厦门在交通、规模、人才等诸多方面相对珠江三角洲和长江三角洲地区在吸引外资方面的显著落后特征。

亚洲"四小龙"等地区自1960年代以来大约每10年进行的工业结构升级趋势① 反映了全球化进程中市场资本国际流动的基本趋势，而两个经济特区城市，特别是深圳，由于特殊的综合优势，及时参与了这一经济全球化进程，也因此跟上了世界产业布局的调整趋势，显著推动了城市经济的增长。

2. 市场资本竞争下的城市空间形态演变趋势

一方面是改革开放以来市场资本在城市经济总量中的显著主导地位，一方面是自经济特区建立以来就采取市场主导的调节方式，更为重要的是自1980年代初期深圳和厦门就已经开始推行的土地使用收费②制度，既为地方政府提供了新的财政来源，又为以市场经济方式引导城市开发建设提供了可能。在日趋竞争激烈的环境下，市场资本不仅以推动经济增长和产业结构变迁的方式显著影响到城市空间形态的演变进程，还因为不同层面的市场竞争规律的方式显著影响着城市空间形态的演变进程。

首先，是对城市建设用地产出效率方面的影响，并因此影响到城市空间形态的扩张特征。对于迫切希望引进外来资本的国家和地区，市场资本显然占据了主动的地位(张庭伟，2002)。为了争取市场资本，尽可能低廉的成本成为地区间争夺市场资本的重要现实选择。其中，城市土地作为重要的资源因素，更是在调节成本以引导市场资本的进程中发挥了极为重要的作用。在经济增长和以效益为中心的指引下，深圳和厦门同样采取了积极的建设空间供给方式。在经济特区初建时期，由于历史原因仍然采用了免费供给土地的方式，但这一免费供给的方式很快得到了改变。1982年和1985年，深圳和厦门分别正式通过省人大审批以暂行规定的方式确定了土地使用收费，但这一措施最初更主要是为了解决日益增长的地方政府的财政压力③。直至1980年代后期和1990年代初期的土地使用制度改革之后，政府在生产性用地的提供上也主要是以协议的方式，并且为了在日益竞争激烈的国内改革开放进程中挽留先前进入的生产资本，以及吸引更多或更高阶段生产资本不断提供着极为优惠的土地。由此，在城市经济增长，特别是工业经济增长的同时，城市空间形态也因此在建设用地显著粗放的使用状态下迅速扩张演变，建成用地产出效率甚至在1980年代中期出现显著下

---

① 1960年代以劳动密集型为主，1970年代以资本密集型为主，1980年代以技术密集型为主，1990年代进一步转向高新技术产业。资料来源：《经济增长方式的国际比较》。

② 1981年深圳制定《深圳经济特区土地管理暂行规定》并于1982年开始实施；厦门1984年制定《厦门经济特区土地使用管理规定》并于1985年实施。主要资料来源：专家论案(网站)。

③ 主要希望通过适当的收费用于基础设施建设等政府的基本开发建设活动。见：《中国经济特区的建立与发展：深圳卷》和《重大决策幕后》。

降。直至1990年代中后期,随着高新技术等企业逐渐成为深圳工业经济中的支柱,以及第三产业高层次发展趋势明显,全市层面的地均产出才出现较大程度地上升,但1980—2000年间也仅上升1倍左右,也因此在经济增长的同时显著推动了城市规模的显著扩张,特别是经济特区外自1980年代后期以来仍然主要以低层次"三来一补"①加工业主导的工业经济增长对深圳城市空间形态的急剧扩张发挥了重要的推动作用。而自1990年代初中期以来,随着国内改革开放进程加快带来吸引市场资本竞争的进一步加剧,使得地方政府,特别是较低层次地方政府在以经济总量增长为核心目标的工作中更加缺乏了提高城市空间使用效率的动力与实力。

其次,市场经济规律日益在推动城市空间形态演变趋势中发展着显著的影响作用,特别是在功能空间的演变趋势方面。深圳早期经历了几乎完全按照城市总体规划的空间形态扩张进程。随着1980年代末期,特别是1990年代初期大量低档次加工工业向经济特区外迁移,大量空置的工业区出现了自发的功能演变,特别是在紧邻城市中心地区的工业区内的这一演变趋势更为显著②,并因此在1990年代后期在市场力量的推动下出现了规划从未预计的经济特区三大商圈之一的华强路商业街的形成;然而,随着高新技术的迅速发展,大量邻近城市中心地区的工业园区,以及一些新建高新技术园区又得到了进一步发展;同时,与规划城市中心区商务功能发展极为缓慢趋势形成明显差异,城市发展进程中始终处于中心城区地位的罗湖已经逐步形成了初具规模的金融办公聚集地区,并且更多的商务办公建筑在经济特区内的次中心地区,以及城市主要交通联系轴线的深南大道沿线展开;同时,自1990年代中后期,经济特区内出现了大规模的居住功能发展。经济特区内的城市用地功能显著向高级第三产业、高新技术产业、高端居住等功能转变,并且中心地区主要由金融和商务办公等功能占据;同时,在经济特区外部则分布着大量的低档次工业和一般居住空间。在厦门,在1980年代政府主导的经济特区和本岛市区边缘的大量居住功能空间,以及城市新市中心开发建设后,1990年代开始的市场推动作用也同样更为显著,金融等商务办公更多地占据了临海、临主要干道和城市的繁华地段,高档次的城市居住空间也同样在繁华地段和景观资源良好的地段聚集;而老城区中心

① 主要文献:《深圳2005拓展与整合》。

② 调查表明,以接近城市中心地区的上埗和八卦岭工业区的转变最为显著,上埗工业区到1997年改变功能的建筑物面积达到了近30%左右,其中近半数转向了商业功能。主要资料来源为:《上埗工业区和八卦岭工业区建筑物改变功能调查报告》。

地段,以及已经发展成熟地段的商业零售功能也得到了显著发展。显然,不同市场资本在谋求利润的过程中对于城市空间的选址有着各自不同的要求,竞争的过程使得市场经济规律在推动城市功能空间布局演变方面日益发挥出显著影响作用。

再次,在城市空间产出效率提高缓慢的同时,市场资本的发展和对利润的追求却又不断推动着城市建成空间开发强度的上升。深圳 1980 年代中期之前在罗湖的高强度开发,以及标志性国贸大厦的建设更多地体现了城市政府的推动作用①。但是早期深圳与香港合作建房的利益分成②,以及自 1980 年代初中期推出的土地使用收费,1987 年正式实施的土地使用制度改革等进程无疑不断促进了市场资本为获取利润而推动着商品楼宇承载空间的高强度开发,地方政府显然也由于能够在不断提高的城市开发强度中获得更大土地收益而并未表现出强烈的排斥反应,城市规划确定的开发强度因此不断被突破,甚至出现了部分地区用地开发尚未过半,规划容量已经超标的情况③。由此,在深圳,一方面,城市整体开发强度经历了持续上升趋势(表 3-6);一方面,城市开发强度分布与城市功能空间分布趋势紧密联系,从城市中心到城市边缘,从高经济产出的金融商务到居住再到第二产业,城市空间开发强度依区位和功能呈现递减趋势。在厦门,尽管城市整体开发强度的演变趋势与深圳存在显著差异,但在波动过程中仍然呈现出整体上升趋势(表 3-7);而城市开发强度的分布也证明了其与深圳相同的规律特征。

此外,市场资本的作用还体现在对城市居住空间分异的影响方面。深圳自 1980 年代初中期就已经开始推动住房的商品化进程④,后于 1980 年代末正式分别建立了分别面向海内外的商品房市场⑤,并于 1990 年代初中期建立了统一的商品房市场;厦门的这一进程相对较晚。正如此前研究所指出的,随着住房体制

---

① 经济特区设立之初,深圳在罗湖的开发建设中更多地学习香港经验,采取高密度高强度的开发方式,但在市委书记梁湘带队参观新加坡之后,要求采用新加坡经验,除了已经开发建设的地区,都要减少开发量,并大幅度增加城市绿化;而国贸大厦最初也主要是由深圳市政府倡议并推动,由当时积极在深圳投资设立办事机构的国内各省、部委等有关部门共同出资,按股份划分面积的方式建设的。主要资料来源:《重大决策幕后》。

② 在还没有实行土地使用收费时期,1981 年深圳通过提供土地,由香港开发商建房,然后双方根据一定比例各自拥有部分房屋处置权力。主要资料来源:《重大决策幕后》。

③ 譬如作为深圳市中心区附近的景田片区,在 1990 年代历经多次规划调整,重要的原因之一就是开发强度不断突破原有规划导致的多方面不协调。

④ 参见:1983 年实施的《深圳经济特区商品房产管理规定》,资料来源:专家论案(网站)。

⑤ 1988 年,深圳事实住房制度改革,在城市居民层面推行了住房制度改革,详见《深圳市规划国土房地产规范性文件汇编》中“深圳经济特区住房制度改革方案”。

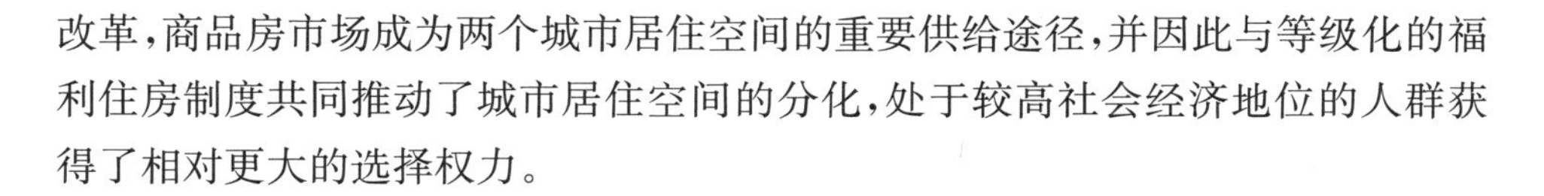
改革，商品房市场成为两个城市居住空间的重要供给途径，并因此与等级化的福利住房制度共同推动了城市居住空间的分化，处于较高社会经济地位的人群获得了相对更大的选择权力。

5.2.4　城市居民的主要作用

探讨改革开放以来城市空间形态演变进程中来自城市居民层面的主要影响作用，必须综合考虑城市发展进程中的城市居民一般作用、城市居民层面的显著变迁特征，以及深圳和厦门相比其他一般国内城市最为突出的差异特性，也就是城市人口具有高流动性，以及主要在外来人口的推动下形成的城市人口规模急剧扩张。对于城市居民层面的行动目的，本书认为其核心是对个人生活福利的改善，这也是国家实施改革开放政策的核心目的之一。随着市民层面的显著文化变迁，追求个人生活福利的改善不仅已经为人们所普遍接受，对于在此过程中逐渐表现出的显著差异化进程，也在个人福利普遍改善的社会背景下①，以及"允许一部分人先富起来"的思想指导下为人们所普遍接受，并反映到城市居民层面的主要影响中。

1. 追求个人福利的社会人群流动

作为社会生产中的必不可少资源要素，不同类型和规模的劳动力迁移与聚集对于地方经济的增长具有极为重要的意义，特别是对深圳和厦门这样主要由大规模国内迁移人群推动的规模急剧扩张城市。一方面，只有在可能获得更为显著的个人福利改善预期下，自发的大规模劳动力聚集才有可能出现，并因此可能满足市场资本对于更高利润，以及政府对于更快地方经济增长的资源供给需要；一方面，适应经济增长需要的不同劳动力规模及其变迁，不仅成为城市经济高速增长和产业结构变迁的必要条件，同时也是保持较高就业率并普遍改善社会个人福利以维持社会稳定的必要条件(陆学艺，2004)；而另一方面，改革开放以来，社会范畴显著扩大的个人追求发展和迁移自由的权利，在为社会个体提供更多通过空间流动以寻找更多个人福利改善机会的同时，也为他们通过"用脚投票(孙展，2004)"的方式发挥反向制约作用提供了可能。

改革开放之初，为了配合大规模外来投资并推动城市经济增长，深圳经济特区采取了"显著低于香港，略微高于内地"的经济特区工资指导政策②，在能够显

① 陆学艺(2002)认为这是中国能够在维护社会基本稳定基础上实现着显著社会演变的重要前提保障。

② 资料来源：《中国经济特区的建立与发展：深圳卷》。

著改善个人福利预期[①]，以及政府或经济组织[②]的双重推动下，大规模内地人群涌入，在显著推动城市经济增长的同时，也对城市综合功能的发展，特别是对包含居住在内日常生活必须功能的发展提出了迫切需要，推动了当时主要由政府，以及一些大型企业主导的居住功能空间的开发建设。这一时期经济特区劳动者规模总量的显著急剧规模扩张趋势（表 3 - 17）反映了地方经济发展对于劳动力资源的迫切需要，迁移而来人群也因此处于相对有利的社会地位。

自 1980 年代中期之后，国内出现了大规模的农村过剩人口向东南沿海经济开放地区流动的现象（田雪原，1997）。在大规模流动人口的冲击下，经济特区城市的劳动力规模迅速上升，低层次的劳动力资源紧缺状况也极大缓解并进入了买方市场；但是在另一方面，随着经济的迅速发展，深圳的工业经济发展已经开始向较高层次发展，第三产业中的金融、商务等高端行业也得到了迅速发展；同期，厦门同样处于第二产业的资本和技术密集型急剧发展时期，第三产业也正经历高层次发展阶段。由此，劳动力的需求发生着显著的结构性转变，具备较高文化水平和专业技能的“人才”成为经济快速发展和产业结构升级的迫切需要；与此相适应的是不同行业收入差距日益显著，需要较高专业知识和技术水平的行业收入迅速显著上升。在深圳和厦门，金融等行业的从业人员在全行业职工总量中的构成比重显著上升，收入水平也明显高于平均水平，而制造业的收入水平则相对下降，到 2001 年已经明显低于各自的全市平均水平[③][④]。而除了主要由市场资本决定的这些行业经济收入水平差距的日益拉大之外，在地方政府掌握

---

① 包括相当部分试图由此通向香港，或者在深圳寻找生存改善的相当部分外来人群，这也是深圳在经济特区建立初期迅速推进二线建设的一个重要原因。主要资料来源：《重大决策幕后》。

② 为支持经济特区建设，开发建设早期，政府部门组织了大规模的工程兵基建队伍集体赴深圳支持开发建设。

③ 在深圳，1990 年相比 1985 年的全行业职工总量构成中，工业比重由 35.5%上升到 55.0%，建筑业则从 11.6%下降到 6.8%；进入 1990 年代，连续统计口径中的金融保险业比重在 1995 年达到了 2.4%，2001 年则进一步上升到 3.2%，并且高度集中在经济特区内，1995 年集中在经济特区内的从业人员达到该行业总量的 97%以上。与职业结构变迁的同时，不同行业的工资水平也发生了显著的变化，1986 年深圳最高经济收入的金融保险业年均工资为全市 1.2 倍，工业为除农林牧渔业外的最低行业，为平均工资的 0.95 倍；到 1995 年已经分别变化为金融行业的 1.80 倍和制造业的 0.83 倍；到 2001 年继续变化为 2.08 倍（53 861 元/年）和 0.83 倍（21 558 元/年）与全市平均工资（25 941 元/年）；同时，国有经济部门，特别是基础设施和邮电等行业始终保持了明显的较高收入水平，电力等供应部门年均工资在 1995 年一度达到全社会最高，为平均工资的 1.83 倍。主要资料来源：相应年份的深圳统计年鉴相关数据整理。

④ 在厦门 1990 年全市（含同安）各行业职工总量中工业比重达到了 46.8%，而金融业为 1.3%；工业年均工资为全市平均的 0.99 倍，而金融保险业为 1.15 倍，最高的科研和综合技术服务行业为 1.17 倍。到 2001 年，制造业职工总量构成下降到 34.2%，年均工资（13 393 元/年）也下降到全市均值（16 678 元/年）的 0.80 倍，金融保险业职工总量比重下降，但年均工资（34 239 元/年）明显上升 2.05 倍。主要资料来源：相应年份的厦门统计年鉴相关数据整理。

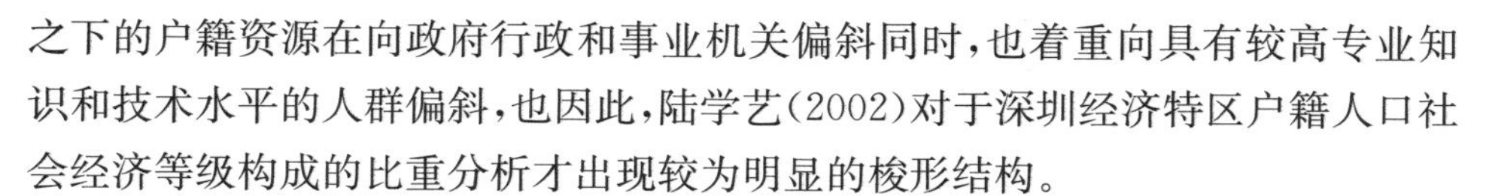

之下的户籍资源在向政府行政和事业机关偏斜同时，也着重向具有较高专业知识和技术水平的人群偏斜，也因此，陆学艺(2002)对于深圳经济特区户籍人口社会经济等级构成的比重分析才出现较为明显的梭形结构。

由此，随着社会经济等级的分化(陆学艺，2002)，不同类型的城市居民对于城市经济增长的“贡献”，以及由此产生的对城市事务的影响也发生了演变。但是，劳动力资源需求结构的显著演变历程却并没有在深圳或者厦门引发如同国内其他城市那样突出的“下岗、待业”等问题，本书的分析认为，一方面，根据相同年份深圳和厦门的统计数据表明，这与两个城市伴随产业结构变迁出现的不同经济行业职工数量构成比重的变化几乎都是建立在显著的增量基础上(只有深圳的农林牧渔水利行业到2001年出现了数千职业人员的数量减少)紧密相关；一方面，主要由国内不同地区外来移民推动的人口规模急剧增长的深圳和厦门在总体上仍处于第一代城市移民时期，在整体经济收入上升过程中，部分相对地位下降行业的主要从业人员实质上始终在身份上处于“暂住”或者“流动”状态。缺乏身份认同的它们因此在无法继续获得同样或更优个人福利的情况下，更容易向其他地区流动以寻找新机会。然而，作为个体的城市居民的自由流动一方面能够获得更多的机会以寻找能够不断提高个人福利的地区和城市，一方面又能够因为形成足够的集合趋势反作用于城市的经济增长与发展，实现“用脚投票”的目的。

2. 社会分化进程对城市空间形态演变的影响

1980年代的经济特区尽管已经开始推进住房的商品化进程，但在整体上仍然由政府或者大型企业开发建设面向本单位职工的住宅小区。自住房体制改革以来，一方面是在城市发展进程中的显著社会分化进程，一方面是城市住房的主要供给途径形成和发展，社会的分化不仅如本书指出的与城市居住空间的分异出现了显著的趋同过程，还不可避免地影响到了城市居住空间，以及城市功能空间形态的显著演变过程，又可以主要划分为城市空间的建设供给，以及城市居住空间环境的维护与提高两个方面。

首先，在城市空间的建设供给方面。对于城市居住空间供给主要途径的分析表明，住房制度改革后的住房供给主要包括3种途径，分别是城市政府主导下的各类福利性住房、完全市场化的商品住房、城市旧村中的自建房屋，此外还有少量由各级政府提供的包括安置房，以及企业单位提供的其他临时性房屋等。其中又以前两种类型占据着住房体制改革以来的主导地位，对其分析已经表明，与这两类途径相对应的是社会居民的身份特征和经济收入水平。其一，在通过身份特征获取住房方面，最优福利住房供给主要面向政府和事业等单位工作人员，其次还有具有户籍身份的城市居民家庭，此外少量接受特殊补贴的具有户籍的贫困廉居家庭。这其中，作为整体概念的政府和事业等单位工作人员在享有住房和决策建设方面具有一体性，决定了面向不同身份群体的福利性住房不仅在选址和建设方面获得了一定保证，在周边环境的维护和功能空间的扩张方面也都能够得到有效的监督管理。在深圳，1990 年代主要建设的较大规模安居房小区——益田村、彩田村、梅林一村都是这方面的典型代表，尽管建设初期都处于相对偏远和配套并不完备的地段，但随着深圳经济特区的开发建设进程，其在选址等方面的优势逐渐显现，为政府和事业单位工作人员提供了良好的居住生活环境(图 5－2)。其二，在商品房的供给途径方面，基于商品房价格的分布分析已经表明，由房屋价格决定的不同经济实力人群在占有优质自然、交通、社会环境的居住空间的差异性。尽管在对于商品住房的建设供给影响方面处于相对被动的方面，通过这一途径获取住房的城市居民同样可以因为购买选择的共同趋向显著影响到商品住房的建设趋势。其三，作为所谓“都市里的村庄”的城市居民，他们因为原住民的原因保留了自己在城市中的特有住房资源，对于深圳和厦门城市旧村的调查表明[1]，“村民”在开发建设住房方面实际上享有相当的权力，并且这种建设已经多次经过政府处罚变通获得了相应权利，特别是在深圳，并因此形成了所谓旧村的典型特殊物质形态。原村民不仅保留了自有的住房，

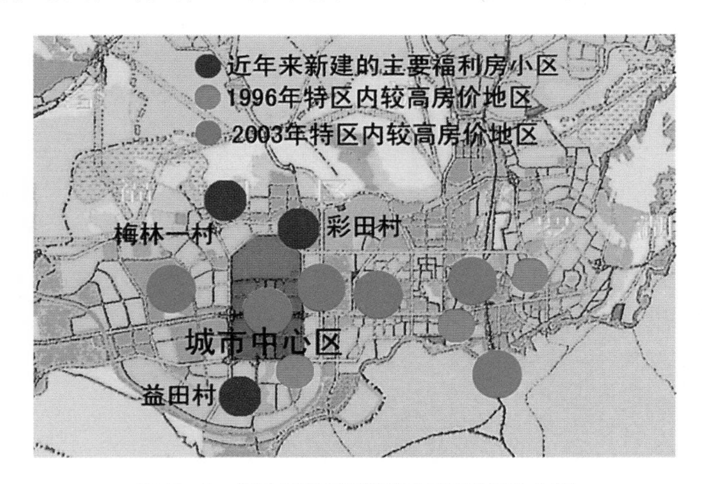

图 5－2　近年来深圳新建主要福利房小区

＊资料来源：深圳住宅局(网站)。

① 主要资料来源：《莲坂流动人口聚居地社会状况调查》《福田区农村城市化地域改造发展对策研究》《罗湖区原农村私人建房调查报告》。

相当一部分人群还因此事实上获得了资产经营的权利，并因此维持了闲居生活。同时，他们广泛的海内外亲缘、血缘，以及群体间密切复杂的宗族关系、祖宗基业历史传承的民俗"合法性"、历经建设发展积累形成的巨大财产规模，决定了他们的特殊房屋类型一定历史时期继续存在的必然性。而他们在发展进程中形成的特有居住环境特征也因此不仅影响到其自身，也同时成为社会关注的焦点之一①。总体上，作为"都市里的村庄"的所有者，由于其特殊性，他们影响作用的发挥主要集中在对自身居住空间的保护和维持方面，而其中的暂居者更由于突出的不稳定性和高度流动性，更难以发挥主动的影响作用。由此，主要通过前两种途径获得居住房屋的城市居民的需求增长，以及提高环境质量的要求全面影响着城市居住空间的建设进程，特别是良好生活空间环境的提供方面。在深圳，随着经济特区内可建设空间的迅速减少，较低社会经济等级人群的居住生活空间不断被压缩，特别是在 1990 年代末期之后。城市旧村的改造议题日益成为焦点，被认为是社会环境中的藏污纳垢中心，甚至是社会问题的根源；经济特区建设初期开发建设的临时安置区也开始被拆除②。在厦门，廉租房也由于"难以继续在本岛寻找合适空间""退出困难"和"财政投入过大"③等原因在 2003 年开始正式进入改革时期。

其次，除了在居住空间的建设空间领域，城市居民影响城市空间演变的作用还体现在居住空间和周边环境的维护与提高方面。一方面，随着住房商品化进程，居住房屋已经逐渐成为大多城市居民家庭最为重要的固化物质财富，因此在维护业主权利方面获得了根本动力；一方面；随着改革开放进程，城市居民在民主、法制、环境、自身权利等方面的意识都出现了极大的提高；一方面，国内的体制改革也正在信访、人大、投诉、诉讼等领域不同程度地推进发展；而包括网络等新技术的发展又为信息的沟通和传播，以及社会舆论的作用提供了特殊的便利途径。这一切都使个人，特别是个人间的联合发展影响作用提供了途径。近年来，无论在深圳还是厦门④，业主维权事件日益增长。显然，随着社会的发展，来自社会层面的影响作用将日益增大。

---

① 这些旧村由于居住混杂，并且普遍存在治安等综合治理方面的复杂局面，受到政府和专家的特别关注。

② 见南方日报：《又一村安置区拟 6 月拆除　万余人同时搬迁找房难》《黄木岗临时安置区 28 日全拆除》

③ 见厦门日报：《廉租房制度酝酿改革》。

④ 主要资料来源：厦门日报：《业主维权案批量涌出》、人民网(网站)："深圳—业主维权同盟"中相关内容。

第6章 成因机制的解释框架与研究展望

主要基于结构主义学派批判和理论新进展的基础上，本书指出，城市空间形态演变的成因机制解释，应当回应“结构化”(Giddens, 1993)的理论进展，并充分考虑那些经常被社会学家所忽视(Burns, 2000)的“非社会因素”；而所谓的城市空间形态演变成因机制，本书已经指出，其实质就是特定时空范畴内的人类复杂社会行动与互动，也就是城市发展进程中的那些主要能动者在结构性因素所提供的限制与条件中，出于各自目的的社会行动与互动过程所有意无意共同推动的社会系统结构化进程的体现。城市空间形态既是这一结构化进程的结果，同时又以结构性因素的方式参与到城市社会的结构化进程。并据此在相关理论进展的基础上提出两层次的成因机制解释研究的概念框架，分别是结构性因素和主要能动者两个研究层面。

在以上两个研究层次的概念框架及其经验研究基础上，本书将首先对深圳和厦门改革开放以来的城市空间形态演变成因机制进行综合假设解释。在此基础上本书将进一步讨论，以提出一个相对更具普遍意义，适应改革开放以来的那些经历了显著市场化和快速城市空间形态演变进程城市的成因机制解释框架。

6.1 深圳和厦门成因机制的假设解释

对于深圳和厦门的城市空间形态演变进程分析表明它们各自经历了不尽相同的发展历程。基于综合解释以及有利于总结比较的原因，本书分 3 个不同历史时期对深圳和厦门的城市空间形态演变成因机制提出以下综合解释假设。

6.1.1　经济特区建设初期

1980年代中期左右之前是深圳和厦门经济特区的初建时期。首先，动荡时期结束之后，中央决定工作重心向经济建设转移，迅速发展经济，以改变国家发展落后的局面，并迅速提高人民生活水平，为此开始酝酿实施改革开放政策并进行相应准备；此时，在全球化的进程中，接受国际劳动力密集型产业和资本转移的亚洲"四小龙"地区已经进入了经济发展的腾飞时期，也因此进入了生产成本迅速上升时期，并因此面临着产业结构的升级压力，已经开始了产业和资本的转移进程；此时，中国的东南沿海地区，特别是与香港接壤的深圳，由于地理以及历史渊源，直接感受着海外的快速经济发展和生活水平提高进程。边防地区的居民对于经济增长所带来生活水平提高的向往和自发行动冲击着当地的社会环境稳定；而地方政府既感受到城市居民个体层面自发行动的压力，同时也深切感受到海内外发展进程的显著差异。

出于推动经济增长以提高人民生活水平和维护社会稳定的共同需要，中央为激励地方经济发展，一方面开始逐步实施放权进程，一方面决定在国内的部分与海外有着密切历史和现实联系的局部地区实施经济特区政策，以加强与国外的经济联系、学习国外的成熟经验、探索推动经济增长和社会发展的新途径，为全国的改革开放进程积累经验和提供示范；为此，中央从1970年代末期到1980年代初期在确定4个经济特区的同时，逐渐推进了与经济特区改革开放进程相关的多方面政策，其中又由于深圳在接近香港方面的显著优势，提出首先重点建设好深圳。中央政府和主要领导人也因此给予了深圳更多的关注与支持，经济特区所在地的地方政府也因此获得了更为显著的推动城市发展进程的自主权限。

由此，在深圳，一方面是来自中央授权的向市场资本开放并实施市场调节，并提供了相比香港更为优惠的税收和其他方面的便利政策；一方面是与香港仅一河之隔，以及血缘和语言等多方面的便利条件。经济特区尚在酝酿时期就已经吸引了大量主要来自香港的劳动密集型产业和资本的转移；同时，随着国内的经济增长需要，又由于邻接香港这一国际区域性交通运输和贸易中心城市，以及特殊的优惠政策，深圳又迅速经历了转手贸易的快速发展时期。与此同时，改革开放先行的深圳也吸引了大量的来自国内的中央或地方相关部门的投资，以及追求个人福利改善的大量内地迁移劳动力。多方面的共同原因因此推动了深圳改革开放初期的急剧经济增长历程，迅速积累了城市物质财富并推动了城市规模的显著扩张，为城市空间形态的急剧扩张提供了必要和充分两方面条件。

由于城市初建制，以及一些具有政府背景的大型投资开发企业需要和民间自主开发建设的极大热情，在城市或上层政府的允许下，深圳早期的大规模城市空间开发建设呈现出不同能动者在不同空间区位的不同主导功能共同推动特征。深圳市政府主要直接管辖和负责了罗湖—上埗的地区开发建设，并为此依托与深圳连接的两个口岸迅速推动了城市开发建设进程，蛇口工业区等大型企业集团分别依据各自发展需要，根据城市区域和地域两个层面的环境特征选择并相应承担了蛇口、南油、华侨城等多个地区的开发建设。

同时，在市政府对未来发展的预期，以及上层政府参与支持下，深圳市根据城市地域的港口和地形等自然环境特征，划定了世界上最大的经济特区，并且为维护经济特区的秩序和与香港边防的压力，建设了二线严格分隔经济特区内外，此外又积极推进了与香港交通连接的口岸改造建设；同样基于对未来的发展预期，以及当时国内层面仍坚持的严格控制城市规模的政策和西方工业化以来的功能分区等城市规划理论影响，深圳市根据经济特区内的地域环境特征制订了带型组团的整体城市空间布局规划。由于经济特区建设初期的开发建设仍主要由政府或者不同开发地区享有政府管辖权限的主要能动者直接实施或主导参与推动，经济特区内部的开发建设得以在巨大建成空间需求的情况下，根据所制订的城市规划率先在罗湖—上埗、蛇口等地区急剧展开，包括工业仓储等生产功能，更包括由国内政府部门的办事机构和外贸机构推动的公共服务功能空间的迅速发展，而大量各方面从业人员的涌入又推动了政府和大型企业为配套需要推动的居住功能空间的迅速建设发展。

在厦门，尽管有着海外华侨的依托，但是相比深圳既缺乏可以直接依托的先行城市，又在对外交通等基础设施条件方面十分不便，因此尽管经济特区政策使其相对国内其他地区和城市获得了先行的政策优势，仍在早期的城市发展进程趋势中较为明显地滞后于深圳。同时，由于厦门建制完善，城市政府的权威地位突出，因此仍然由城市政府主导了早期经济特区和城市的经济增长与开发建设进程。主要包括，在积极推动 2.5 平方公里的湖里经济特区的启动区基础设施开发建设同时，主要由城市政府以向国外政府和机构借贷的形式大力引进外来资本进行本岛的基础设施建设，以改善对外交通；由城市政府主导推动了国有企业与海外和国外发达国家和地区的资本或者技术合作，并因此推进了传统国有企业的技术升级换代；同时，由于长期抑制城市的发展建设进程，老城区已经十分拥挤和破旧，城市政府因此又迅速主导推进了市区新居住小区的开发建设以迅速改善城市居民长期以来的低劣居住条件与环境。

此外,由于与深圳相同的政策及规划理论背景原因,自改革开放初期就已经开始进行编制的总体规划采用了本岛主导的岛内外多组团空间形态模式;又由于岛内水源和能源的限制,城市政府又提出了高能耗企业向岛外发展并逐渐搬迁岛内不适当企业的决策。由此,这一时期的厦门城市开发建设一方面集中在岛内并以居住功能空间的显著扩张为主要特征,一方面由于大型对外交通基础设施的建设呈现出岛内分散开发建设的趋势特征。

6.1.2 城市快速发展时期

1980年代中期直至1990年代初中期是深圳和厦门城市发展和城市空间形态扩张的快速发展时期。一方面,经历了经济特区初建和改革开放政策的初步探索时期之后,尽管仍存在显著争议,中央高层继续坚持并逐步推进了中国的改革开放进程,并在分权和提供优惠政策方面大力支持了经济特区的开发建设;一方面,在国民经济的周期增长进程,以及对经济特区包括经济增长原因等方面的激烈争论促使了中央的直接干预,并因此明确提出经济特区城市的经济应当转为"外向型"。

在深圳,一方面是香港等亚洲"四小龙"地区和国家的劳动密集型产业已经大多实现了转移,而经济的持续高速增长仍在迅速推动着土地和劳动力成本上升,以及由此产生的逐渐向高端产业发展的外迁转移趋势;一方面经济特区又在发展外向型经济的指导下面向相对较高资本和技术密集型企业提出了相比香港更为优惠的税收等方面政策。在经历了早期的发展建设之后,深圳在建设环境、劳动力素质和人才等方面都已经形成了初步积累,多方面的原因,特别是低廉的成本由此继续吸引了香港等地的正经历外迁的较高层次制造业;但同时,随着经济特区经济的迅速增长,相对完善的保障和福利政策的逐渐推行,以及土地使用收费制度的全面推行和政府的主动干预,经济特区内部的劳动力和土地成本开始明显上升,而国内沿海等地区逐渐扩大的改革开放政策也提供了新的吸引力并相比深圳更具比较成本优势,早期经济特区内的低层次劳动力密集型企业逐渐开始出现了外迁趋势。

此时,由于早期的迅速开发建设,经济特区内的城市建成空间已经出现了迅速扩张,特别是罗湖—上埗由城市政府直接管辖地区的可开发建设用地资源开始迅速减少。为此,城市政府在上层政府的支持下逐渐推进了行政区划调整并推出相应政策。在经济特区内部,通过区划调整和权力回收,加强了城市政府范畴内的经济特区管辖权限；在经济特区外部，撤县建区，并对外资实施经济特区政策，既延伸了城市政府的管辖，同时又为继续将外迁的劳动密集型企业吸纳在深圳市域范围内并因此进一步推动城市经济总量的增长提供了可能。为吸引这部分外迁产业，以及推动经济特区外迅速经济增长的共同需要，使得实施行政区划调整后的城市政府依然向经济特区外的两区政府，并由此延伸到镇、村等层次的权力下放，使得它们继续保有着推动地方经济增长所需的较大自主权限和动力。同时，随着深圳城市经济的迅速增长和城市空间扩张，以及区域改革开放进程推进的与香港地区的联系加强，区域间联系的对外交通设施得以迅速建设改善，主要包括连接珠江三角洲并穿越深圳的广州到香港的高速公路建设推进并在 1990 年代初建成通车，使得香港产业向珠江三角洲纵深地区的迁移更为便利；此外则是深圳机场 1990 年代初建设通航，显著扩大了深圳在国内外层面上的出行便利程度等。

在城市居民层面，经历了改革开放以来的迅速经济增长，原住民生活水平显著改善，城市政府在推进城市建设进程中为它们保留适当生产和生活用地并因此为它们的继续聚集和推动个人经济收入水平的不断提高提供了可能；同时，高速增长的城市经济，以及产业结构的升级，使得较高专业知识和技术的劳动力成为地方经济的迫切需要，而这一阶段早期，全国层面出现的主要由农民工为追求更高个人福利而形成的大规模自由迁移（田学原，1997）则为沿海开放地区，特别是东南沿海地区提供了充足的一般素质劳动力，不同素质和行业的劳动力经济收入水平此时也开始逐渐拉开。为进一步吸引更高素质人才以促进城市经济向更高水平发展，地方政府围绕着吸引人才陆续推出了相关政策，特别是由于城市规模限制而受到严格控制并与城市福利紧密联系在一起的户籍政策也因此同时成为吸引高级人才的政府重要资源，城市居民由此进入了分层趋势显化的发展阶段。

由此，这一时期的城市空间形态，一方面是整体层面上在经济特区内外的显著扩张趋势；一方面则是经济特区内外的显著差异。在经济特区内部，整体城市空间形态迅速扩张，同时工业仓储等生产类功能空间在“外向型”三资工业早期发展推动下迅速结构增长；而经济特区外围，逐渐外迁的大量劳动密集型企业迅速推动了以工业仓储为主的生产类功能空间主导的整体城市空间形态扩张趋势，而正值此时的区域交通条件改善则发挥了显著的调节作用，推动了城市整体空间形态向连接东莞、广州的方向显著转移。

在厦门，经历了早期城市政府主导的大规模对外交通为主的基础设施建设之后，本岛空、海对外交通条件早在1980年代初期就得到了显著的改善。进入1980年代中后期，中央又在地方政府的要求下将经济特区范围扩张到本岛（含鼓浪屿）范围，为厦门经济特区的外向型经济迅速进入新的快速发展进程提供了准备。这一时期，两岸关系逐渐改善，特别是1987年台湾放松金融管制，以及因此引发的对“三通”的预期，迅速推动了台湾产业和资本为主导的海外资本向厦门等地的转移，厦门城市经济增长和城市空间形态扩张因此获得了相比此前更为显著的动力。

适应新的发展需要，厦门市政府推动了本岛内外的行政区划调整并取消了郊区，同时根据未来发展预期和城市地域自然环境特征，以及中央依然坚持的城市规模调控指导思想，制定了覆盖本岛内外的“众星拱月”整体空间形态规划格局和逐渐滚动开发建设的发展策略。但是相比本岛对于经济发展的聚集能力，岛外早期发展缓慢，而地方政府在改善岛内外交通条件和基础设施改善方面的行动缓慢则进一步阻碍了岛外的开发建设进程。此时的城市空间形态演变因此主要表现为集中在本岛西部地区的急剧扩张过程，并且由于岛内优良的自然环境条件，以及能源限制和政府调控，岛内居住功能迅速聚集发展，金融和商务等公共服务功能也因此得以快速发展。但是两岸关系发展整体上的迟滞，以及厦门相比其他经济发展地区并不便捷的交通条件使得厦门始终在吸引国内外资本方面明显落后于深圳。

在城市居民层面，厦门的区域空间吸引力显著增强，这一时期的快速经济增长也同时吸引了大量的外来人员，并且因为主要岗位在岛内的聚集而大量涌入本岛，又进一步推动了城市规模的显著增长。由于与深圳相似的对于不同素质劳动力的需求情况，居民经济收入水平，以及政府管理下的户籍等福利措施也共同推动了此时的城市居民分化。

6.1.3　城市转型整合时期

1990年代初中期，在经历了1980年代末期之后的改革开放进程缓慢和经济增长调整之后，中央在1992年开始再次大力推动国内层面的改革开放和经济增长进程。国内在进入快速经济增长和改革开放进程同时，改革开放的基本空间格局也发展了显著演变。此时，深圳和厦门等经济特区由于已经显著增长的城市经济，以及改革开放早期特殊地位的事实上演变，此前享有的各项优惠政策逐渐被取消，并因此在政策层面上逐渐与国内其他地区出现同化进程；而显著推进的国内改革开放进程又使早期的经济特区城市面临着更为激烈的市场资本竞争过程。

在深圳，经济特区内的显著成本上升，以及地方政府主动推动的产业结构升级，使得早期的劳动密集型企业基本完成大规模外迁，并一度在1990年代初期使得深圳面临着产业空心化的威胁；但同时，城市政府的适时整合和放权措施又为劳动密集型产业和资本在经济特区外的扩散发展提供了可能；而这一时期的珠江三角洲已经出现了显著的区域经济联动发展趋势，特别是深圳到广州交通走廊间的制造工业经济迅速发展，形成了显著的聚集效应，吸引了相应劳动力素质人群的高度聚集，并由此带来了充足的低成本相应劳动力资源的聚集，这一互动过程在推动区域经济增长的同时也推动了经济特区外的低层次规模经济增长，为城市经济规模的增长提供了显著贡献。在经济特区内部，尽管一度出现了产业外迁带来的空心化，但是早期发展已经形成了经济特区相对突出的资本、技术和人才优势；而区域经济的聚集增长，以及经济特区内部生活环境、体制环境、政府倾斜等方面则为区域人才聚集提供了可能；同时则是经济特区相对香港依然显著的成本优势，其在不断继续吸引香港的包括对外运输、贸易和金融在内的高端第三产业的部分部门和资本的继续迁移外，也为城市在前期产业发展基础上的高新技术制造业的继续发展提供了可能，并因此推动了高新技术研发部门在经济特区内部的聚集。

体现在城市空间形态层面上，经济特区功能开始向高端第三产业、高新技术生产功能发展，相应的则是居住功能空间相对市域层面的高水平发展趋势，并因此与产业布局调整进程共同推动了经济特区内外的城市居民空间分布方面的分化趋势进程。同时，随着市场资本的迅速发展和地位上升，城市空间形态的演变也不再"完全按照城市规划"进程，而更多顺应市场资本的"市场经济规律"要求，包括在传统城市中心地区的罗湖和主要干道沿线的金融和商务办公功能的聚集与分散；以及大量商业商务和居住功能空间对位于城市中心地段的工业仓储功能空间的侵入与替代，而网络技术的发展无疑为这种发展模式提供了技术保障。因此，城市政府虽然大力推进并主导了规划城市中心城区的建设发展，却迟迟无法显著带动中心城区市场化的高端商务功能发展；在居住功能空间层面，则是较高社会经济等级人群处于优先选择地位，并因此推动了顺应社会分化趋势的城市居住功能空间的分化趋势：大量社会经济等级较低人群在产业布局迁移和居住空间供给的共同推动下向经济特区外转移，而经济特区内更多地聚集了较高经济等级的人群。在经济特区外部，随着政府主导的大规模高速公路建设，深圳对外交通条件迅速改善同时，城市地域内部的交通联系条件也发生了显著变化，也因此影响了城市整体空间形态模式向网络化趋势的发展；而大量处于“流动”状态的较低社会经济等级人群的居住环境则明显差于经济特区内部。

在厦门，随着改革开放进程，以及岛外对台商实施经济特区政策和行政区划调整，工业经济获得了迅速发展，推动了岛外的开发建设；岛内的高新技术制造业和高层次第三产业也继续不断发展，岛内外的产业布局和城市居民的社会经济等级也出现了较为明显的分化趋势。在对岛外的交通联系迟迟未能进一步改善，以及东部地区的优良自然环境条件和市场经济的自发聚集要求下，城市政府开始大力推动本岛交通基础设施的改善，城市整体空间形态因此迅速向本岛东部地区扩张，并且居住功能空间的扩张更为显著；在岛外，这一时期出现的大规

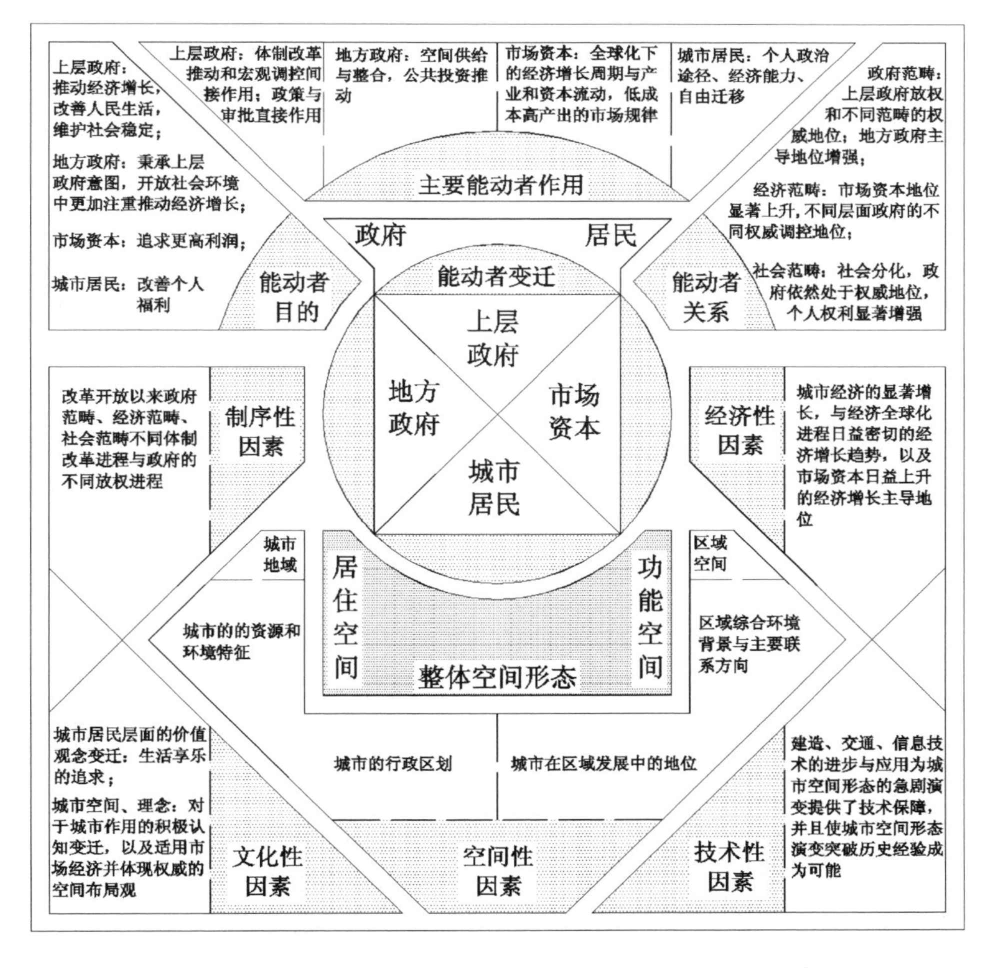

图6-1　改革开放以来中国城市空间形态演变的成因机制解释框架

模工业园区的开发建设迅速推动了岛外工业仓储性功能空间的急剧扩张；同时，大量城市居民，特别是在身份或经济收入水平较高的城市居民仍然大量聚集在岛内，而政府和市场共同作用下推动了较低社会经济等级人群向岛外迁移。

6.2 成因机制的解释框架探讨

基于对深圳和厦门的经验研究发现，与这两个共同作为改革开放窗口和试验田的经济特区城市的显著城市空间形态演变相伴随的，是它们成因机制层面的显著变迁特征。因此，一方面，正如结构主义学派的后期发展所指出的，对于任何城市空间形态演变的成因机制解释都必须深入到特定的时空范畴中去，并且不仅需要关注那些主要能动者的社会关系与社会过程，还必须深入到对特定城市的结构性因素讨论中，因为作为人类社会系统的必需资源和限制条件，这些以前被忽视的“非社会性因素”实质对于任何社会结构的形成和发展都具有不可忽视的影响作用；而另一方面，社会的发展进程，特别是改革开放以来的中国社会发展进程，已经反映出显著的演变趋势特征，不仅包括主要能动者的变迁，更包括主要能动者间关系的显著变迁进程。因此，正如结构化理论否定超结构或者规律存在的同时所指出的，人类社会之于自然界的显著区别就在于人们开始描述或者解释世界的时候，以及他们的社会行动与互动总是有意无意地推动着社会的变迁进程(Giddens, 1993)，而这也正是城市政体理论的重要基础所在。也正因为如此，对于成因机制的解释关键并不在于揭示一个普适性的“客观”社会结构，而是需要深入到特定时空范畴中去具体观察与解释。

也正是基于以上认知，本书始终坚持“解释框架”的概念，而不是一个能够直接套用到其他城市空间形态演变成因机制的具体解释。而这样的一个解释框架，则为具体的解释研究提供了一致性的平台或者解说逻辑，使得针对不同城市的解释具有了共同的比较和讨论基础。为此，对应于两层次成因机制解释研究的概念框架，并主要基于深圳和厦门的经验基础进行讨论和建构成因机制的解释框架。

6.2.1 结构性因素层面的共同趋势

结构性因素包括五个方面，分别是制序性因素、经济性因素、文化性因素、技术性因素、空间性因素。它们从不同范畴和层面为城市人类社会系统提供限制和条件。在改革开放和显著市场化的进程中，与城市空间形态显著演变进程相伴随的，是它们各自的显著变迁趋势，其中的共同趋势特征包括：

其一，在制序性因素方面。尽管包括不同约束力和层面的社会制序，但在更具普遍意义层面上的制序性因素显然是那些依靠国家强制力保障的不同范畴的国家体制。分析表明，改革开放以来的制序性因素经历了显著的变迁历程，尽管这一变迁趋势在不同国家体制范畴的进程显著差异，但是仍然包含三个层面的确定性趋势：其一，在政府范畴内经历了显著的上层政府放权进程，不同层次的地方政府因此不同程度地获得了一定的自主管理权限。但同时，上层政府依然保持了对地方政府的最终和直接管理权限，特别是人事任免权限，由此决定了对于国内城市空间形态演变的解释研究中纳入不同层面政府分析的必要性；其二，在经济范畴内，特别自1992年确定建立社会主义市场经济以来，国内的市场化进程显著加速，市场资本由此取得了合法地位，并在发展进程中不断壮大，特别是在全球化进程中的市场资本的更具流动性为它们在经济范畴赢得了日益主动的地位。而对于国际层面的全球化进程分析也表明，至少在西方发达国家仍然占据主流地位的前提下，这种“自由主义”的流动实质上是得到强权保障的；其三，在社会范畴上，显著的趋势特征体现在个人“自由”空间的显著发展，既包括个人的自由流动，也包括表达个人不同主张的权利自由，而从中央层面逐渐推动的包括文化、政治等范畴的体制变革也正在不断地推动着个人层面上的社会权利，并因此可能逐渐更为有力地对于地方政府形成不同层面的制约。

其二，在经济性因素方面。随着国内参与经济全球化进程的不断发展，国内城市经济的阶段增长(结构升级)与增长周期已经不仅与国内的宏观经济趋势有关，更与经济全球化进程建立起更为密切的关系。与此同时的则是市场资本在经济发展进程中的主导作用越发突出，资本流动也已经不再仅仅是国外或者海外资本的专利，从1980年代后期深圳企业资本向内地流动开始，更多的资本已经开始在流动中寻找更为丰厚的报酬，政府，特别是地方政府只能通过提供更为优惠的条件，而难以直接干预了。

其三，在文化性因素方面。一方面是西方主流文化的长驱直入和一时占据主流趋势，并因此促使不同社会文化形态的分化与相互容忍与融合，以及对个人发展权利和现实个人物质与精神享乐主义的盛行；而另一方面，则是既适应市场经济需要，又体现主流权威文化特征的融合城市空间形态观念特征；以及对于城市对于社会发展作用的积极认知反应。

其四，在技术性因素方面。国内城市空间形态演变已经更快地跟上了人类社会的新技术进步与应用趋势，并因此既为城市空间形态的急剧演变趋势提供了保障，又为其突破历史经验的限制提供了可能。尽管包括 Internet 技术在内的最新技术发展影响还未能体现到主流的城市空间形态观念层面，但却已经开始影响到城市空间形态演变的实际进程，包括传统 CBD 的解体和生产企业的分散。

其五，在空间性因素方面。随着城市发展与不同层面的区域关系日益密切，区域发展背景和主要联系方向，以及城市的区域地位已经越来越显著地影响到城市发展以及城市空间形态的变迁进程；而城市地域层面包括港口、地形地貌、生态景观等特殊资源要素，以及城市的行政区划同样对于城市的发展和城市空间形态演变具有重要的影响作用。

6.2.2 主要能动者层面的共同趋势

首先，在主要能动者及其关系层面。在改革开放进程中，正在经历着从政府占据绝对主导地位的“政府—居民”二元典型结构到“上层政府、地方政府、市场资本、城市居民”的复杂构成与关系的变迁趋势。整体上，尽管经历了显著的放权进程，上层政府依然保留了不同范畴的最终管辖权限，特别是对地方政府的直接管辖和主要领导的实质任免权限，并因此形成了国内改革开放以来的“权威主义发展模式(赵一红，2004)”，而地方政府则更多地承担起地方事务的管辖权限；随着市场经济的迅速发展，市场资本已经逐渐但又迅速地在地方经济增长中占据了主导地位，而政府的直接管辖权限也正在逐渐归还于经济范畴，但政府范畴，特别是中央政府主导下的包括各种制序变迁和宏观调控，甚至特殊情况下的直接管辖仍然在整体上影响着城市经济的变迁进程；而城市居民层面一方面出现了显著的分化趋势并形成了不同社会经济等级的社会阶层特征，一方面政府依然处于突出的权威主导地位，一方面城市居民随着个人自由权利的显著扩大，不仅可以通过更多途径表达自己的主张并形成集体声音以致影响不同范畴的决策行动，还可以在更为自由的迁移中实现“用脚投票”。

其次，在主要能动者社会行动的目的层面。以中央政府为主导的上层政府主要以推动经济增长和改善人民生活，以及维护社会稳定为目的；地方政府在整体上秉承上层政府意图，并因此在日益开放的社会环境下，由于对上负责的原因更加关注总体的经济增长趋势；而市场资本和城市居民则无疑分别以谋求更多利润和改善个人福利为主要目的。

再次，在主要能动者的作用层面。以中央政府为主导的上层政府主要通过推动体制改革和实施宏观调控的间接方式，以及特定政策和行政审批的直接方式影响着地方的发展和城市的演变，并在实际发展中更多地承担起维护居民权利和社会稳定的责任；地方政府则主要以空间供给与调控整合，以及公共投资为手段；市场资本则在开放和日益自由流动的环境中不断要求低成本高产生的符合“市场规律”的空间供给，并在全球化的经济增长规律和产业与资本转移趋势中，以竞争的方式推动了城市建成空间的扩张和空间形态的演变；而城市居民在当前的社会环境中则主要以个人的方式通过制序途径、经济能力或者自由迁移等方式发挥影响作用。

6.3　研究的反思与展望

本书从开始就已经申明，尽管主要基于结构主义学派的批判与发展并因此秉承了实用主义的研究哲学基础，仍然希望能够避免结构主义学派所固有的批判主义倾向，并努力站在“客观”立场上来建构这样一个基本解释框架或研究平台。但作为本书的结束，笔者仍愿意以适当的反思与展望为结束语。

6.3.1　关于本书的反思

1. 关于城市人口与居住空间分异的反思

研究表明，无论深圳和厦门，还是更多其他处于显著市场化和快速城市空间形态演变进程中的国内城市，城市人口和居住空间实质上都已经出现了显著的分异过程。相当规模，甚至是大多数的所谓流动人口或者暂住人口长时间居住并工作于城市之中，然而他们中的大多数显然无法因此成为这个城市中的居民，不仅因为无法逾越户籍等障碍并获得城市居民的福利，也因为他们显著低廉的收入及其因此无法在市场中获得正常的城市居住空间。实质上，即使是具有正式城市户籍身份的那些人群中的贫困户也正在由于“政府难以承担的财政压力”在居住空间上被逐渐边缘化了。

早期的深圳开发建设，不仅容忍了原村民的自发建房，更为外来务工者提供了经济特区内的临时“安置区”。然而，到 1990 年代末期，首先是包括学界在内的对“都市里的村庄”的声讨——因为所谓的它们几乎是城市藏污纳垢和不劳而获的代名词，似乎从形式上消灭它们就能够达到铲除那些社会问题的根源；到

2003 年更是听到为了城市的绿化带建设拆除临时“安置区”①的新举动。本书更愿意将这些“新运动”看作是城市居住空间形态变迁的新趋势。然而问题的关键是,如果有这样数量规模的为城市发展提供了贡献却无法获得哪怕最普通的一个居住场所的人群,城市发展的成就究竟是建立在怎样的基础上的确就有必要进行反思和深入研究了。

无疑,在日益开放的社会环境中,这些人群可以通过不断的流动过程实施“用脚投票”的权利,正如目前某些城市所面临的“工荒”那样,并因此可能逐渐改善它们的生存环境;又或者他们最终返回农村。但是对于前者,无疑存在这样一个问题,谁又将是最后一个城市?又或者说谁来最终解决这些人群的居住空间和生活质量问题?而对于后者,问题则是城市化的本质是什么?以及现在的城市化进程的实质意义是什么?

由此,本书认同陆学艺(2002)的以下观点:“迄今为止,国家主要关注的是经济的增长,是人均国内生产总值翻两番,再翻两番,达到 3 000 美元的中等收入国家水平;并且以为只要经济发展了,蛋糕做大了,人民富裕了,社会结构就会得到稳定,国家就能实现长治久安。因此,若干年来,我们制定了这样那样的推动市场经济迅速而稳定地增长的经济政策,却没有注意制定相应的适于培育现代社会阶层结构的社会政策。”

2. 关于知识精英作用的反思

关于知识精英在社会发展中的作用也是近年来讨论的一个热点问题,甚至有研究将其纳入社会范畴的重要能动者进行考察。对于曾经被称为“知识分子”的这一社会阶层,称谓的变化实质上反映了社会范畴普遍层面上对于这一阶层的整体社会地位和作用变动的认知或认可。实质上,本书也曾经在相当长的一段时间内希望将其纳入解释框架。但是为此总是面临一个不可避免的逻辑难题,知识分子如果作为主要能动者,作为完整的利益群体,他们的利益或者社会行动的目的是什么?是超越社会的人文关怀和指点江山,还是通过谋取更高社会经济地位以改善个人福利。如果是前者,显然难免陷入早期结构主义学派曾遇到的相似问题,也就是认为“超”社会的人群存在,这当然未必不是这一阶层中相当部分人群的强烈社会关怀理念和动机所在,但这更存在于道德的范畴而不在理性范围;同时对于价值判断层面是否存在着“超”社会的专家早已为包括研

---

① 参阅:《南方日报》2004 年 4 月 15 日的《又一村安置区拟 6 月拆除　万余人同时搬迁找房难》、2004 年 5 月 21 日的《黄木岗临时安置区 28 日全拆除》。

究者在内的人们所普遍质疑(Taylor，1998)，而片面地突出这一群体却忽略其他不同社会群体同样可能存在的社会责任感不仅与社会事实不符，也难免自大嫌疑，并同样不符合科学的精神和原则。因此，本书不将其作为单独存在的主要能动者，尽管也并不怀疑这一人群的人文关怀精神和特殊影响作用。而同样需要指出的是，这一人群对于他们所研究的问题从来没有完全一致的声音，问题的关键是让哪些人的声音更为方便地传播，以及倾听哪些人的声音。

由此，所谓的知识精英作用固然与他们的道德和价值观念有关，更与针对性的社会制序有关，而与作为群体的知识精英没有本质上的联系。

6.3.2　未来研究的展望

城市空间形态演变的成因机制历来是一个复杂和热点的研究领域，特别是对于改革开放进程中的中国显著城市空间形态演变历程。本书确定在这一领域进行研究并希望有所贡献更多地是出于勇气，而不是对自身专业水准的膨胀认识。实际上，如果本书能够达到描述了深圳和厦门改革开放以来的城市空间形态主要演变特征，或者更进一步能够对其成因解释有所贡献，就足以令笔者基本满意了。因为在这样的一个框架中，如果以逻辑实证主义哲学的主张看来，其中还有太多的未确定因素，以及未经证实或者证伪的解释结果。

就本书的目的而言，未来的研究不仅需要更多的城市经验以丰富和完善本书所谓的解释框架，对于深圳和厦门的案例，在包括文化等结构因素和社会变迁等方面也需要更为深入的研究。

参考文献

中文文献

[1] 艾斐. 关于民族化与全球化：文化的一个时代命题[N/OL]. 人民日报，2002-07-07(8). http://www.chinesefolklore.com/9/mslt.files/09052.htm.

[2] 薄贵利. 中国行政体制改革的最新进展及趋势[J/OL]. 新视野，2003(4). 学人文库(网站)，http://cpac.zsu.edu.cn/xuerenwenku/detail.asp?id=中国行政体制改革的最新进展及趋势.

[3] 蔡禾，主编；张应祥，副主编. 城市社会学：理论与视野[M]. 广州：中山大学出版社，2003.

[4] 柴彦威，刘志林，李峥嵘，等. 中国城市的时空间结构[M]. 北京：北京大学出版社，2002.

[5] 常立之. 孤独的蛇口：关于一个改革"试管"的分析报告[J/OL]. 凤凰周刊，2002(22). http://www.phoenixtv.com.cn/home/phoenixweekly/83/12gu.html.

[6] 陈秉钊. 现代城市规划理论(城市规划系研究生授课笔记)[Z]. 同济大学：1997.

[7] 陈前虎. 浙江小城镇工业用地形态结构演化研究[J]. 城市规划汇刊，2000(6)：48-49.

[8] 陈胜利. 全球化与中国先进文化的两个基本取向[N/OL]. 中国文化报，2001-11-03(3). http://www.guxiang.com/others/others/xinwen/200111/200111100018.htm.

[9] 陈伟新. 深圳工业区持续发展与规划的几点思考：以罗湖上埗的部分工业区为例[G]. 见：深圳市城市规划设计研究院论文集，1998.

[10] 陈伟新，吴晓莉. 高新技术产业的空间选择与规划：以深圳为例[J]. 城市规划，2002(4)：80-83.

[11] 陈泳. 古代苏州城市形态演化研究[J]. 城市规划汇刊，2002(5)：55-60.

[12] 陈有川. 大城市规模急剧扩张的原因分析与对策研究[J]. 城市规划，2003(4)：33-36.

[13] 陈友华，赵民. 城市规划概论[M]. 上海：上海科学技术文献出版社，2000.

[14] 陈佑启，周建明. 城市边缘区土地利用的演变过程与空间布局模式[J]. 国外城市规划，

1998(1)：10－16.
[15] 陈宗胜.发展经济学：从贫困走向富裕[M].上海：复旦大学出版社，2000.
[16] 邓小平.邓小平文选(第三卷)[M].北京：人民出版社，1993.
[17] 邓小平.邓小平文选(第二卷)[M].北京：人民出版社，1994.
[18] 丁斗.东亚地区的次区域经济合作[M].北京：北京大学出版社，2001.
[19] 董鉴泓.中国城市建设史[M].2版.北京：中国建筑工业出版社，1989.
[20] 杜导正，廖盖隆.重大决策幕后[M].海口：南海出版社，1998.
[21] 段汉明.城市学基础[M].西安：陕西科学技术出版社，2000.
[22] 段杰，阎小培.粤港生产性服务业合作发展研究[M]//陈广汉，郑宇硕，周运源.区域经济整合：模式、策略与可持续发展.广州：中山大学出版社，2002.
[23] 段进.城市空间发展论[M].南京：江苏科学技术出版社，1999.
[24] 段进，季松，王海宁.城镇空间解析：太湖流域古镇空间结构与形态[M].北京：中国建筑工业出版社，2002.
[25] 费孝通.文化论中人与自然关系的再认识[M]//周晓虹.中国社会与中国研究.北京：社会科学文献出版社，2004.
[26] 冯长春，杨志威.欧美城市土地利用理论研究述评[J].国外城市规划，1998(1)：2－9.
[27] 冯健.1980年代以来杭州市暂住人口的空间分布及演化[J].城市规划，2002(5)：57－62.
[28] 冯健.转型期中国城市内部空间重构[M].北京：科学出版社，2004.
[29] 冯健，周一星.杭州市人口的空间流动与郊区化研究[J].城市规划，2002(1)：58－65.
[30] 冯健，周一星.1990年代北京市人口空间分布的最新变化[J].城市规划，2003(5)：55－62.
[31] 冯友兰.中国哲学简史[M].北京：北京大学出版社，1996.
[32] 高向东，江取珍.对上海城市人口分布变动与郊区化的探讨[J].城市规划，2002(1)：66－89.
[33] 耿慧志.论我国城市中心区更新的动力机制[J].城市规划汇刊，1999(3)：27－31.
[34] 顾朝林.中国城镇体系：历史·现状·展望[M].北京：商务印书馆，1996.
[35] 顾朝林，柴彦威，蔡建明，等.中国城市地理[M].北京：商务印书馆，1999.
[36] 顾朝林，陈振光.中国大都市空间增长形态[J].城市规划，1994(6)：45－50.
[37] 顾朝林，甄峰，张京祥.集聚与扩散：城市空间结构新论[M].南京：东南大学出版社，2000.
[38] 谷凯.城市形态的理论与方法：探索全面与理性的研究框架[J].城市规划，2001(12)：36－41.
[39] 国家建设部编写组.国外城市化发展概况[M].北京：中国建筑工业出版社，2003.
[40] 郭金龙.经济增长方式转变的国际比较[M].北京：中国发展出版社，2000.

[41] 郭彦弘.工业生产及其历史演变对国际都市形态影响的理论分析[J].城市规划汇刊，2000(4)：4-10.

[42] 何丹.城市政体模型及其对中国城市发展研究的启示[J].城市规划，2003(11)：13-18.

[43] 何流，催功豪.南京城市空间扩展的特征与机制[J].城市规划汇刊，2000(6)：56-60.

[44] 胡皓，楼慧心.自组织理论与社会发展研究[M].上海：上海科技教育出版社，2002.

[45] 胡俊.中国城市：模式与演进[M].北京：中国建筑工业出版社，1995.

[46] 胡俊，张广暄.90年代的大规模城市开发：以上海市静安区为例[J].城市规划汇刊，2000(4)：47-54.

[47] 胡伟，王世雄.构建面向现代化的政府权力：中国行政体制改革理论研究[J/OL].政治学研究，1999(3). http://www.pssw.net/articles/b019hwwsx.htm.

[48] 胡细银.深圳市产业结构实证分析[G].转引自：深圳市城市规划设计研究院论文集，1998.

[49] 华民.转型经济中的政府[M].太原：山西经济出版社，1998.

[50] 黄耿.环形加放射的不足[J].城市规划，2000(3)：57-59.

[51] 黄亚平.城市空间理论与空间分析[M].南京：东南大学出版社，2002.

[52] 金笠铭.浅论新城市文化与新城市空间规划理念：创建中国国际化大城市的新思维[J].城市规划，2001(4)：14-20.

[53] 金明善，车维汉.赶超经济理论[M].北京：人民出版社，2001.

[54] 金耀基.全球化、多元现代性与中国对新文化秩序的追求[M]//周晓虹.中国社会与中国研究.北京：社会科学文献出版社，2004.

[55] 康晓光.权力的转移——1978—1998年中国社会结构的变迁[EB/OL].2000. http://www.usc.cuhk.edu.hk/wk_wzdetails.asp?id=1830.

[56] 雷翔.走向制度化的决策过程[M].北京：中国建筑工业出版社，2003.

[57] 李旦明，等.深圳人口发展战略与人口发展政策[M]//乐正.中国深圳发展报告.北京：社会科学文献出版社，2003.

[58] 李德华.城市规划原理[M].3版.北京：中国建筑工业出版社，2001.

[59] 李加林.深圳房地产年鉴1997[M].北京：中国大地出版社，1998.

[60] 李慎之.全球化与中国文化[G].//李慎之，何家栋.中国的道路.南方日报出版社，2000. http://www.cp.org.cn/pool/qqhyzgwh.htm.

[61] 李慎之.全球化发展的趋势及其价值认同[J/OL].马克思主义与现实，1998(4). http://www.cp.org.cn/pool/qqhfzdqsjqhz.htm.

[62] 林尚立.权力与体制：中国政治发展的现实逻辑[EB/OL]. http://www.pssw.net/articles/ccclslql.htm.

[63] 刘君德.城市规划·行政区划·社区建设[J].城市规划.2002(2)：34-39.

[64] 刘耘华. 全球化专题：经济全球化与文化多元化[EB/OL]. http://www.booker.com.cn/gb/paper54/1/class005400004/hwz74699.htm.

[65] 刘青昊. 城市形态的生态机制[J]. 城市规划，1995(2)：20-22.

[66] 刘英丽，张意轩，李玲. 民工荒重塑劳资新局？[J]. 新闻周刊，2004(29)：23-25.

[67] 陆学艺. 当代中国社会阶层研究报告[M]. 北京：社会科学文献出版社，2002.

[68] 陆学艺. 当代中国社会流动[M]. 北京：社会科学文献出版社，2004.

[69] 罗福群. 广东经济面对国际因素变化的几点思考[M]//陈广汉，郑宇硕，周运源. 区域经济整合：模式、策略与可持续发展. 广州：中山大学出版社，2002.

[70] 吕玉印. 城市发展的经济学分析[M]. 上海：上海三联书店，2000.

[71] 梅振民. 用系统论观察国际局势：世界格局转换的理论探索[J/OL]. 世界经济与政治，1996(9). http://bbs.people.com.cn/bbs/ReadFile?whichfile=4611&typeid=40.

[72] 孟繁华. 众神狂欢：当代中国的文化冲突问题[M]. 北京：今日中国出版社，1997.

[73] 毛蒋兴，阎小培. 城市土地利用模式与城市交通模式关系研究[J]. 规划师，2002(7)：69-72.

[74] 毛寿龙(2003). 中国政府体制改革的过去与未来[EB/OL]. http://www.usc.cuhk.edu.hk/wk_wzdetails.asp?id=2853.

[75] 宁学平. 市场经济与财税改革[M]. 北京：中国财政经济出版社，1998.

[76] 宁越敏. 上海市区生产服务业及办公楼区位研究[J]. 城市规划，2000(8)：9-12.

[77] 潘海啸，惠英. 轨道交通建设与都市发展[J]. 城市规划汇刊，1999(2)：12-17.

[78] 潘海啸，粟亚娟. 都市区高速公路对近域城镇发展影响研究：以上海市为例[J]. 城市规划汇刊，2000(5)：44-50.

[79] 潘晓毛. 中国开发区实务[M]. 上海：上海财经大学出版社，1998.

[80] 庞森权. 体制创新是完善行政区划管理的必由之路：从"地级市"的形成谈起[J/OL]. 行政区划与地名，2003(增刊). http://www.xzqh.org.cn/qh/3/tt19.htm.

[81] 庞中英(2000). 另一种全球化：对"反全球化"现象的调查与思考[EB/OL]. http://www.cp.org.cn/pool/lyzqqh.htm.

[82] 千庆兰，陈颖彪. 我国大城市流动人口聚居区初步研究：以北京"浙江村"和广州石牌地区为例[J]. 城市规划，2003(11)：60-64.

[83] 沈玉麟. 外国城市建筑史[M]. 北京：中国建筑工业出版社，1989.

[84] 时代主题，举世关注：和平与发展是世界各国人民的共同愿望[N]. 人民日报，2003-02-25(12).

[85] 石崧. 城市空间结构演变的动力机制分析[J]. 城市规划汇刊，2004(1)：50-52.

[86] 孙展. 东莞："工荒"惊扰珠三角[J]. 新闻周刊，2004(29)：19-21.

[87] 覃家琦. 论理论的科学性及其发展逻辑[EB/OL]. http://www.jjxj.com.cn/news_detail.jsp?keyno=3710.

[88] 谭维宁. 深圳城市更新改造中经济和社会问题的思辨[G]. 深圳市城市规划设计研究院论文集,1998.
[89] 汤在新,吴超林. 宏观调控: 理论基础与政策分析[M]. 广州: 广东经济出版社,2001.
[90] 汤志平,王林. 上海市人口布局导向战略研究[J]. 城市规划,2003(5): 63-67.
[91] 唐子来. 西方城市空间结构研究的理论与方法[J]. 城市规划汇刊,1997(6): 1-11.
[92] 唐子来,付磊. 城市密度分区研究: 以深圳经济特区为例[M]. 城市规划汇刊,2003(4): 1-9.
[93] 唐子来,栾峰. 1990年代的上海城市开发与城市结构重组[M]. 城市规划汇刊,2000(4): 32-37.
[94] 陶松龄,陈蔚镇. 上海城市形态的演化与文化魅力的探究[J]. 城市规划,2001(1): 74-76.
[95] 陶松龄,甄富春. 长江三角洲城镇空间演化与上海大都市增长[M]. 城市规划,2002(2): 43-48.
[96] 田雪原. 大国之难: 当代中国的人口问题[M]. 北京: 今日中国出版社,1997.
[97] 安东尼·吉登斯. 社会学方法的新规则: 一种对解释社会学的建设性批判[M]. 田佑中,刘江涛,译. 北京: 社会科学文献出版社,2003.
[98] 同济大学,清华大学,南京工学院,天津大学. 外国近现代建筑史[M]. 北京: 中国建筑工业出版社,1982.
[99] 同济大学. 城市规划原理[M]. 北京: 中国建筑工业出版社,1989.
[100] 佟玉华. 中国政治体制改革的历史回顾与展望[J/OL]. 党政干部学刊,2002(3). http://www.lndx.gov.cn/rdlt/zgzzfz08/text/text07.htm.
[101] 王关义. 中国五大经济特区可持续发展战略研究[M]. 北京: 经济管理出版社,2004.
[102] 王洪卫,简德三,孙明章. 房地产经济学[M]. 上海: 上海财经大学出版社,1997.
[103] 王建国,陈乐平. 苏南城镇形态演变特征及规律的遥感多时相研究[J]. 城市规划汇刊,1996(1): 31-39.
[104] 王文娟,刘艳明. 新时期港澳在两岸金融合作中的中介作用[M]. 见: 陈广汉,郑宇硕,周运源,主编. 区域经济整合: 模式、策略与可持续发展[M]. 广州: 中山大学出版社,2002.
[105] 王文克. 关于城市建设"四过"和"三年不搞城市规划"的问题[M]//中国城市规划学会,主编. 五十年回眸: 新中国的城市规划. 北京: 商务印书馆,1999.
[106] 王一. 认识、价值与方法: 城市发展与城市设计思想演变[D]. 上海: 同济大学,2002.
[107] 王颖. 信息网络革命影响下的城市: 城市功能的变迁与城市结构的重组[J]. 城市规划,1999(8): 24-27.
[108] 韦森. 社会制序的经济分析导论[M]. 上海: 上海三联书店,2001.
[109] 文军. 历史困境与现实挑战: 当代西方社会学研究面临的主要危机[M]//安东尼·

吉登斯. 社会学方法的新规则：一种对解释社会学的建设性批判. 田佑中，刘江涛，译. 北京：社会科学文献出版社，2003a.
[110] 文军. 现代性、全球化与社会学理论的演变(代译序)[M]//安东尼·吉登斯. 社会理论与现代社会学. 文军，译. 北京：社会科学文献出版社，2003b.
[111] 我为伊狂. 深圳，谁抛弃了你[M]. 南京：江苏人民出版社，2003.
[112] 吴缚龙. 中国城市社区的类型及其特征[J]. 城市问题，1992(5)：24－27.
[113] 武进. 中国城市形态：结构、特征及其演变[M]. 南京：江苏科学技术出版社，1990.
[114] 吴良镛. 人居环境科学导论[M]. 北京：中国建筑工业出版社，2001.
[115] 吴良镛. 面对城市规划“第三个春天”的冷静思考[J]. 城市规划，2002(2)：9－14.
[116] 吴启焰，崔功豪. 南京市居住空间分异特征及其形成机制[J]. 城市规划，1999(12)：23－26.
[117] 吴志强. “全球化理论”提出的背景及其理论框架[J]. 城市规划汇刊，1998a(2)：1－6.
[118] 吴志强. “扩展模型”：全球化理论的城市发展模型[J]. 城市规划汇刊，1998b(5)：1－8.
[119] 吴志强，姜楠. 全球化理论的实证研究：上海城市土地开发空间布局的特征[J]. 城市规划汇刊，2000(4)：38－46.
[120] 谢文蕙，邓卫. 城市经济学[M]. 北京：清华大学出版社，1996.
[121] 徐巨洲. 探索城市发展与经济长波的关系[J]. 城市规划，1997(5)：4－9.
[122] 徐湘林. 以政治稳定为基础的中国渐进政治改革[J/OL]. 战略与管理，2000(5). http://www.usc.cuhk.edu.hk/wk_wzdetails.asp?id=1053.
[123] 许学强，周一星，宁越敏. 城市地理学[M]. 北京：高等教育出版社，1997.
[124] 徐永建，阎小培. 西方国家城市交通系统与土地利用关系研究[J]. 城市规划，1999(11)：38－43.
[125] 杨昌斌. 历史的飞跃：深圳建市 20 年来的经济总量及结构分析[J/OL]. 特区经济与港澳台经济，2000(6). http://www.hubce.edu.cn/cbb/qwjs/lib/12799.html.
[126] 杨春. 莲坂流动人口聚居地社会状况调查[J]. 城市规划，2003(11)：65－69.
[127] 杨东援，韩皓. 道路交通规划建设与城市形态演变关系分析：以东京道路为例[J]. 城市规划汇刊，2001(4)：47－50.
[128] 叶明. CBD 的功能、结构与形态研究[D]. 上海：同济大学，1999.
[129] 易峥，阎小培，周春山. 中国城市社会空间结构研究的回顾与展望[J]. 城市规划汇刊，2003(1)：21－24.
[130] 于鸣超. 中国市制的变迁及展望[J/OL]. 战略与管理，1999(5). http://www.xzqh.org.cn/qh/3/ll04.htm.
[131] 俞斯佳. 上海的高层住宅：建设状态评价和规划发展思路[D]. 上海：同济大学，1999.

[132] 余文烈. 从“建立”到“完善”：我国经济体制改革的历史阶梯[J/OL]. 特区理论与实践，2003(11). http://www.jmu.edu.cn/dangxiao/detail/show_a.asp?myid=994.

[133] 俞正梁. 经济全球化进程中的新世纪世界格局[J/OL]. 复旦学报(社会科学版)，2000(1). http://www.pssw.net/articles/d003yzl.htm.

[134] 臧运平，等. 我国 Internet 的发展历程及其特征[N/OL]. 中国信息导报，2003(9). http://www.c114.net/market/marketread.asp?articleid=7196&boardcode=internet.

[135] 张兵. 我国城市住房空间分布重构[J]. 城市规划汇刊，1995(2)：37-40.

[136] 张兵. 城市规划实效论：城市规划实践的分析理论[M]. 北京：中国人民大学出版社，1998.

[137] 张德信，薄贵利，李军鹏. 中国政府改革的方向[M]. 北京：人民出版社，2003.

[138] 张敦富. 区域经济学原理[M]. 北京：中国轻工业出版社，1999.

[139] 张国，林善浪. 中国发展问题报告[M]. 北京：中国社会科学出版社，2001.

[140] 张京祥，范朝礼，沈建法. 试论行政区划调整与推进城市化[J]. 城市规划汇刊，2002(5)：25-28.

[141] 张敏，石爱华，孙明洁，易晓峰. 珠江三角洲大城市外围流动人口聚居与分布：以深圳市平湖镇为例[J]. 城市规划，2002(5)：63-65.

[142] 张庭伟. 1990 年代中国城市空间结构的变化及其动力机制[J]. 城市规划，2001(7)：7-14.

[143] 张庭伟. 对全球化的误解以及经营城市的误区[J]. 城市规划，2003(8).

[144] 张雯. 城市空间结构的可持续发展研究：以上海为例[D]. 上海：同济大学，2002.

[145] 张骁鸣. 形态·结构·空间结构：由《集聚与扩散》引发的思考[J]. 规划师，2003(5)：55-58.

[146] 张雁鸿. 侵入与接替：城市社会结构变迁新论[M]. 南京：东南大学出版社，2000.

[147] 张颐武. 全球化专题：全球化对于我们的文化意味着什么？[EB/OL]. http://www.booker.com.cn/gb/paper54/1/class005400004/hwz77812.htm.

[148] 张意轩，李玲. 农民工，一个新阶层的崛起[J]. 新闻周刊，2004(29)：26-27.

[149] 张宇星. 城镇生态空间理论：城市与城镇群空间发展规律研究[M]. 北京：中国建筑工业出版社，1998.

[150] 张宙敏，黄伟. 对深圳“外来人口”问题的重新认识及对策建议[J/OL]. http://www.job-sky.com/art/html/5013.htm#top.

[151] 赵诚. 全球化[EB/OL][2003]. http://www.yangzhizhu.com/zhaocheng22.htm.

[152] 赵海生. 人民币汇率历史数据[EB/OL]. http://hxxs.bjab.365idc.cn/arv/100rmb.htm.

[153] 赵燕菁. 探索新的范型：概念规划的理论与方法[J]. 城市规划，2001(3)：38-52.

[154] 赵一红. 东亚模式中的政府主导作用分析[M]. 北京：中国社会科学出版社，2004.

[155] 郑晓云. 文化认同与文化变迁[M]. 北京：中国社会科学出版社，1992.

[156] 郑莘,林琳. 1990 年以来国内城市形态研究评述[J]. 城市规划,2002(7): 59-64.

[157] 中国城市规划学会,全国市长培训中心. 城市规划读本[M]. 北京: 中国建筑工业出版社,2002.

[158] 周干峙. 中国城市传统理念初析[J]. 城市规划,1997(6): 4-5.

[159] 周干峙. 迎接城市规划的第三个春天[J]. 城市规划,2002(1): 9-10.

[160] 周庆智. 中国县级行政结构及其运行: 对 W 县的社会学考察[M]. 贵阳: 贵州人民出版社,2004.

[161] 周尚意,孔翔. 文化与地方发展[M]. 北京: 科学出版社,2000.

[162] 周一星. 城市地理学[M]. 北京: 商务印书馆,1995.

[163] 周一星. 主要经济联系方向论[J]. 城市规划,1998(2): 22-25.

[164] 周一星,孟延春. 北京的郊区化及其对策[M]. 北京: 科学出版社,2000.

[165] 周志忍. 我国行政体制改革的回顾与前瞻[J/OL]. 新视野,1996(4). http://cpac.zsu.edu.cn/xuerenwenku/detail.asp?id=我国行政体制改革的回顾与前瞻.

[166] 朱锡金. 城市结构的活性[J]. 城市规划汇刊,1987(5).

[167] 邹建锋. 中国渐进改革分析的四个维度(1978—2002): 经验的、规范的、意义的和政策的[EB/OL]. http://www.usc.cuhk.edu.hk/wk_wzdetails.asp?id=2580.

外文文献

[168] 汤姆·伯恩斯. 结构主义的视野: 经济与社会的变迁[M]. 周长城,等,译. 北京: 社会科学文献出版社,2000.

[169] Cadwallader M. Analytical Urban Geography: Spatial Patterns and Theories [M]. New Jersey: Prentice-Hall, 1985.

[170] Cullen I. Applied Urban Analysis: A Critique and Synthesis [M]. London: Methuen & Co., 1984.

[171] Rodrik D. The New Global Economy and Developing Countries: Making Openness Work [M]. Washington: Johns Hopkins University Press, 1999.

[172] Davies J. Urban Regime Theory: A Normative-Empirical Critique [J]. Journal of Urban Affairs, 2002 (Volum 24): 1-17.

[173] Eade J, Mele C. Understanding the City. In John Eade and Christopher Mele (ed.), Understanding the City [M]. Oxford: Blackwell, 2002.

[174] Ethridge D. (1995) Research Methodology in Applied Economics: Organizing, Planning, and Conducting Economic Research [M]. Ames: Blackwell Publishing, 2004.

[175] Fainstein S, Campbell S. Introduction: theories of Urban Development and Their Implications for Policy and Planning, in Fainstein, S. and Campbell, S. (ed.).

Readings in Urban Theory [M]. Massachusett and Oxford: Blackwell, 1996.

[176] Friedmann J, Wulff R. The Urban Transition: Comparative Studies of newly Industrializing societies [M]. London: E. Arnold, 1976.

[177] Giddens A. New Rules of Sociological Method: A Positive Critique of Interpretative Sociologies [M]. John Wiley & Sons, 1993.

[178] Giddens A. Social Theory and Modern Sociology [M]. Standford University Press, 1987.

[179] Goulet D. The Uncertain Promise: Value Conflicts in Technology Transfer [M]. New York: IDOC/North America, 1977.

[180] Greed C. (ed.) Investigating Town Planning: Changing Perspectives and Agendas [M]. Harlow: Longman, 1996.

[181] Hartshorne R. The Nature of Geography: A Critical Survey of Current Thought in the Light of the Past [C]. Association of American Geographers, 1939.

[182] Hartshorne R. Perspective on the Nature of Geography [J]. Association of American Geograhers, 1959.

[183] Harvey D. (1971) Explanation in Geography [M]. London: Edward Arnold, 1969.

[184] Harvey D. Social Movements and the City: A Theoretical Positioning [J]. Model Cities: Urban Best Practices, 1999: 104 - 105.

[185] Huntington S. The Clash of Civilizations [J/OL]. Foreign Affairs, Summer 1993. http://www.irchina.org/xueren/foreign/view.asp?id=135.

[186] Krugman P. The Return of Depression Economics [M]. WW Norton & Company, 2000.

[187] Levy J. Contemporary Urban Planning [M]. Prentice Hall, Inc, 2003.

[188] Llosa M. Globalization at Work: The Culture of Liberty [J/OL]. http://intellectual.members.easyspace.com/globe/the%20culture%20of%20liberty.htm.

[189] Logan J, Molotch H. The City as a Growth Machine. in Fainstein S, and Campbell S. (ed.). Readings in Urban Theory [M]. Massachusett and Oxford: Blackwell, 1996.

[190] Lynch K. Good City Form [M]. Cambridge: MIT, 1984.

[191] Mitchell W. (1995) City of Bits [M]. Cambridge: MJT, 1995.

[192] Oman C, Wignaraja G. The Postwar Evolution of Development Thinking [J]. The Bangladesh Development Studies, 1991, 21(1): 105 - 109.

[193] Ritzer G. Postmodern Social Theory [M]//Handbook of Sociology Theory. Springer US, 2001.

[194] Rostow W. The Stages of Economic Growth: A Non-Communist Manifesto [M].

Cambridge University Press, 1990.

[195] Shirvani H. The Urban Design Process [M]. Van Nostrand Reinhold Company, 1985.

[196] Taylor N. Uran Planning Theory since 1945 [M]. London: SAGE, 1998.

[197] Wilson A. Complex Spatial Systems: The Modelling Foundations of Urban and Regional Analysis [M]. Harlow: Pearson Education Limited, 2000.

资料类：

[198] 辞海(1989 年版缩印本). 上海：上海辞书出版社，1994.

[199] 朗文当代英汉双解词典. 香港：朗文出版(远东)有限公司，1988.

[200] 城市用地分类与规划建设用地标准(GBJ 137—90). 见：孙施文，编. 城市规划法规读本. 上海：同济大学出版社，1999.

[201] 中华人民共和国立法法. 全国人大网(网站)，http://www.npc.gov.cn/zgrdw/wxzl/wxzl_gbxx.jsp?dm=010602&pdmc=010602.

[202] 王永庆的大陆情结. 中国网(网站)，http://sars.china.com.cn/chinese/TCC/haixia/18131.htm.

[203] 中国理性面对网络舆论"双刃剑". 新华网(网站)，http://news.xinhuanet.com/newscenter/2004-03/11/content_1359042.htm.

[204] 特别策划：政府网站为何"沉睡不醒"？人民网(网站)，http://www.people.com.cn/GB/shizheng/1026/2711587.html.

[205] 台商投资祖国大陆出现新变化. 2001 年 9 月 21 日. 海峡网(网站)，http://218.5.80.227/20010921/document/55457.htm.

[206] 对外开放. 转引自：中国国情网(网站)，http://www.china-ns.com/zggk/dwkf.html.

[207] 七种类型的国家级各类园区. 参阅：中国招商引资网(网站)，http://www.china-138.com/jjkfq/cn_showid.asp?name=出口.

[208] 2000 年中国航运发展报告. 中华人民共和国交通部(网站)，http://www.moc.gov.cn/shuiluys/hangyunbg/P020031120592120006738.doc.

[209] 2000 年工作年报. 中国民用航空总局(网站)，http://www.caac.gov.cn/gznb/00-4.htm.

[210] 台商投资区. 中国引资网(网站)，http://www.001-86.com/kfq/tstz.htm.

[211] 珠江新城规划检讨. 广州市城市规划勘测设计研究院，2001.

[212] "我国建立经济特区的决策过程"等 4 则. 转引自：党务咨讯网(网站)，http://www.dwzx.net/system/2003/06/02/000017242.shtml.

[213] 经济特区的创办. 纪念中国共产党成立 80 周年. 央视国际(网站)，http://www.cctv.

com/specials/80zhounian/sanji/lssk061305. html.

[214] (广东)行政区划的发展历程. 广东民政(网站),http://www. gdmz. gov. cn/yewu/qh/02. htm.

[215] 深圳市史志办公室. 中国经济特区的建立与发展：深圳卷[M]. 北京：中共党史出版社,1997. 转引自：超星数字图书馆(网站),http://www. ssreader. com.

[216] 深圳概览(网站)：http://www. szlib. gov. cn/szgl/lishi/lishi1. htm#历史沿革.

[217] 深圳概览(网站)：http://www. szlib. gov. cn/szgl/lishi/lishi2. htm#特区建立.

[218] 深圳概览(网站)：http://www. szlib. gov. cn/szgl/jianzhu/jianzhu. htm#城市规模.

[219] 深圳概览(网站)：口岸、海关. http://www. szlib. gov. cn/szgl/kouan/kouan. htm#深圳口岸.

[220] 深圳概览(网站)：港口建设. http://www. szlib. gov. cn/szgl/jiaotong/jiaotong2. htm#港口建设.

[221] 深圳道路交通建设情况. 中国优秀旅游城市：深圳. 中国旅游网(网站),http://www. cnta. gov. cn/4-lycs/city/shenzen/index. html.

[222] 深圳图书馆(网站)：http://www. szlib. gov. cn/szgl/jianzhu/table. htm -深圳市名厦名楼.

[223] 扩大深圳特区十大猜想将龙岗宝安划入怎么样？南方都市报,2003 年 3 月 10 日,转引自：中国窗(网站),http://www. hkcd. com. hk/20030310/ca209149. htm.

[224] 人大代表三度建言：破解"一市两制"特区扩大？搜房(网站),http://news. sz. soufun. com/2004 - 3 - 4/248733. htm.

[225] 深圳 2003 年 11 月商品房价格简况. 搜房(网站)：http://newhouse. sz. soufun. com/asp/trans/BuyNewHouse/MapSearch_Shenzhen. asp.

[226] 又一村安置区拟 6 月拆除　万余人同时搬迁找房难. 南方日报,2004 年 4 月 15 日. 转引自：南方报业(网站),http://www. nanfangdaily. com. cn/southnews/tszk/nfrb/zsjxw/sz/200404150309. asp.

[227] 黄木岗临时安置区 28 日全拆除. 南方日报,2004 年 5 月 21 日. 转引自：南方报业(网站),http://www. nanfangdaily. com. cn/southnews/tszk/nfrb/zsjxw/sz/200405210643. asp.

[228] 深圳经济特区土地管理暂行规定(1982 年实施,1988 年失效). 专家论案(网站)：http://www. law999. net/law/doc/d002/1981/12/24/00058471. html.

[229] 深圳经济特区商品房产管理规定(1983 年实施,1995 年失效). 专家论案(网站)：http://www. law999. net/law/doc/d002/1983/11/22/00058430. html.

[230] 全国人民代表大会常务委员会关于授权深圳市人民代表大会及其常务委员会和深圳市人民政府分别制定法规和规章在深圳经济特区实施的决定(1992 年 7 月 1 日). 全国人大网(网站),http://www. npc. gov. cn/was40/detail? record=4&channelid=28341&searchword=%BE%AD%BC%C3%CC%D8%C7%F8.

[231] 《全国人民代表大会常务委员会办公厅关于深圳市人大及其常委会制定规适用于该市行政区域内问题的复函》(1995 年). 深圳市法制局(网站),http://fzj. sz. gov. cn/laws/2lawa2. htm.
[232] 深圳市规划国土房地产规范性文件汇编. 深圳市规划国土局,1997.
[233] 中共深圳市委、深圳市人民政府关于进一步加强规划国土管理决定(1998 年). 深圳市国土房产网(网站),http://www. hometea. cn/gov/gz/four/2-5-8. htm.
[234] 深圳市规划局,中国城市规划设计研究院. 深圳经济特区总体规划(1986. 3).
[235] 深圳市城市规划委员会,深圳市建设局. 深圳城市规划. 深圳: 海天出版社,1990.
[236] 深圳市规划国土局,深圳市城市规划设计院. 深圳经济特区总体规划(修编)纲要(汇报稿),1993 年 10 月.
[237] 深圳市规划国土局,深圳市城市规划设计研究院. 深圳市工业布局规划汇报提纲,1995 年 11 月.
[238] 广东省建设委员会,珠江三角洲经济区城市群规划组. 珠江三角洲经济区城市群规划: 协调与持续发展. 中国建筑工业出版社,1996.
[239] 深圳市人民政府,编制. 深圳市城市总体规划(1996—2010)(送审稿). 1997 年 2 月.
[240] 深圳市城市规划设计研究院. 上埗工业区和八卦岭工业区建筑物改变功能调查报告,1997 年.
[241] 深圳市规划国土局,深圳市城市规划设计研究院,东北师范大学. 福田区农村城市化地域改造发展对策研究(福田分区规划专题、研究报告汇报稿),1998 年 4 月.
[242] 深圳市规划国土局罗湖分局. 罗湖区原农村私人建房调查报告,1998 年 6 月.
[243] 深圳市规划国土局,深圳市城市规划设计研究院. 上埗工业区调整规划(送审稿). 1998 年 9 月.
[244] 深圳市规划国土局. 深圳市中心区,1999.
[245] 深圳市规划国土局. 寻求快速而平衡的发展: 深圳城市规划二十年的演进.
[246] 深圳市经济贸易局. 深圳工业结构调整实施方案(送审稿),2002 年 6 月.
[247] 深圳经济特区密度分区研究. 深圳市城市规划设计研究院,同济大学城市规划系,2003 年 10 月.
[248] 深圳市规划与国土资源局,深圳市城市规划设计研究院. “深圳市城市总体规划检讨与对策”课题之专题研究: 历史与现实,2003.
[249] 深圳市规划与国土资源局,深圳市城市规划设计研究院. “深圳市城市总体规划检讨与对策”课题之专题研究: 深圳市产业发展历程,2003.
[250] 深圳市规划与国土资源局,深圳市城市规划设计研究院. “深圳市城市总体规划检讨与对策”主题报告: 深圳 2005 拓展与整合. 及其相关专题报告.
[251] 深圳市统计局. 深圳市“七五”时期国民经济和社会统计资料(1986—1990). 深圳统计局,1991.

[252] 深圳市统计局. 深圳统计年鉴 1995. 北京：中国统计出版社，1995.
[253] 深圳市统计局. 深圳统计年鉴 1996. 北京：中国统计出版社，1996.
[254] 深圳市统计信息局. 深圳统计信息年鉴：1998. 北京：中国统计出版社，1998.
[255] 深圳市统计信息局. 深圳统计信息年鉴：1999. 北京：中国统计出版社，1999.
[256] 深圳市统计信息局. 深圳统计信息年鉴：2000. 北京：中国统计出版社，2000.
[257] 深圳市统计局. 深圳统计年鉴 2002. 北京：中国统计出版社，2002.
[258] 深圳市规划国土局. 深圳房地产年鉴 1997. 北京：中国大地出版社，1998.
[259] 深圳市规划国土局. 深圳房地产年鉴 2000.
[260] 历年重点工程简介. 厦门交通口岸（网站），http://www. traf. xm. gov. cn/import-eng. asp.
[261] 厦门经济特区建设大事记（2004 年 6 月）. 中国经济网（网站），http://www. ce. cn/ztpd/xwzt/guonei/2004/jdzg/kfgh/jdhm/200406/26/t20040626_1153702. shtml.
[262] 厦门市建设信息网（网站）：建设动态. http://www. xmcic. com. cn/jsdt/index. asp.
[263] 厦门二手商品房售价情况. 厦门之家（网站）：http://www. xmhome. com. cn.
[264] 《厦门日报——商业导刊·房产》2002 年 3 月 21 日第 11 版.
[265] 泉州厦门竞争中的联盟路漫漫. 2003 年 8 月. 泉州网（网站），http://www. qzwb. com/gb/content/2003-08/03/content_948716. htm.
[266] 建海湾城市泉州要“淡出闽东南”. 2003 年 8 月. 泉州网（网站），http://www. qzwb. com/gb/content/2003-08/17/content_962598. htm.
[267] 眼前看吃一点亏，长远看不吃亏. 厦门晚报（网站），http://www. xmdaily. com. cn/csnn0408/ca268536. htm.
[268] 廉租房制度酝酿改革. 厦门日报，2003 年 8 月 31 日. 转引自：厦门市建设与管理信息网（网站），http://www. xmcic. com. cn/jsdt/index. asp ?Page=14＃.
[269] 业主维权案批量涌出. 厦门日报，2004 年 3 月 20 日. 转引自：厦门日报（网站），http://www. xmdaily. com. cn/csnn0402/ca233253. htm.
[270] 中共厦门市委党史研究室. 中国经济特区的建立与发展：厦门卷. 北京：中共党史出版社，1996. 转引自：超星数字图书馆，http://www. ssreader. com.
[271] （厦门）历史沿革. 厦门市人民政府（网站），http://www. xm. gov. cn/xmgm/xmfm/t20040709_15382. htm.
[272] 厦门经济特区土地使用管理规定（1985 年实施，1994 年失效）. 专家论案（网站）：http://www. law999. net/law/doc/d008/1985/02/24/00053853. html.
[273] 厦门市人民政府（1992）. 厦门市住房制度改革实施方案. 见：依法治市（网站）：http://www. yfzs. gov. cn/gb/info/LawData/difang/FuJian/2003-04/01/1712179429. html.
[274] 全国人民代表大会关于授权厦门市人民代表大会及其常务委员会和厦门市人民政府分别制定法规和规章在厦门经济特区实施的决定（1994 年 3 月 22 日）. 全

国人大网(网站),http://www.npc.gov.cn/was40/detail?record=3&channelid=28341&searchword=%BE%AD%BC%C3%CC%D8%C7%F8.
[275] 厦门市城市建设局,编.厦门市城市建设总体规划说明(修订稿)汇报提纲(1980—2000),1980年2月.
[276] 厦门市城市建设局.厦门市城市总体规划说明书(1981—2000年).
[277] 厦门市城市规划管理局,编.厦门市城市建设总体规划调整说明书(1986—2000),1986年7月.
[278] 新加坡国际发展与咨询私人有限公司.厦门市城市总体规划咨询报告书(摘要),1988年2月.
[279] 厦门市城市规划管理局,厦门市城市规划设计研究院.厦门市城市建设总体规划调整说明书(1988—2000—2020)(修订稿),1988年4月.
[280] 中国城市规划设计研究院,厦门城市规划设计研究院.厦门市基础资料汇编,1993年12月.
[281] 中国城市规划设计研究院,厦门城市规划设计研究院.厦门市总体规划文本,1993年12月.
[282] 厦门市人民政府,编制.厦门市城市总体规划文本(1995—2010),2001.
[283] 厦门市城市规划管理局.厦门市城市总体规划修订简要说明,1996年3月.
[284] 厦门市规划管理局.厦门规划图集.香港:中国翰林出版公司,2001.
[285] 厦门市规划管理局.厦门规划纵横(上).中国翰林出版社,2001.
[286] 同济大学,上海财经大学,上海大学,联合课题组.厦门城市发展概念规划研究.2002年7月.
[287] 中国城市规划设计研究院.厦门市城市发展概念规划.2002.
[288] 厦门市统计局.厦门经济特区年鉴1991.国营江西宜春资料印刷厂,印刷,1991.
[289] 厦门市统计局.厦门经济特区年鉴1996.北京:中国统计出版社,1996.
[290] 厦门市统计局.厦门经济特区年鉴2000.北京:中国统计出版社,2000.
[291] 厦门市统计局.厦门经济特区年鉴2002.北京:中国统计出版社,2002.
[292] 厦门市规划管理局,厦门市城市规划学会,编印.厦门规划通讯,1996—2002.
[293] 厦门市第五次人口普查手工快速汇总资料汇编.

附　录

附录 1　经济特区创建的历史背景与决策过程

(1) 宝安县的集体逃港事件及引发的思考

建国后直至 1970 年代末，宝安县发生了三次非法移民(逃港)高潮，第一次是 1957 年前后实行公社化运动期间，一次外逃 5 000 多人；第二次是 1961 年经济困难时期，一次外逃 1.9 万人；第三次是 1979 年，外逃 3 万人。这些逃港事件对于只有 11 万劳动力的宝安县来说，不啻为一次大失血，流失了大量劳动力，丢荒了大片土地。面对越来越严重的外逃局面，引起了县、市委领导的焦虑。经过调查，改变了过去将这种现象归为"阶级斗争的反映""阶级敌人造谣破坏造成的恶果"等解释，认为外逃的根本原因，是生产和生活水平与香港相比，差距越来越大。这一问题引起了地方，直至中央领导的重视。

1978 年 3 月，国家计委和外贸部派了一个工作组来到深圳(由外贸部基地局局长杨威带队)，研究如何把宝安与珠海建成外贸基地，以便加强农副产品出口，多为国家创外汇，同时提高当地人民的生活水平。

1978 年 8 月，广东省委派省计委副主任张勋甫带领省外贸局、商业局、省经委、计委一批干部，分成两个调查组，前往深圳和珠海调查这两个地区的现状及前景，研究能否在这两个地方分别建立以生产出口产品为主的边境城市。调查组经过一个月的调查，整理出一份报告。建议把深圳与珠海由县改为市，并提出了某些发展措施，如减少水稻面积，搞多种经营，发展商品经济。报告认为，照此发展，其建设速度将不会低于香港。省委书记习仲勋和其他领导听取了汇报，表示完全赞成调查报告的意见。并以广东省委、省政府的名义向中央、国务院写了

《关于宝安、珠海两县外贸基地的市政建设规划设想的报告》。张勋甫带着这份报告去北京,向国务院有关部委领导进行了汇报,并由国务院上报中央领导。

※ 资料来源:深圳概览(网站),http://www.szlib.gov.cn/szgl/lishi/lishi1.htm#历史沿革。

(2) 建立经济特区的决策

1978年4月,受国务院副总理谷牧委派,国家计委、外贸部组成了一个港澳经济贸易考察组,奔赴香港、澳门,考察这两个地区经济飞速发展的奥秘,吸取有益的经验。考察组返回北京后,在《港澳经济考察报告》中,提出把靠近港澳的广东宝安、珠海划成出口基地,力争用三五年的时间,逐步将其建设成具有相当水平的对外生产基地、加工基地和吸引港澳人的游览区。6月3日,党中央和国务院的主要领导同志在听取了考察组的汇报后,明确指示,"总的同意",并要求"说干就干,把它办起来";同年5月,党中央和国务院决定让谷牧带领一个包括6位省级干部组成的国家级政府经济代表团,出访法国、前联邦德国、瑞士、丹麦、比利时等欧洲五国。时任中共中央副主席、国务院副总理的邓小平十分重视此事,指示代表团:"广泛接触,详细调查,深入研究些问题。"

恰在这时,国家交通部驻香港招商局要求在宝安建个工业区。1979年1月6日,广东省及交通部联合拟定了一份《关于我驻香港招商局在广东宝安建立工业区的报告》,送李先念和国务院审阅。李先念立即与谷牧作了认真研究,并最终在报告上批示:"拟同意。请谷牧同志召集有关同志议一下,就照此办理。"这可以说是建立深圳特区的重要准备。

就在党中央决定让招商局在蛇口办工业区的同时,广东省委书记吴南生也在汕头酝酿办一个出口加工区。他在省委常委会上说:"按照三中全会解放思想、对外开放的精神,我们广东是否可以向中央要求'先走一步'?"他的想法得到常委们的赞同。省委第一书记、省长习仲勋说:"要搞,全省都搞。"于是,会议决定将这个意见上报中央。

4月下旬,中央专门召开讨论经济建设的会议。会议期间,广东省委主要领导习仲勋、杨尚昆在向邓小平汇报工作时,提出了他们的设想,希望中央下放若干权力,让广东在对外经济活动中有较多的自主权和机动余地;允许在毗邻港澳的深圳和珠海以及属于重要侨乡的汕头举办出口加工区,加快对外开放和经济发展。对广东省委的这一重要建议,邓小平首先表示坚决赞成和支持,并向中央倡议批准广东的这一要求;与此同时,福建省的负责同志也向中央提出了与广东类似的想法。在会议结束时，主持会议的华国锋表示："小平同志提出的问题，会后由谷牧同志到广东、福建去研究一下如何具体解决，广东可以搞一个新的体制，试验进行大的政策。"

6月6日，中共广东省委向党中央递交了《关于发挥广东优越条件，扩大对外贸易，加快经济发展的报告》。6月9日，中共福建省委、省革委会也向中央递交了《关于利用侨资、外资，发展对外贸易，加速福建社会主义建设的请示报告》。两份报告都提出了设立出口特区问题。中共中央、国务院在慎重调查研究的基础上，于7月15日批转了广东、福建两省的报告，指出："关于出口特区，可先在深圳、珠海两市试办，待取得经验后，再考虑在汕头、厦门设置的问题。"

1980年3月，谷牧受党中央和国务院委托，在广州召开广东、福建两省会议。会议对特区建设提出了一些对策和措施，最后形成了《广东、福建两省会议纪要》。5月16日，中共中央发出《关于〈广东、福建两省会议纪要〉的指示》的文件。这份文件将我国的特区正式定名为"经济特区"。8月26日，第五届全国人大常委会第15次会议，批准国务院提出的在广东省的深圳、珠海、汕头和福建的厦门设置经济特区。

※ 资料来源：党务咨讯（网站），http://www.dwzx.net/system/2003/06/02/000017242.shtml。

附录2 深圳经济特区的早期开发建设决策

(1) 蛇口的开发决策

1978年交通部长叶飞派外事局长袁庚去香港招商局作调查研究，后者经两个月考察后，代交通部党组起草了一份《关于充分利用香港招商局问题致党中央、国务院的请示》，提出"冲破束缚、放手大干"的方案，于1978年10月9日上交，10月12日中央5位主要领导人全部圈阅同意，并作了重要批示。

10月18日，袁庚奉命从交通部外事局调到了香港招商局工作。到招商局后，根据国际市场需要，袁庚决意增设浮船坞，扩大船只修造量；兴建集装箱码头，增加航运吞吐量，但香港昂贵的地价使招商局的计划在香港无法实施。在当时中央正要求改革开放的背景中，招商局经过考察研究认为，在与香港近临的宝安县蛇口附近能够发展起来具有足够竞争力的用于招商的工业区。(尽管现深圳特区东、西两侧均适合港口的开发建设,但当时袁庚等人的考察认为东部的大鹏湾存在公路建设和电能供给等方面的极大困难。而西部蛇口有蛇口镇并且渔码头可以靠船,港湾好可以扩建码头,特别是赤湾可建万吨码头,靠近西沥水库水源没有问题,路虽然当时不好但与内地连接较近并且道路也不难改修;与香港海上距离近可以利用香港的电能,同时又比香港拥有廉价的劳动力,没有高昂的地价问题。)袁庚返回香港时向刚从西德考察回来的交通部长叶飞汇报后取得共识。之后,叶飞在离港返京时取道广州,与广东省负责人专门洽谈驻港招商局在蛇口办工业区的问题。

1979 年 1 月 6 日,广东省和交通部联合向国务院报送了《关于我驻香港招商局在广东宝安建立工业区的报告》。这份报告引起了李先念副主席高度重视,经与谷牧副总理等研究后批准在蛇口设立工业区,并协调各相关部门在蛇口实施了一系列特殊政策。

※ 资料来源 1:倪振良.最高决策:中国创办特区始末.见:杜导正,廖盖隆,主编.重大决策幕后.海口:南海出版社,1998.

※ 资料来源 2:http://www.shuku.net:8082/novels/baogaowenxue/canandbiyan/caba02.html。

(2) 沙头角的开发决策

沙头角镇位于深圳经济特区的东部,三面环海,一面靠山,总面积 0.12 平方公里。镇内一条小街与香港新界相连,全长 250 米,宽约 4 米,街内立有界碑,但彼此间桥路相通,店铺相对,居民自由往来,相互贸易,这条特殊的小街被称为“中英街”。在实行特殊政策、灵活措施以前,沙头角镇是一个静悄悄的边防禁区,集体分配人年均纯收入仅 100 元左右。偷渡外逃从未间断,据统计,从 1950 年至 1978 年,沙头角镇共外逃 2 518 人,等于 1978 年全镇人口的两倍。

沙头角镇走向富裕是沙头角镇政府依靠党的改革开放路线的指导而实行特殊政策、灵活措施的结果。从 1979 年开始,经镇党委批准,直接从新界引进外资、设备和原材料办厂,大搞来料加工和来料养殖,不用经过外贸、海关办手续,货物直接进出,手续简便,节省费用。镇党委利用香港新界鲜活产品价格高的情况,允许集体和社员把完成国家任务后的农副产品直接运过新界销售。允许群众利用农闲和工余时间,过境打工和拾捡废旧物资。鉴于镇内有人民币和港币这两种货币流通,允许集体单位按一定比例的外汇分配给群众。根据边境两边人民生活水平还比较悬殊的情况，对镇内群众购买自用的生活用品实行免税。这些措施极大地激发了群众建设边境小镇的热情，推动了沙头角镇经济的发展。

沙头角镇党委以巨大的魄力和勇气推进经济建设发展的举措，引起了人们的注意。1980 年 11 月下旬，广东省委第一书记任仲夷来深圳市检查工作时，充分肯定了沙头角镇的经验，并提出“在沙头角实行的某些政策可不可以扩大到整个深圳去实行?”市委对此进行了认真的讨论，同时组成调查组深入到沙头角镇和附城、福田等公社进行调查研究。实践证明，凡是能实行特殊政策、灵活措施的地方，效果就好。

1981 年 3 月 21 日，深圳市革委会下发《关于加强沙头角镇市政建设和城镇管理的决定》，指出，沙头角镇地处两种社会制度并存的前沿，双方居民互相来往. 我们一定要把沙头角镇建成为一个讲文明、讲礼貌、讲卫生、讲秩序、讲道德，心灵美、语言美、行为美、环境美的社会主义城镇。既具有丰富的物质基础和美好的经济生活，又具有社会主义精神文明，使它充分显示社会主义的优越性。深圳市决定成立镇的市政建设领导小组，统管镇的建设、管理、环卫等工作，镇内的建设要按统一规划进行。沙头角镇的建设跨入了一个新的阶段。

1983 年 9 月，为适应特区建设发展的需要，经广东省人民政府批准，深圳市人民政府将原沙头角镇升为县级区建制，所辖范围除了沙头角镇以外，还包括田心、盐田、大小梅沙等整个深圳特区东部的地方，总面积 65 平方公里，主要发展旅游业、住宅业和商业。新成立的区委、区政府正确执行对外开放政策，采取灵活措施，充分利用沙头角的有利条件，积极开展“外引内联”的工作，在继续发展商业的同时，大力发展工业、房地产业、旅游服务业。

※　资料来源：深圳市史志办公室. 中国经济特区的建立与发展：深圳卷. 中共党史出版社，1997。

附录 3　深圳和厦门经济特区的范围决策

(1) 深圳经济特区的范围决策

特区成立后，广东省委指示省特区管理委员会和深圳市委研究、酝酿深圳经济特区的范围。经过研究，当时提出的解决方案主要有两个：其一，由于海内外早已存在的各类“出口加工区”、“自由贸易区”面积都很小，参照这些出口加工区的模式，一部分人提出，深圳经济特区可在靠近香港新界的地方划出一小块无人居住区，用铁丝网或围墙围起来，建立工厂，进料加工；其二，另一部分人认为，只划出一小块地方，工厂盖满了怎么办？并且铁丝网不能防止走私，即使建立了围墙亦不保险。他们认为应根据深圳的地理特征，在东面走向的山脉上建立铁丝网或者围墙，这样可以有效地防止走私。这样划分，特区有足够大的发展空间——100平方公里左右的平原和丘陵地带。深圳毗邻香港，不仅工业和农业可以大力发展，还可以发展商贸业和旅游业，并且可以针对香港地租高和货物存放费用很大的特点发展可以对外有偿服务的仓库和冷藏库，此外发展房地产业也有着诱人的前景。

但对第二方案也有不同意见认为全世界也找不出这么大的特区，按此划法整个特区现状人口就达到近10万人。特区政府要养活这么多人都成问题，哪还有多少精力去引进和发展呢？为此又有人提出了一个折中意见，主张特区只包括广深铁路线以西的部分罗湖区和上埗区，有2.4万居民的旧城在其外，这个方案比第一个方案大，比第二个方案小，但仍然没有解决如何防止走私的问题。并且在消息传出后遭到了深圳市居民的极力反对。此外还有人提出特区应包括整个宝安县。但这样划分显然过大，并且无法管理，因此没有得到支持。

经过反复讨论研究，由于两种意见相持不下，最终以市委名义将两种意见都提出来并上报省委。此后经反复论证多数人认为划大一点好。其一，三次产业可以同时并举，政治、经济、文化全面进行改革，引进外资形成大的规模与声势，对影响全国和树立中国改革开放的形象是有重大作用的；其二，有利于在城市整体规划、建设上进行通盘考虑和安排，避免走弯路。但是存在的主要问题在于，如果领导不力，管理不善，可能造成一哄而起，良莠不齐，难免经济秩序混乱，给经济犯罪以可乘之机，其后遗症造成的危害性也不可低估。

广东省委领导习仲勋和刘田夫经过反复考虑，最终赞成将深圳经济特区划大一些的第二方案，并作为对比参照将珠海经济特区划为一块较小的土地面积（第一次划6.81平方公里，以后两次扩大范围，1983年6月扩大为15.16平方公里，1988年4月扩大为121平方公里）。而汕头则在其龙湖区划了一片更小的面积兴办特区（初期为1.6平方公里，1984年11月扩大为52.6平方公里）。方案最后得到中央同意。

※ 资料来源：深圳概览（网站），http://www.szlib.gov.cn/szgl/lishi/lishi2.htm-特区建立，有删节。

(2) 厦门的经济特区范围与调整

厦门解放以来一直是一个海防城市，基础设施十分薄弱，没有机场，码头很小，通讯落后，信息闭塞，当时一些外商反映说："到了厦门，耳也聋了，眼也瞎了，腿也短了。"1980年10月7日，国务院正式批准福建的厦门，为中国首批对外开放的经济特区之一。最初审批的经济特区仅为地处厦门市郊湖里的一块没有多少人问津的仅有2.5平方公里的半荒地。

确定建设经济特区不久，厦门就吸引了大量的华侨来此观察，其中著名华侨李引桐见到最初划定的经济特区范围后，认为这块弹丸之地即使都摆满项目，其作用也是十分有限的，并直接指出："难道这就是特区？还不够人家一间大工厂大。门开得不够，门槛太高。开放开放，开而不放。"并随后在1981年7月向福建和厦门有关部门寄送了《关于厦门特区建设的意见》的信函，认为应当结合实际，避免求大求洋，抓紧交通电讯等基础设施建设，并提出厦门应当建设"自由港"，引起了有关部门的高度重视。

1984年2月初，邓小平到厦门经济特区考察。时任福建省委书记的项南提起2.5平方公里太小，并希望将经济特区范围扩大到全岛；同时还提出了希望将厦门建设为自由港，并认为根据香港经验，建设自由港主要有三条："一是货物自由进出，二是人员自由来往，三是货币自由兑换。"甚至提出可以飞行"经济特区货币"。对此，邓小平当场表态同意将经济特区扩大到厦门全岛，并认同了自由港的前两条建议。之后，邓小平回京后同几位中央领导同志谈话时明确指出："厦门特区地方划得太小，要把整个厦门岛搞成特区……厦门特区不叫自由港，但可以实施自由港的某些政策，这在国际上是有先例的。只要资金可以自由出入，外商就会来投资。我看这不会失败，肯定益处很大。"

1984年3月5日，国务院特区办的同志专程到厦门传达了这一讲话；3月18日，中共中央总书记胡耀邦在会见日本客人时郑重向外界宣布：中央决定厦门经济特区由湖里的2.5平方公里扩大到厦门全岛131平方公里；5月4日，中共中央、国务院关于转发《沿海部分城市座谈会纪要》的通知，明确宣布"厦门特区扩大到全岛，实行自由港的某些政策"。

※ 主要资料来源：李引桐和他的《关于厦门特区建设的意见》。福建侨联网(网站)，http://www.fjql.org/fjrzhw/b093.htm。

※ 特区政策的实践者：访厦门市原市委书记、市长邹尔均。海峡网(网站)，http://www.csnn.com.cn/csnn0111/ca32388.htm。

附录4　深圳和厦门历次批复总体规划的主要内容

（1）深圳三次经批复总体规划的主要内容

附表4-1　深圳历次总体规划概况(1)：整体发展战略

批准年份	1982年版	1990年版	2000年版
编制概况	1980年首先编制罗湖上埗50平方公里范围总体规划，此后经多次修改于1982年完成	1985年在1982年版基础上调整编制完成	1993年提出规划修编，1995年上报《纲要》，1996年初步完成总体规划并上报
规划期限	近期1985年，远期2000年	近期1990年，远期2000年	近期2000年，远期2010年
城市性质	兼营工、商、农、牧、住宅、旅游等多种行业的综合性经济特区	以工业为重点的外向型、多功能、产业结构合理、科学技术先进、高度文明的综合性经济特区	现代产业协调发展的综合性经济特区，珠江三角洲地区中心城市之一，现代化的国际性城市
城市职能与产业规划	综合性经济特区，特别发展以电子工业为主的有较强竞争力项目，适当发展建材工业与轻纺工业；商业、住宅、旅游业协调发展	综合性经济特区，按不同发展阶段逐步调整产业结构，初期以建筑业与商业为主；中期突出发展外向型工业；后期将形成以港口、外贸、高科技带动各产业全面发展	区域性金融中心、信息中心、商贸中心、运输中心和旅游胜地。建设以高新技术产业为先导，先进工业为基础，第三产业为支柱，都市农业发达的现代产业体系
人口规模	近期人口规模25万，远期100万人	近期常住人口35万—40万，远期全市80万人，暂住人口30万	近期400万人，其中户籍人口130万人，非户籍常住人口270万人；远期430万人，其中户籍人口200万人，非户籍常住人口230万人
用地规模	98平方公里	远期123平方公里	近期控制在380平方公里内，人均城市建设用地标准不超过95平方米；2010年480平方公里，人均城市建设用地标准不超过112平方米

续　表

批准年份	1982年版	1990年版	2000年版
整体空间结构	采取带形的组团式分散布置，整个经济特区分为东片（大小梅沙—沙头角）、中片（莲塘—福田）、西片（沙河—南头、宝安县）三片共18个功能区	带状多中心、组团式结构，形成盐田—沙头角、罗湖—上埗、福田、沙河、南头、妈湾（2000年后开发）六个组团	初步建成以特区为中心，以东（由布吉以东到坪山和坑梓，构成连接粤东门户）、中（龙华、布吉、平湖、观澜，是中心组团的外围配套组团）、西（由特区—新安—沙井、松岗，是未来港—深—穗国际城市带上的交通枢纽之一和重要工业地带）三条放射发展轴为基本骨架，轴带结合、梯度推进的组团结合布局结构
拓展策略	规划一片、建设一片、收效一片，滚动发展	初期集中开发广深铁路东西两侧的罗湖、上埗组团，还有蛇口工业区、沙头角镇；然后集中开发南头、莲塘、华侨城等城市组团，便于城市定向扩展，并把人们的向心活动分散为多中心活动	三个圈层梯度推进 第一圈层：经济特区，高密度发展，第三产业集中；全市中心城区； 第二圈层：横岗—中部—石岩、新安、西乡、航空城，适中密度发展，注重生活配套； 第三圈层：外围，保护环境，低密度建设
上层政府审批部分重点概要		广东省政府：城市性质以发展外向型工业为主，抓好商业、外贸、旅游等第三产业；用地指标可高于国家规定	国务院：经济特区和华南地区重要的经济中心；大力发展高新技术产业和第三产业，不断完善城市功能；对“已推未建设”的234平方公里土地要合理整治和利用

附表4-2　深圳历次总体规划概况(2)：内部空间

区　域			1982年版	1990年版	2000年版
			远期2000年	远期2000年	近期2000年；远期2010年
经济特区	东部组团	人口规模	近期1.4万人，远期4万人	远期5万人	18万人
		用地规模			远期1 478公顷
		空间布局			以沙头角、盐田为次中心，集航运、商贸、仓储、旅游为一体的功能组团，成为东部发展轴的核心区

续 表

区 域			1982年版	1990年版	2000年版
			远期2000年	远期2000年	近期2000年;远期2010年
经济特区	中心组团	人口规模	近期30万人,远期71.25万人	远期52万人	115万人
		用地规模			7 442公顷
		空间布局			是全市政治、经济、文化中心,控制建成区过密增长,加快福田中心区建设,引导罗湖—上埗城市形态及功能更新,在城市中心区形成内部协调发展,外部吸引、辐射力强的现代都会区
	南山组团	人口规模	近期7.5万人,远期22.5万人	远期27万人	47万人
		用地规模			7 170公顷
		空间布局			特区西部区域性交通枢纽与物流中心,全市教育、科研基地和旅游度假胜地,高新技术产业基地和临港工业区,环境优美的海滨地区
	宝安	人口规模			144.5万人
		用地规模			18 099公顷
		空间布局			中心为以交通和商贸为主的西部轴线中心服务区;西部为工业区;中部形成市级生活性辅助区和区域物流中心
	龙岗	人口规模			70万人
		用地规模			9 574公顷
		空间布局			中心强化行政、金融贸易、信息、商业服务的城市次中心作用,东部依托港口发展工业、仓储和交通设施服务
	6个独立城镇	人口规模			35.5万人
		用地规模			4 112公顷
		空间布局			限制城市建设规模,村镇集中建设,充分利用农业资源和旅游资源

※ 根据深圳市历次总体规划整理。

（2）厦门三次经批复总体规划的主要内容

附表4-3　厦门的历次总体规划概况(1)：整体发展战略

批准年份	1983年版	1990年版	2000年版
编制概况	1980年根据发展新需要提出汇报方案，1982年报省基本建设委员会，并于1983年获省政府批准通过	1984年根据经济特区范围扩大编制调整规划，此后经过多次调整到1988年最终完成调整方案报省政府批准通过	1990年因901工程提出规划修编，1993年完成初步成果，此后经过多次上报调整在1996年形成最后上报成果，2000年由国务院审批通过
规划期限	近期1985年，远期2000年	近期1990年，远期2000年	近期2000年，远期2010年
城市性质	社会主义海港、风景城市	海港风景城市和经济特区	海港、风景城市，我国东南沿海中心城市之一
城市职能与产业规划	以海港、风景旅游为主体，开辟经济特区，发展出口加工业，带动本市工业发展，以轻纺工业为主，适当发展修造船和港口机械重工业	闽南地区中心城市（经济、物资转运、科学文化、商业贸易、信息、金融）；是对台统一的桥梁； 发展工业为主、兼营旅游、商业和房地产外向型城市	市域中心城市、交通枢纽、旅游和产业中心、对台关系窗口； 市域层面产业发展方向为大力发展第三产业，调整优化第二产业，稳定提高第一产业
人口规模	近期人口规模38万—42万，远期55万—60万人	远期全市130万人，市区65万人； 远景2020年160万人	近期市域户籍总人口135万，常住人口200万；2005年分别为150万人和275万人；2010年分别为165万人和350万人。 规划建成区内实际居住城市人口：近期102.5万人，2005年为129.5万人，2010年为156万人
用地规模	远期90平方公里	远期79.47平方公里	近期104平方公里，2010年154平方公里

续　表

批准年份	1983 年版	1990 年版	2000 年版
整体空间结构	采取组团布局模式，以本岛为主体，环绕厦门西港和九龙江北岸沿海地区安排六个片区：本岛、鼓浪屿、集美、杏林、马銮和嵩屿(新开辟城区)	市域层面：以厦门本岛市区为主包括周围沿海卫星城镇组成的城市体系；以大同镇为中心包括马巷、灌口等所组成的小城镇体系；以上两个“众星拱月”体系共同形成“星座”式城镇体系；本岛为中心，近郊卫星城镇和远郊小城镇三层次	市域层面：一核(本岛鼓浪屿)、两片(本岛核心区和岛外杏林、集美、海沧等城市拓展区)、三层(城市核心区、城市拓展区、城市延伸区)、四区(南、西、北、东四个经济区)、两星(城市外围两个二级中心城镇大同和马巷)； 城市层面：多核单中心组团式，“一环数片、众星拱月”，包括本岛片区、北部片区(集美、杏林)、西部片区(马銮、海沧)、东部片区(刘五店、马巷)
拓展策略	以大陆为依托，逐步开发近远郊区，工业尽量分布于大陆各区；严格控制本岛人口规模，压缩鼓浪屿人口规模，发展杏林和集美，并在大陆开辟新区(马銮和嵩屿)	根据“经济特区—开发区—开放区”三层次，采取不平衡发展战略，以城市发展促进城镇建设，以城镇化的发展支持和推动全市的经济发展；以本岛和鼓浪屿为重点，积极完善集美和杏林，逐步开发嵩屿海沧区；因此，适当扩大本岛市区和杏林区建设规模，集美和鼓浪屿仍按原有规划控制，压缩嵩屿区，马銮在规划期内暂不开发。近期大力改善本岛基础设施状况，集中在本岛发展生活片区，工业发展以本岛为主，完善杏林工业区	本岛老城改善提高为主，有控制地建设东区，逐步减少鼓浪屿人口；岛外以杏林、集美为支撑店，根据投资情况重点发展海沧、马銮，同安以同集路沿线地区开发为重点，刘五店、马巷作为航空城核对台发展备用地；规划期内集中在市政走廊以南发展
上层政府审批部分重点概要	省政府：先发展和完善本岛经济特区、筼筜港新区，以及杏林工业区，然后开发其他各区。本岛不合适工业逐步外迁	省政府：城市性质为“海港、风景”城市	国务院审批：规划布局以厦门本岛为中西，严格限制城市建设用地向东部发展

附表 4-4　厦门的历次总体规划概况(2)：内部空间

区域		1983 年版	1990 年版	2000 年版
		远期 2000 年	远期 2000 年	近期 2000 年;远期 2010 年
本岛	人口规模	远期不超过 35 万人	远期 45 万人	近期 60 万,2005 年 70 万人,2010 年 83 万人
	用地规模	远期 51.3 平方公里	远期 53.9 平方公里	远期 78.6 平方公里
	空间布局	城市建成区集中在铁路以西发展,由原市区、员当港新区、湖里加工区、高崎等零星居民点组成;是全市政治、经济、文化中心,风景旅游重点区,出口加工区、外贸港口和工业区	城市建成区规划期内集中在铁路以西由北部生产区、中部生活区和南部风景区组成;以全市性的行政机构、外贸、金融、商业、旅游等项目为主,工业建设主要发展技术和知识密集型,严格控制用地大、用水多、污染严重的项目,根据发展需要结合教学、科研建设科学园地,充分发展中心城市作用	全市政治、经济、文化中心,主要发展行政、金融、贸易、旅游、居住、文化、教育、娱乐功能,除部分高科技和港口工业,原则上不发展新工业功能;本岛西南为全市中心区,湖里以发展工业、港口和仓储运输功能为主,东部为控制发展区
鼓浪屿	人口规模	远期压缩到 2 万人	远期 2 万人	2000—2010 年 1.5 万人
	用地规模	1.8 平方公里	1.8 平方公里	1.8 平方公里
	空间布局	主要风景旅游区		
集美	人口规模	远期 3 万人	远期3万人,远景10万人	近期 12 万人,2005 年 13.5 万人,2010 年 15 万人
	用地规模	远期 4.7 平方公里	远期 4.7 平方公里	远期 7.9 平方公里
	空间布局	文教兼风景区,安排大专院校与科研机构	文教和风景游览区。东侧为城镇主体,沿海为风景区、北面是学校和生活居住区、北部安排小型加工区;中间为以堤头为中心的交通枢纽;西面为杏林湾温泉旅游区	集美是城市向东部发展的主要支撑点,南部以文教、旅游功能为主,北部布置一定数量污染少、技术密集的工业,以发展文教、旅游为主
杏林	人口规模	远期 6 万人	远期 10 万人,远景 15 万人	近期 15 万人,2005 年 16.5 万,2010 年 21 万人
	用地规模	远期 10.1 平方公里	远期 13.2 平方公里	远期 18.5 平方公里

续 表

区 域		1983年版	1990年版	2000年版
		远期2000年	远期2000年	近期2000年;远期2010年
杏林	空间布局	以轻工业为主体	重要工业区,东面为生活区、西面为工业区	杏林是城市向新阳、海沧发展的主要支撑点,西、北部为工业区,东部为居住区,以发展工业、仓储为主,并负担交通枢纽的功能
马銮新阳	人口规模	远期6万人	规划期内暂不开发	近期4万人,2005年8万,2010年12万人
	用地规模	远期7.5平方公里		远期12.5平方公里
	空间布局	远期出口加工区,安排不适于在本岛湖里加工区的外资企业		包括马銮湾西部地区和新阳工业区,岛外地区工业及为本片区服务的公共服务和商业中心
嵩屿海沧	人口规模	远期8万人	远期5万人,远景20万人	近期8.5万人,2005年13.75万,2010年20万人
	用地规模	远期11.3平方公里	远期5.8平方公里	远期30.5平方公里
	空间布局	远洋货港,修造船、港口机械为主的工业区	沿海作为商港和工业港口、可供工业项目选址、控制未来20万人口规模的生活居住区	由海沧新市区、南部工业区、港区、嵩屿和鳌冠组成; 海沧新市区以高质量的居住商贸为主,兼有旅游、文化功能;南部工业区以发展大型临海工业为主,鳌冠以发展海上娱乐旅游为主,嵩屿以发展大型交通、能源和基础设施为主
其他			规划将马銮和蒲园作为远景发展控制用地	刘五店规划实际居住城市人口规模近期4万人,2005年8万人,2010年12万人; 远期用地规模为1.6平方公里; 刘五店与同集城市走廊、马巷、新店、刘五店共同构成城市向东海域转移的增长点,刘五店为对台港口控制区

※ 根据厦门市历次总体规划整理。

附录5　深圳和厦门主要年份总体规划的规划总图

(1) 深圳主要年份的总体规划总图

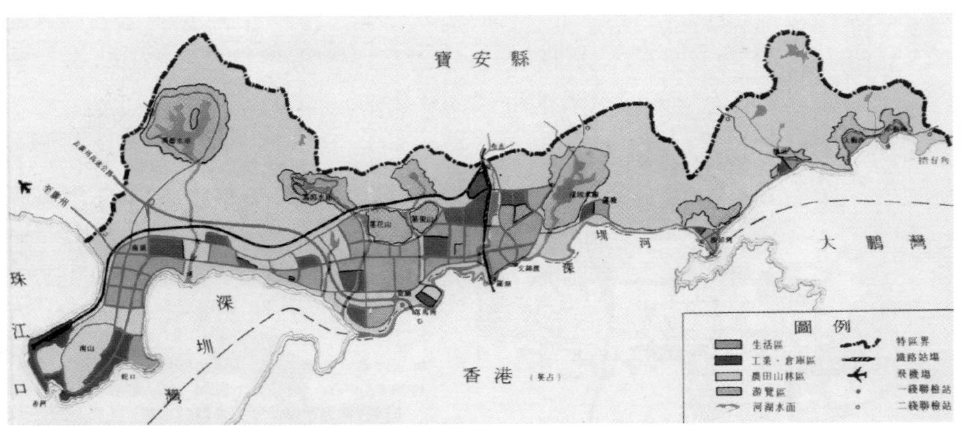

1982年版深圳经济特区总体规划

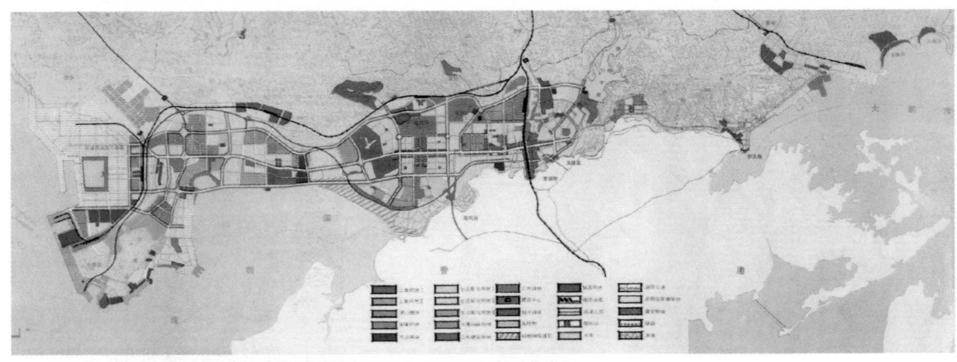

1990年版深圳经济特区总体规划（1986年编制）

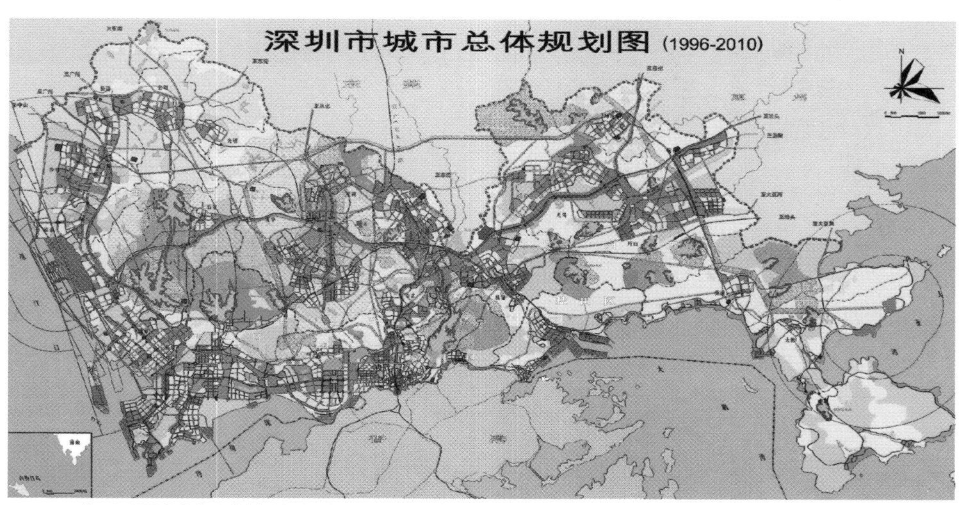

2000年版深圳市域总体规划（1996年编制）

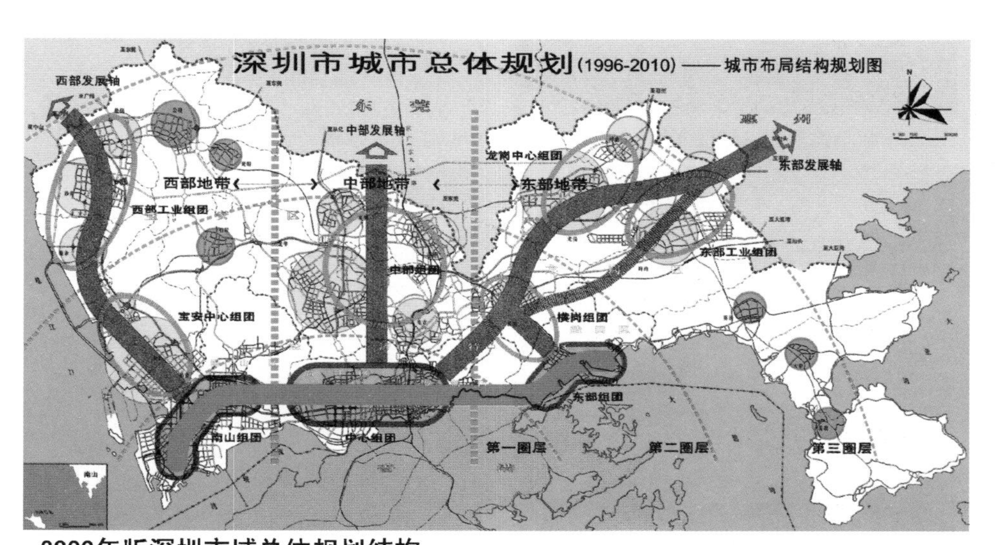

2000年版深圳市域总体规划结构

主要资料来源：《深圳城市规划》、《深圳市城市总体规划(1996—2010)》。

（2）厦门主要年份的总体规划总图

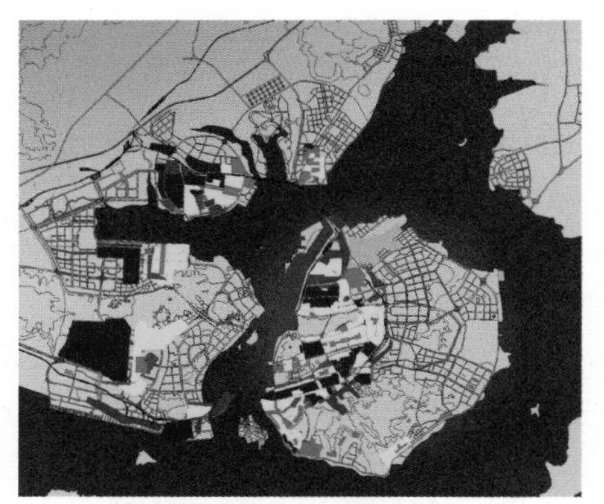

1983年版总体规划（1982年编制）

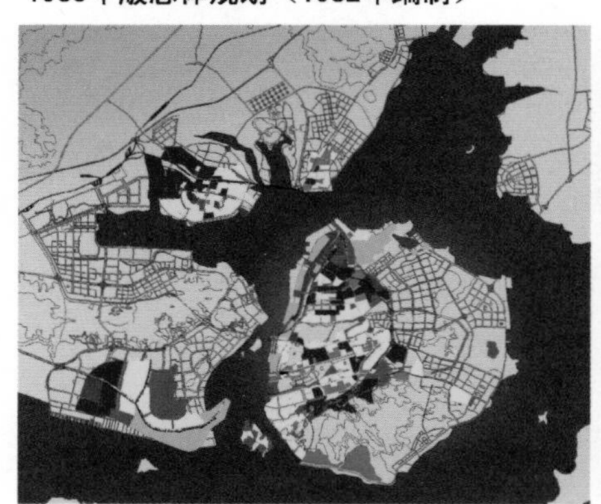

1990年版总体规划（1988年编制）

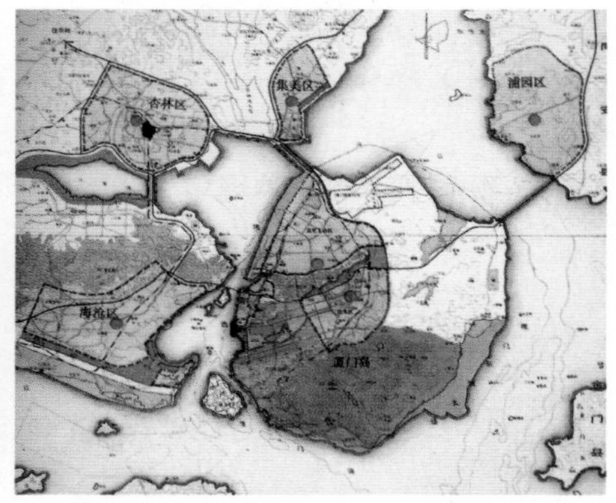

1987年概念方案

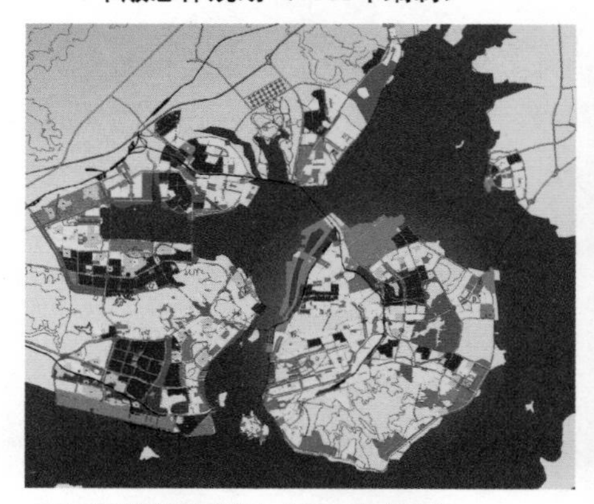

2000年版总体规划（1996年编制）

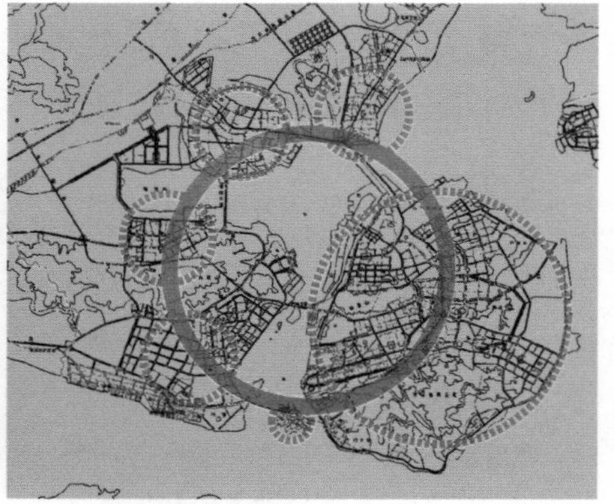

2000年版总体规划结构

* 主要资料来源：厦门市 1983 年版城市总体规划资料、1988 年《厦门市城市总体规划咨询报告书（摘要）》、1988 年厦门市城市建设总体规划调整资料、《厦门市城市总体规划（1996—2010）》。

附录6 中国古代传统文化中的核心城市空间形态观念

在数千年的古代历史发展进程中，中国传统文化在不断发展和吸纳外来文化的过程中，逐渐形成了中国传统文化特有的城市空间形态观念，并在历史发展传承过程中逐渐发展成熟。胡俊(1995)通过对156个中国传统城市的归纳总结，指出了“方城直街、城外延厢、以形寓意、礼乐谐和”的成熟时期的中国传统城市空间形态的基本模式(附图6-1)。中国古代城市空间形态观念无疑是前工业社会历史发展的产物，但其中更蕴涵中国历史文化传承中的核心价值观念。对此，董鉴弘(1989)、胡俊(1995)、吴庆洲(1996)、周干峙(1997)等都曾进行过各有侧重的总结归纳。基于这些研究成果，本书认为影响城市空间形态的中国古代传统文化中的核心思想观念可以划分为四个方面，分别是天人合一的世界观、尊卑有序的礼制观、注重象征的神秘观和结合实际的实用观。

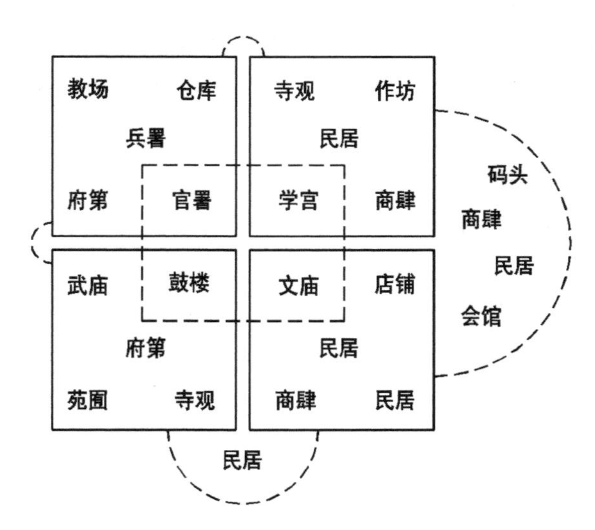

附图6-1 中国后期传统城市空间形态基本模式

* 资料来源：胡俊(1995)。

其一，是天人合一的世界观。“天人合一”是中国古代传统文化思想的核心内容，它是反对分立而主张统一的大一统思想的表述形式。这种大一统思想不仅表现在主张人与自然环境相和谐并反对无止境地用功利主义态度片面地改造自然来适应人的需要的“克己”思想，并因此与西方主流文化中的“扬己”核心价值观念形成本质区别(费孝通，2004)；还特别表现在对精神世界和神秘信仰等与现实世界的大一统主张方面。在城市空间形态方面，天人合一的思想特别以象征主义的方式贯穿于城市的选址、整体形态和内部空间布局等诸多方面，主张顺应自然、对应天意等诸多方面。

其二，是尊卑有序的礼制思想。其最早出现记载于《周礼·考工记》，此后随着儒家思想的兴盛并与封建统治相结合，极大地推进并形成了对应于政治需要的尊卑有序的城市空间布局秩序理念，核心是强调“辩正方位”，体现天子之威并突出政治中心，还包括宫城居中、尊位向南、轴线延伸、左文右武等一系列重要的城市空间布局秩序，以及内城多住官僚富贵、外城多住平民的居住空间分异一般特征。

其三，是在城市空间布局中注重象征意义，并多赋予神秘色彩。它是中国传统文化中的神秘主义象征观在城市空间形态中的体现，既反映了中国古代社会的世界观，更是传统文化和社会制序稳定传承的重要保证。它将人类社会与自然天象建立起紧密对应的关系，认为人类社会行为由天意决定(冯友兰，1996)，这种天意既决定了世界万物，更决定了世俗皇权和社会秩序，体现在城市空间形态层面，则以特有的方位、形式、色彩、尺度、数字等丰富的表达方式赋予了城市空间选址、布局和建设的象征意义与制度，由此将中国文化传统完整地渗透到城市空间形态的各个方面，特别是对于社会制序的维护方面。

其四，是要求城市空间形态符合社会发展需要的实用主义思想。实用主义同时也是中国传统文化的一个重要特征，理论体系可以追溯到“百家”时期六大主要学派的法家，主张现实地看待时代和环境的变迁，认为全新的方案才能解决全新的问题，由此形成了中国社会“儒表法里”[①]的典型特征。体现在城市空间形态方面，则是要求城市空间布局与城市发展需要紧密结合，包括根据实际需要进行城市选址和空间布局，以及从城乡关系、区域经济和交通布局的角度考虑城市发展及管理制度等各个方面。

---

① 构成中国哲学的主要思想基础是儒和道两家的思想。但事实上，在历史发展过程中，这两家思想不仅相互有交流并互相接近，还不同程度地受到其他思想学说的影响并不断融合新的思想学说，并因此处于不断发展过程中。总体而言，历经发展的新儒家思想更偏重世俗社会，也因此反映出更多的现实主义或实用主义特征；而道家更关注人内部的自然自发的东西，也因此反映出更多的理想主义的特征。中国哲学因此成为现实主义和理想主义的矛盾统一体，既是入世哲学，又是出世哲学(冯友兰，1996)。

由此，正是这些天人合一、礼制思想、实用思想的紧密结合，又附和了神秘主义的象征观，共同指导着中国古代社会生活并维持着稳定的社会秩序，也因此推动着中国城市空间形态基本模式的不断发展与完善，形成了中国特有的传统城市空间形态观念。尽管在近 2 个世纪里，中国传统城市空间观念经受了社会显著发展和外来强势文化的不断冲击，但是时至今日，仍能够从中国当今城市空间形态历程，特别是一些城市规划成果中看到它们的显著影响。

参考文献：

1. 胡俊. 中国城市：模式与演进[M]. 北京：中国建筑工业出版社，1995.
2. 董鉴泓. 中国城市建设史[M]. 2 版. 北京：中国建筑工业出版社，1989.
3. 周干峙. 中国城市传统理念初析[J]. 城市规划，1997(6)：4－5.
4. 冯友兰. 中国哲学简史[M]. 北京：北京大学出版社，1996.
5. 费孝通. 文化论中人与自然关系的再认识[G]//周晓虹，主编. 中国社会与中国研究. 北京：社会科学文献出版社，2004.

附录 7　近现代以来的中国城市空间形态理念变迁

自近现代以来，中国社会发展经历了“三千年未有之变局(李鸿章，转引自：李慎之，1994)”，涉及社会发展的诸多方面。这其中的外来城市空间形态观念对于国内的相关观念与规划实践影响主要包括三个阶段。

第一阶段，近代以来直至建国前。由于帝国主义入侵和中国早期工商业发展等原因，外来强势主流文化主要来自当时的欧美及帝俄，与之相随的是它们的城市空间形态观念和模式(董鉴泓，1989)。主要包括，其一，契合西方资本主义早期君权观念及惟理性主义美学观念的城市空间形态模式(沈玉麟，1989)，政治(皇宫)和文化(教堂)功能占据城市中心，核心地区的空间布局采用广场中心、轴线贯穿、几何布局、放射路网等方面(附图 7－1)；其二，因应资本主义发展需要，城市经济功能布局逐渐占据重要乃至首要地位，包括市中心的商业功能和城市周边的生产功能布局等方面，基于经济规律和环境特征的功能分区布局成为城市空间形态的核心理念(附图 7－2)；其三，西方新的整体城市空间形态模式与理论开始出现在中国，其中又以分散发展的空间模式因为与中国传统文化观念

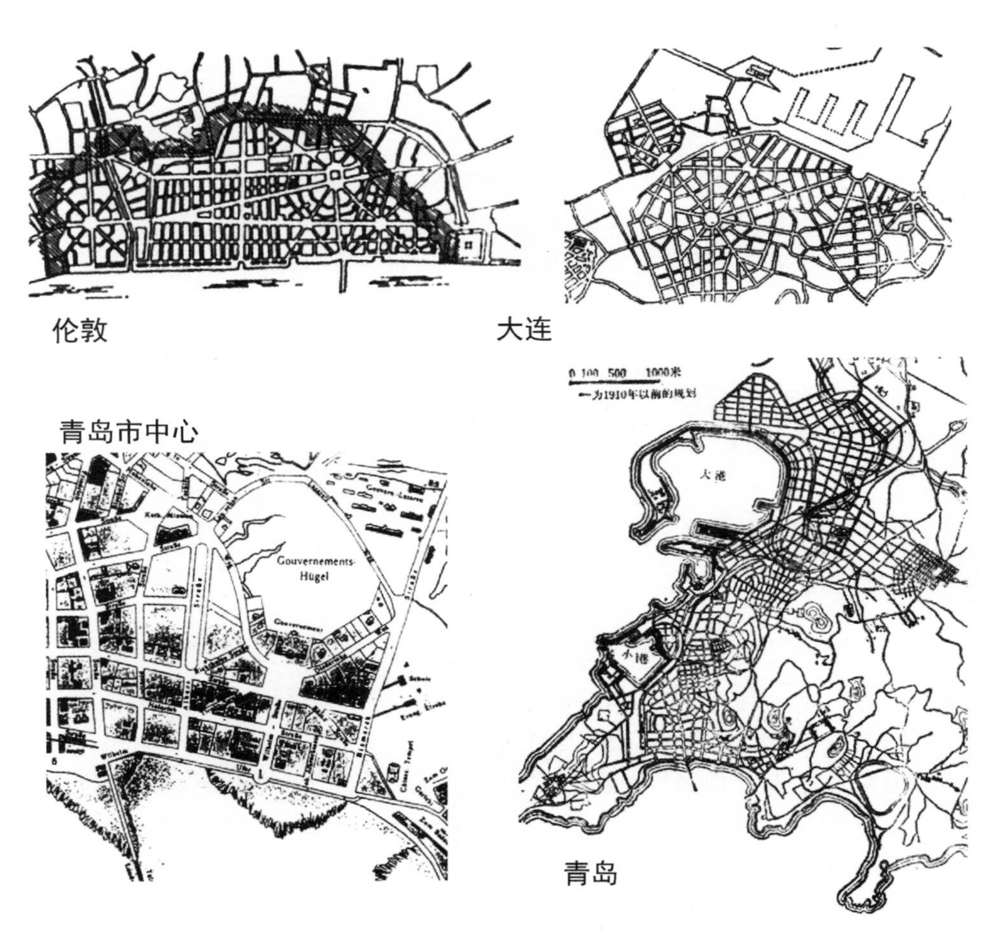

附图 7－1　君权、惟美观的城市空间布局

资料来源：沈玉麟(1989)、董鉴弘(1989)、徐鹏飞，等(1992)。

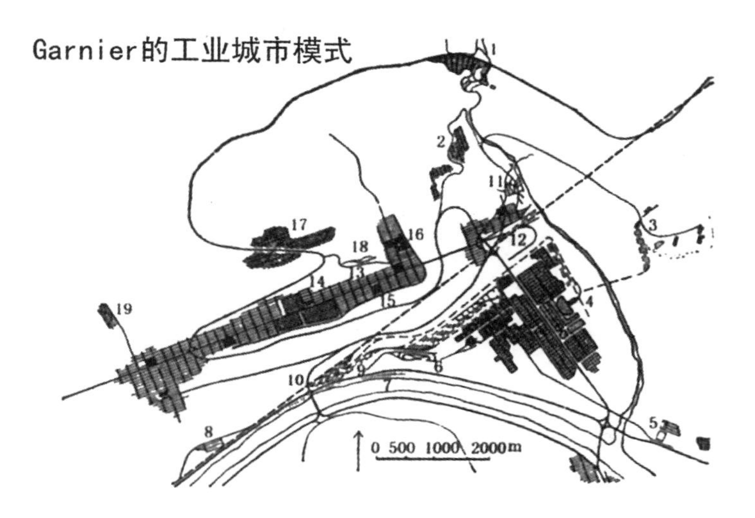

1—水电站　2—纺织厂　3—矿山　4—冶金厂、汽车厂等　5—耐火材料厂
6—汽车和发动机制动试验场　7—废料加工场　8—屠宰场　9—冶金厂和营业站
10—客运站　11—老城　12—铁路总站　13—居住区　14—市中心　15—小学校
16—职业学校　17—医院和疗养院　18—公共建筑和公园　19—公墓

Soria y Mata的带型城市模式

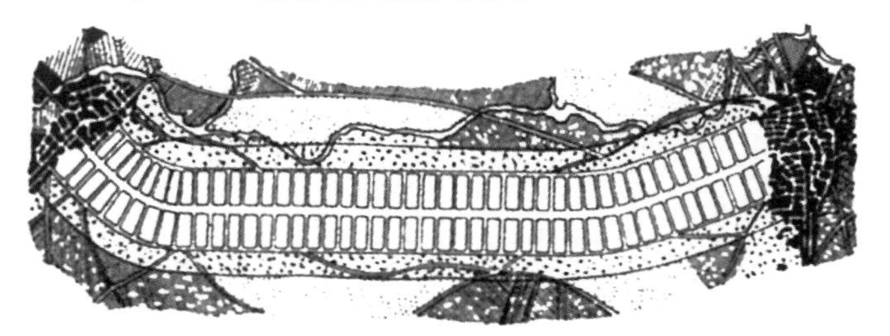

附图 7-2　适应工业化生产和地形的城市空间布局

资料来源：陈友华、赵民(2000)。

相契合而更受到重视与青睐(附图 7-3)，并在建国前的功能主义的上海都市计划中得到充分体现(附图 7-4)。

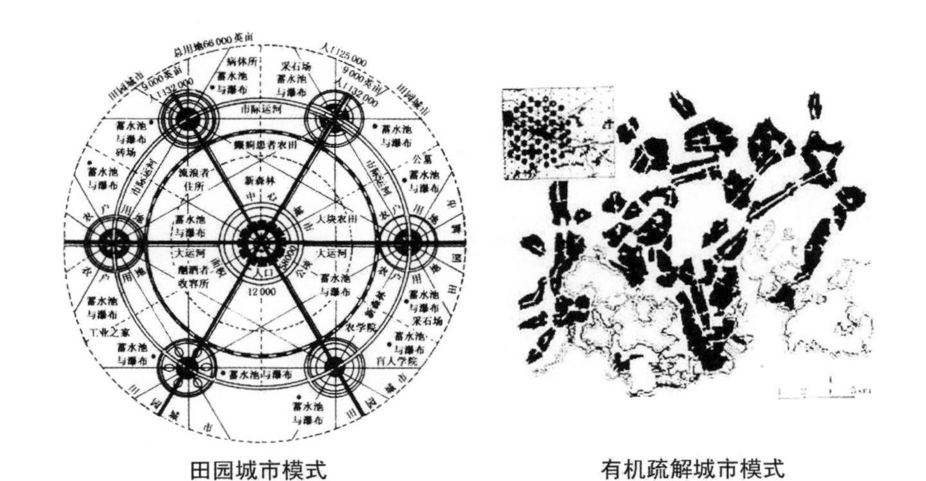

田园城市模式　　　　　　　　　　有机疏解城市模式

附图 7－3　西方城市空间形态的分散模式

资料来源：陈友华、赵民(2000)。

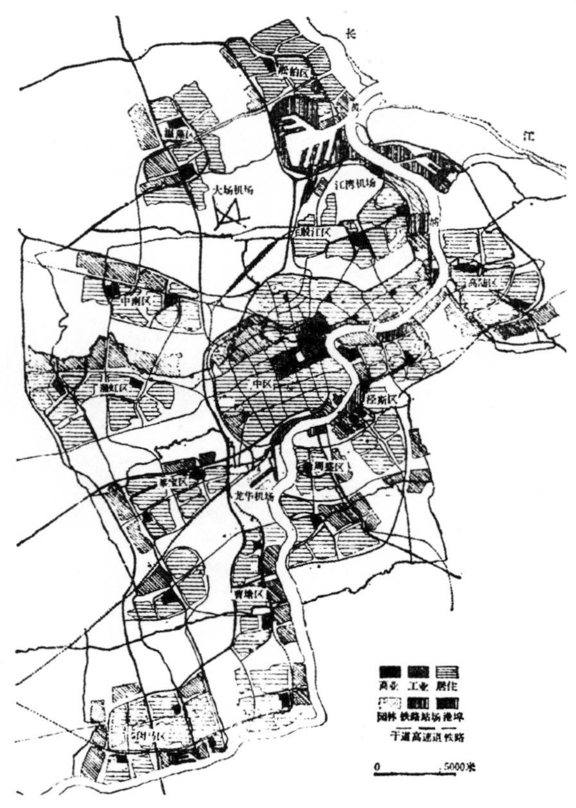

附图 7－4　功能主义的上海都市计划(第三稿)

资料来源：董鉴弘，1989。

第二阶段，建国后直至改革开放前期。这一时期，国家在城市发展政策方面多有反复，城市的发展也多次出现显著波动①。与之对应的是城市空间形态理念方面的相对停滞发展，所接受的主要外来思想与理念也主要集中在早期以苏联为代表的东方体系国家，主要包括，其一，早期提出的城市建设为生产和为工人服务的观点，其中又以为生产服务的核心观点长期发挥了显著影响作用；其二，自 1960 年代初期“三年不搞城市规划”（王文克，1999）之后长期存在的对城市发展作用的怀疑，甚至在 1960 年代中后期到 1970 年代后期的强制“反城市化”措施（陈秉钊，1997），乃至一直到 1980 年代都一直存在的控制城市，特别是大城市发展的思想；其三，在城市内部空间布局方面，突出工业生产和政治的布局需要，并形成了功能主义与象征主义相结合的空间形态布局观念。一方面，以工业生产功能需要为主导，并在此前提下结合工业生产功能需要布局居住和相应的公共服务等功能空间，体现了功能主义的布局理念；另一方面，在城市中心地区以政治和体现意识形态的文化类公共建筑为核心，同时又结合了商业等其他公共服务功能，在满足功能需要的同时在空间布局方式上更体现出象征主义的手法，并因此与中国传统城市空间布局观念中的礼制思想相契合，两者的有机结合又体现出中国传统文化中的实用主义思想的内在影响（附图 7－5）。

第三阶段，改革开放至今。这一时期，尽管也有国内学者试图结合国内外的经验探索适应国内发展需要的空间形态模式（附图 7－6），但新历史时期的国内主流文化变迁趋势决定了欧美发达国家的城市空间形态经验与理念更容易为不同层面的人们所接受，再次而来的这些西方发达国家的城市空间形态理念，在国内文化环境日益宽松的背景中，与中国传统文化，以及建国后已经为人们所接受的城市空间形态理念形成了新的碰撞，在适应中国城市发展需要的前提下进行着整合，并由此影响到国内当前城市空间形态理念层面的文化变迁新趋势。

---

① 《城市规划原理（第三版）》将建国后直至 1977 年前的中国城市规划工作划分为 5 个阶段：1949—1952 年的规划起步和重视规划工作时期、1953—1957 年的重点规划和修正时期、1958—1960 年的盲目冒进规划时期、1961—1965 年的规划衰落时期、1966—1976 年的规划废弛时期；陈秉钊（1997）对建国后直至 1979 年前的中国城市发展划分为 4 个历史阶段，分别为：1950—1955 年的城市化正常发展时期、1956—1960 年的城市化超常规发展时期、1961—1964 年的城市压缩调整时期、1965—1978 年的反城市化时期。

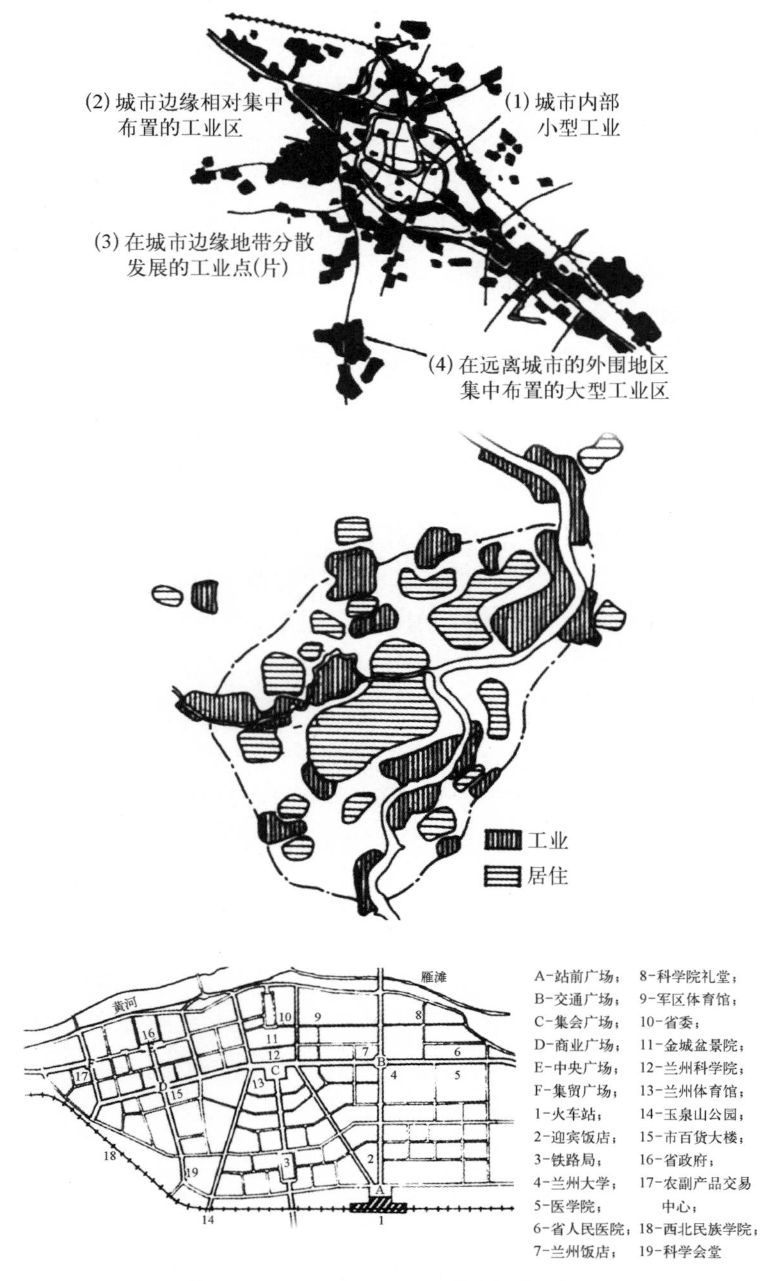

附图 7-5　注重功能与象征的城市空间形态

资料来源：胡俊(1995)。

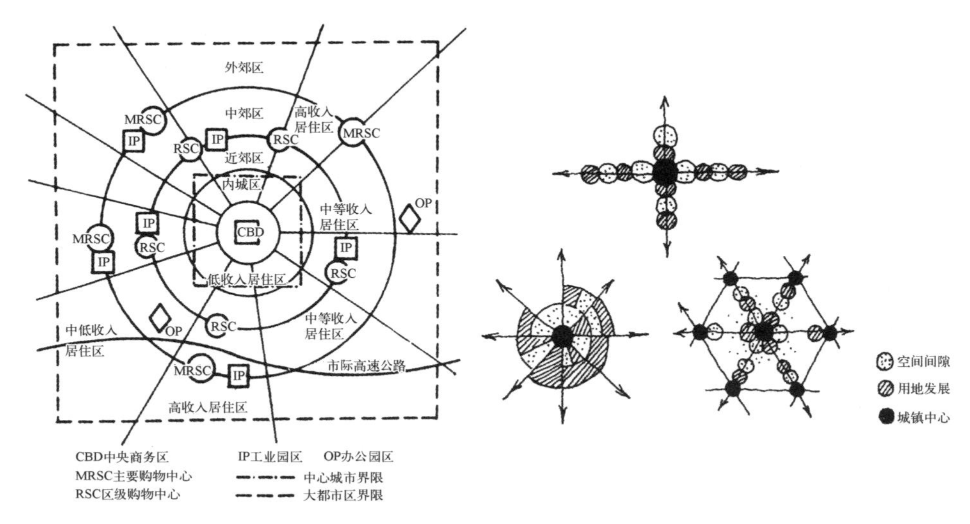

附图 7－6　国内学者的城市空间形态主张

资料来源：胡俊(1995)、段进(1999)。

参考文献：

1. 李慎之(1994). 全球化与中国文化[G]. 见：李慎之，何家栋. 中国的道路. 南方日报出版社，2000. 转引自：http://www.cp.org.cn/pool/qqhyzgwh.htm.
2. 董鉴泓. 中国城市建设史[M]. 2 版. 北京：中国建筑工业出版社，1989.
3. 沈玉麟. 外国城市建筑史[M]. 北京：中国建筑工业出版社，1989.
4. 陈友华，赵民. 城市规划概论[M]. 上海：上海科学技术文献出版社，2000.
5. 王文克. 关于城市建设"四过"和"三年不搞城市规划"的问题[M]//中国城市规划学会，主编. 五十年回眸：新中国的城市规划. 北京：商务印书馆，1999.
6. 陈秉钊. 现代城市规划理论(城市规划系研究生授课笔记)[Z]. 同济大学：1997.
7. 胡俊. 中国城市：模式与演进[M]. 北京：中国建筑工业出版社，1995.
8. 段进. 城市空间发展论[M]. 南京：江苏科学技术出版社，1999.

后 记

虽然花了大量的心血写就本书，也得到了很多师长的鼓励和肯定，但是内心深处仍然有很多不满意，所以一再地拖延修改出版的时间，总想着做些完善并且将此后不断增加的研究积累和体会纳入书稿。蓦然回首，才发现十余年已经过去。或许，正如前辈们多次告诫的那样——不要总想着完善了再奉献给大家共享，因为完善原本就是一个过程。这样想来，与其以更为完善为借口来拖延出版，倒不如直接送印来的更坦荡些。毕竟，即使有再多的不完善，那也是在自己重要人生阶段的一个学术总结。

于是，再次翻阅，竟然已经对论文的不完善不再有感觉，反而生发出更多的感慨，往事也一幕幕回放在眼前。忘不了那专心论著的两年美好时光，虽然一多半的时间里，也曾为无法构建解释框架，也曾为屡易文稿而难以推进，也曾为预计提交初稿的时间一拖再拖而心焦。但如此一段纯粹为学的时光，只有在经历许久之后才倍感珍惜。愿以此感赠送给那些仍然陷入同样心焦状态的后来者们。

同样越发心生感慨的是思考、研究和论著期间来自师长们的厚爱。不仅有我的导师李德华先生的格外宽容、罗小未先生永远温和的关切、赵民先生的耐心等待和一再鼓励，还有特别需要补记的那些论文审阅和答辩时的专家评委们。现在回想起来，他们是多么的宽容于该文的不足，而着力于肯定该文的点滴闪光。答辩主席宁越敏教授还专门向听取答辩的来宾拓展介绍了著名学者吉登斯的人生及其理论贡献，因为吉登斯的结构化理论是本文非常重要的基石。我也永远无法忘记已经去逝的沈关宝教授，当我答辩多年后因为要破格申请优秀博士论文而需要推荐意见时，他毫不犹豫地提笔书写，而且再次殷切地地告诉我，他非常愿意为我们的发展提供帮助。如今回首，竟然觉得有愧于前辈们的一再提携。

既然已经释然于以原本刊印，保留当时的后记就有了历史的价值，因此将2004年10月的原稿后记记录如下：

本论文的思索与写作最早准备于2001年初，至此已近4年，不仅耗时超出了最初想象，论文的构想与框架也在研究写作过程中经历了明显的调整过程。对于在“城市空间形态演变的成因机制”这一城市规划研究的传统核心领域内进行论文研究，既有笔者长期以来基于专业视角的兴趣原因，同时也是笔者期望在硕士论文基础上继续深入研究的心愿所致。随着理论和经验研究的不断深入，笔者曾一再反思研究的基本前提假设与理论视野，并在其基础上逐渐完善本研究之成因机制的解释框架，又在其基础上完成案例城市的经验研究。然而，就所涉及的研究领域而言，笔者愿意坦承指出，本论文的研究工作仅仅只是在基础层面上的初步进展，更多成果的获取尚需不断努力。

回顾这几年的学习和论文研究，需要特别向那些曾经关心和帮助笔者成长的人们致以衷心谢意。首先需要感谢笔者的两位导师，李德华先生和赵民先生。与李德华先生的交流，无论关于时世、学术或论文研究，都使笔者深切地感受到先生敏锐而深邃的洞察力，广博的知识和严谨的治学态度，以及宽容的为人之道，并因此使笔者无论在为学还是待人等方面都甚感获益；从最初受教诲于赵民先生至今已经十年有余了，这期间，无论是最初真正踏入城市规划专业领域，还是硕士研究生期间得以师从唐子来教授，以及博士研究生期间能够师从李德华先生，都离不开赵民先生的直接推荐与关心。特别是近年来，赵民先生的关心与帮助使笔者获得了宝贵的从事专业研究和参与重要实践的机会，贯穿期间的教诲与讨论不仅深入地影响到本文的选题与研究深入，更为重要的是对笔者成长所产生的重要积极影响。值此之际，谨向两位先生致以最真挚的谢意。

还要特别感谢笔者的硕士导师唐子来教授，正是他最初引领着笔者踏入了城市规划的研究领域，不仅使笔者在研究方法方面深有获益，还使笔者进入到城市空间形态的研究领域。唐子来教授还在百忙之中对本文进行了细心审阅并提出了修改意见，对此特别致谢。同时，笔者还要特别感谢参与本文初审、审阅和答辩等环节的彭震伟教授等专家学者。

笔者还要特别感谢深圳市规划设计与研究院的王富海、司马晓、陈伟新、陈宏军、施源、杨晓春、陈荣、屈文清、朱旭辉、俞灿明、黄卫东、李凡、周劲、周舸、顾新、陈敏等先生或女士，规划局的郁万钧、张宇星先生，中规院的孙骅生先生，以及同窗学友梅欣、刘鹏鹏和陈运生。正是由于他们，以及其他难以逐一提及的诸多同事的帮助，笔者即使在离开了深圳的工作岗位后，仍能够经常往来于上海与深圳之间，继续深入了解它的发展动态，同时还获得了大量的相关文献资料，以及访谈或直接感知的机会；还要特别感谢厦门市规划局和规划院的何兴华、马武定、边经卫、林荫新、王伟、王唯山等先生，笔者在参与厦门城市发展概念规划研究工作时，得以与他们多次交谈并多方面获得了有关厦门城市规划与城市发展历程的信息及宝贵历史资料。此外，还要特别感谢厦门市城市规划设计研究院的同学杨春，他为笔者及时提供了更多相关资料；特别感谢广州市规划局的同行，特别是袁奇峰先生，他为笔者慷慨提供了广州的部分规划资料；还有正在东京大学的学友何丹，我们依托网络进行了多次相关讨论，同时也获得了相关专业信息。

笔者同时还要感谢上海大学的沈关宝教授、上海财经大学的丁健教授、上海市科技技术管理四中心的戴晓波主任，以及上海大学和上海财经大学的部分学友，他们共同参与的厦门市城市发展概念规划研究工作使笔者的论文研究从中颇有获益。而同窗张捷、赵蔚、熊馗、潘海霞、郑科、杨震、高捷不仅共同参与了以上研究工作并因此有助于笔者的研究工作，与他们以及其他学友的日常交流与合作也同样值得回味。

此外，还要感谢同济大学城市规划系的陶松龄、徐循初、陈秉钊、阮仪三、吴志强、周俭、夏南凯、潘海啸、孙施文、王德等诸位教授。笔者有幸或者聆听他们的课程、或者有机会直接向他们请教并不断获益；同时也要特别感谢侯丽老师提供的部分资料与信息；此外还要感谢建筑与城市规划学院的俞李妹、鲍桂兰、倪佩琼、陆居怡等老师，他们在笔者从学并承担部分社会工作期间给予了直接的工作指导和帮助。

笔者近年来的成长，以及本论文的研究与写作，显然还曾受益于更多师长、学友、朋友，尽管未曾逐一提及，仍希望在此一并致谢。对于本论文有失妥当之处及文责，则完全由笔者一人承担。

最后，特别希望能够与家人和亲人共同分享本论文完成所带来的喜悦心情，正是他们多年来的无私关爱，使得笔者能够最终安心完成论文的研究与写作。

栾　峰